"十四五"普通高等教育本科部委级规划教材

·应用型系列教材·

# 纺织品设计

王　晓　刘美娜　主　编

曲延梅　高晓艳　郭小云　副主编

中国纺织出版社有限公司

## 内 容 提 要

本书简要阐述了纺织品设计的基础知识、机织物组织结构和织物分析;较为详细地阐述了棉及棉型织物、色织物、毛及毛型织物、丝织物、麻织物和大提花机织物等的织物设计方法与思路。

本书既可作为普通高等学校纺织品设计专业的教材,也可供从事纺织品设计工作的技术人员、纺织品研发和营销人员阅读参考。

**图书在版编目（CIP）数据**

纺织品设计/王晓，刘美娜主编；曲延梅，高晓艳，郭小云副主编. --北京：中国纺织出版社有限公司，2023.7

"十四五"普通高等教育本科部委级规划教材 应用型系列教材

ISBN 978-7-5229-0584-6

Ⅰ. ①纺⋯ Ⅱ. ①王⋯ ②刘⋯ ③曲⋯ ④高⋯ ⑤郭⋯ Ⅲ. ①纺织品-设计-高等学校-教材 Ⅳ. ①TS105.1

中国国家版本馆 CIP 数据核字（2023）第 082515 号

责任编辑：范雨昕　责任校对：楼旭红　责任印制：王艳丽

中国纺织出版社有限公司出版发行
地址：北京市朝阳区百子湾东里 A407 号楼　邮政编码：100124
销售电话：010—67004422　传真：010—87155801
http://www.c-textilep.com
中国纺织出版社天猫旗舰店
官方微博 http://weibo.com/2119887771
三河市宏盛印务有限公司印刷　各地新华书店经销
2023 年 7 月第 1 版第 1 次印刷
开本：710×1000　1/16　印张：13.25
字数：285 千字　定价：58.00 元

随着经济的发展和生活水平的提高,人们对于纺织生活消费品的需求不仅局限于使用需求,而且对各种功能化、个性化的要求越来越高。纺织品设计的要求也不断提高,产品在满足使用要求的同时还需具有功能化、智能化、差异化等特点。

本书结合作者多年纺织品设计教学和一线生产经验编写而成,主要面向纺织品设计专业的学生以及织部工艺的技术和管理人员。本书从纺织品设计基本知识、各类纺织面料风格特征与设计要点入手,详细介绍了纺织品设计的基本原理、设计方法与思路、纺织品色彩基础知识、各类面料的生产技术以及产品风格特征,对不同纺织品的工艺特点进行分析,并列举了有代表性的设计生产实例和优秀作品。本书内容丰富、实用性强,力求增强学生和初级设计人员的实践技能,为初级设计人员最大限度地缩短理论学习与实际工作的差距提供更好的帮助。

本书由烟台南山学院王晓、刘美娜、曲延梅、高晓艳、陈健、安凌中、王娟,山东南山智尚科技股份有限公司郭小云、高森,南山教育集团韩皞、王骏编写。本书共分九章,第一、第三章由曲延梅、王晓编写,第二章由陈健编写,第四章由安凌中、王娟编写,第五至第七章由王晓、郭小云、高森、韩皞编写,第八、第九章由刘美娜、王骏编写,附录由烟台南山学院以及山东南山智尚科技股份有限公司提供,全书的构思和统稿由王晓完成。

在本书的编写过程中,得到了学校各级领导、老师的支持,特别是得到了具有多年纺织品设计实践经验的工程师和其他高校纺织品设计专业教授的倾情帮助,在此一并表示最衷心的感谢。同时,本书也是山东省本科教学改革研究重点项目(Z2022156)的研究成果之一。

由于编者水平有限,不妥和疏漏之处在所难免,敬请各位读者谅解,并提出宝贵意见。

编　者
2023 年 1 月

# 目录

# 第一章　织物设计概述

## 第一节　织物的基础知识

### 一、织物的定义与分类

织物的定义：织物是指以纱线、纤维等为材料，运用各种织造及其他方法制成的片状物。织物品种的分类方法，根据不同情况有所不同。一般常用的分类方法如下：

#### （一）按加工方法分类

**1. 机织物**

机织物是指由相互垂直排列（即横向和纵向）的两个系统纱线，在织机上根据一定的规律交织而成的织物。其应用最为广泛，纺织品设计主要是机织物的设计。例如：牛仔布、织锦缎、板丝呢、麻纱等。

**2. 针织物**

针织物是指由一根或几根纱线弯曲成线圈，相互串套连接而成的一种织物，如羊毛衫、内衣、运动衣、棉毛衫等。针织物根据成圈的原理不同可以分为纬编和经编。

（1）纬编针织物：是将纱线由纬向喂入针织机的工作针上，使纱线有顺序地弯曲成圈，并相互串套而成。

（2）经编针织物：是采用一组或几组平行排列的纱线，由经向喂入针织机的工作针上，同时进行成圈编织而成。

**3. 编织物**

编织物一般是以两组或两组以上的线状物，相互错位、卡位或交编形成；或是以一根或多根纱线相互串套、扭辫、打结而成。一般是由针织、机织联合而成，又称针、机织联合布。

**4. 非织造布**

非织造布，又称无纺布，是一种由纤维层构成的纺织品，即将松散的纤维经黏合或缝结而成的织物，如服装黏合衬、人造毛皮、地毯、篷盖布、土工布、包装材料等。目前常用黏合和穿刺两种方法，可以大幅简化工艺过程，降低成本，提高劳动生产率，所以具有广阔的发展前景。

#### （二）按构成织物的原料分类

**1. 纯纺织物**

纯纺织物的特点是经、纬原料相同。

（1）棉织物，如细布、漂布、府绸、卡其、华达呢。

（2）毛织物，如麦尔登、凡立丁、女式呢。

（3）丝织物，由蚕丝、柞蚕丝、人造丝、化纤长丝织成的织物均可称为丝织物，如各种绸、缎、绫、纱等。

（4）麻织物，如夏布、麻布、麻帆布等。

（5）化纤织物，如涤纶短纤维的纯涤纶织物。

（6）矿物性纤维织物，如石棉防火织物、玻璃纤维织物。

（7）金属性原料织物，如金属筛网等。

**2. 混纺织物**

混纺织物是指用两种或两种以上不同种类的纤维混纺的经纬纱线织成的织物，如棉、毛与各种合成纤维混纺的织物；人造纤维与毛，人造纤维与涤纶等混纺的凡立丁、花呢；涤黏、毛黏、黏锦等混纺毛织物。此外，还有用三种纤维混纺的织物称为"三合一"。

**3. 交织物**

交织物是指由不同纤维纺成的经纱和纬纱相互交织而成的织物，如棉经毛纬的棉毛交织物；毛丝交织的凡立丁；丝棉交织的线绨；涤棉交织的牛仔；锦棉交织的锦棉布等。

**（三）按织物组织分类**

按织物组织不同，一般可以分为原组织织物、小花纹组织织物（是在原组织上加以变化或配合而成）、复杂组织织物（由若干系统的经纱和若干系统的纬纱构成）和大提花组织织物（又称大花纹织物）。

原组织织物、小花纹组织织物、复杂组织织物一般在踏盘织机或多臂织机上制织，但提花组织必须在提花织机上制织。

**（四）按织物用途分类**

**1. 服用纺织品**

服用纺织品是指用于服装的各种纺织面料，如内衣、外衣、裤料、裙子、职业装、休闲装、衬料、里料、填充料等。

**2. 装饰用纺织品**

装饰用纺织品要求舒适，美观，艺术性和功能性相结合，如台布、窗帘、沙发布、巾被、床罩、壁挂、贴墙布、地毯、帐篷等。

**3. 产业用纺织品**

产业用纺织品包括工业、农业、医疗卫生、科学技术、交通、军工国防、宇航等用途的织物。使用中以织物的功能为主，如宇航服、均压服、原子能防护服、人造血管、土工布、滤布、传送带、绝缘布等。

**（五）按构成织物的原料是否染色分类**

**1. 白坯织物**

白坯织物是指未经漂染的原料经过加工而成的织物。丝织物中又称生货织物，如棉涤市布、毛涤凡立丁、合纤的涤丝纺等。

**2. 色织物**

色织物是指经漂染的原料或花式纱经过加工而成的织物。丝织中称熟货织物，如棉涤色织缎条、毛涤头姆司本、丝涤桑格娟等。

### 二、新颖织物及织物品种的发展

新颖织物是指采用一些新技术开发出的具有吸湿透气、防风透湿、对皮肤友好或者具有阻燃、抗菌等特殊功能的织物，其品种变化灵活，产品新颖别致，具有独特的风格。

**（一）新颖织物**

**1. 黏合布**

黏合布是指由两种互相背靠背的布料黏合而成的织物。黏合的布料有机织物、针织物、非织造布、乙烯基塑料膜等。黏合时常用黏合剂，在两块布料之间加入一层氨基甲酸乙酯泡膜薄膜经热熔融而黏合，又称复合布，如沙发套。

**2. 植绒加工布（静电植绒布）**

植绒加工布的布面上布满短而密的纤维绒毛，具有丝绒风格，可作衣料和装饰料。将黏合剂涂在底布上，短纤维束在高压静电的吸引下，垂直黏附在底布上，即成静电植绒布。由于加工过程中使用了黏合剂，使布料的透气性、透湿性较差。做衣料的短纤维束长度为 $0.5 \sim 1mm$，做地毯的纤维束长度为 $3 \sim 8mm$，做短纤维束的原料常选用锦纶、人造丝、棉等纤维。

**3. 涂层织物**

涂层织物是在机织物或针织物的底布上涂上聚氯乙烯（PVC）、氯丁橡胶等而形成的织物。具有优越的防水功能，透气性差，为改善涂层织物的透气性能，常用聚氨酯（PU）涂层。

**4. 其他**

其他新颖织物有通过特殊印花技术生产的新颖印花织物，通过特殊技术加工的红外陶瓷织物、抗菌织物、超防水织物等。

**（二）织物品种的发展**

随着科学技术的不断发展，对于纺织产品的应用及附加功能提出了更高的要求。功能性和环保型的织物将成为 21 世纪纺织品的主流。要求纺织品柔软，有弹性，能够透湿、透气，防雨、防风、防潮、防霉、防蛀、防臭、抗紫外线、抗静电、阻燃、保健且无毒，具有环保及穿着舒适等多种功能。

许多新纤维的出现，为纺织品的开发创造了条件。例如：超细纤维为改善化纤的吸湿、透气、手感、悬垂性提供了条件。弹性纤维（如美国杜邦的莱卡）提高了面料的弹性和穿着舒适性。天丝、莫代尔、大豆纤维、竹纤维的出现改善了纤维的品质，减轻了纤维在织造过程中对环境产生的污染，有利于环保。天然纤维在保持原有性能的基础上，通过各种后整理，产生了质的变化，提高了产品附加值，如磨毛整理，使织物细腻；涂层整理，使织物防水、透气、防油污；形态记忆整理，使织物防皱、防缩，达到穿着舒适，机可洗、洗可穿的程度。

从服装面料现状看，织物的原料、组织结构及后整理等的复合化已经成为世界纺织技术的流行趋势之一。织物采用单一原料或两种原料的越来越少，而采用多种原料按一定比例复合的越来越多。天然纤维、人造纤维、合成纤维性质各不相同，各有特点，混纺、交织可起到优势互补的作用，从而改善了纱线的可纺性能。

在织物的纱线和组织结构设计上，纱支、密度呈现多样化，如当前流行的混色纱、花式纱、粗细纱、雪尼尔纱等。应用强捻纱、包芯纱、包覆纱等赋予织物特殊风格。在组织结构上，高支高密设计，双层、三层织物结构设计，具有各种表面效果的七彩纱、段染纱的织物设计等使面料的品种、风格、性能更加丰富，应用领域更加广泛。

由于高附加值产品的开发和应用越来越受到人们的重视，与之相适应的染整加工新技术成为技术开发的新方向。例如：面料和服装的绿色环保性、抗静电性、抗紫外性、阻燃性、保健性、抗菌性、耐污性等各种功能整理赋予了织物强大的生命力。此外，三向织物、各种新型复合材料、三维织物等在产业用织物领域中发挥了重要作用。

# 第一节　机织物的形成

两向的机织物的形成过程如图 1-1 所示，由经纱 2 和纬纱 8 两个系统纱线在织机上相互交织形成。经纱 2 根据织物规律穿入综眼 6 和 6′，由综框 5 和 5′带动分别上升和下降，形成梭口，纬纱 8 由引纬机构控制引入，被打纬机构控制的钢筘 7 推向织口，经纬纱在此交织，形成织物。综框的升降由开口机构带动。织机的主轴每转动一次，综框上下交替一次，形成一个新的梭口，引入新的纬纱，完成一次打纬，如此重复循环，形成连续的织造过程。

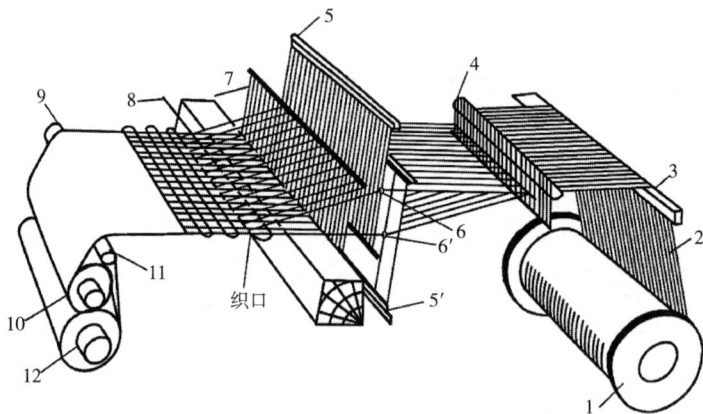

图 1-1　机织物的形成

1—织（经）轴　2—经纱　3—后梁　4—停经片　5, 5′—综框　6, 6′—综眼　7—钢筘　8—纬纱
9—胸梁　10—卷取辊　11—导布辊　12—卷布辊

## 一、织机的五大运动

### 1. 开口运动

无梭织机的开口机构形式主要有曲柄式、踏盘式、多臂式、提花装置。织机通过开口机构

与综框的连接，按织物组织要求做规律性的升降运动，使纱线上下分开形成梭口，即开口运动。

**2. 引纬运动**

引纬运动主要是为了将纬纱引入经纱形成的梭口，以便经纬交织，形成织物。喷气织机选用压缩空气气流引纬、异形筘导纱的引纬方式；片梭织机选用钢片梭子夹住纬纱、导梭齿导梭的引纬方式。剑杆织机选用送纬剑将纬纱送到织机中部、接剑头夹住纬纱引出梭口的引纱方式。无梭织机都是将筒子纬纱连接引入织口与经纱交织，引纬器不载纱卷或仅有极少数量的纬纱卷装。

**3. 打纬运动**

打纬机构的作用是将引入梭口的纬纱推至织口处，与经纱交织形成织物，并控制纬纱的密度与幅宽。织机打纬机构形式主要有两种：曲柄式和凸轮式。曲柄式一般采用四连杆、六连杆等曲柄打纬形式的较多。

**4. 送经运动**

送经运动的作用是随着织物引离织口，从织轴相应送出一定量的经纱，并使之保持均衡的张力，满足织造要求。织机送经机构有两种形式：机械式和电子控制式。

**5. 卷取运动**

无梭织机卷曲机构有两种形式：机械式和电子控制式。卷取机构的作用是把织物引离织口，并卷在卷布辊上，以保证织造生产连续进行。

**二、各种运动的主要部件**

**1. 开口运动**

曲柄、凸轮（多臂机、提花装置）、开口臂（摆臂）、连接杆、综框、弹簧综等。

**2. 引纬运动**

（1）喷气织机的主要部件包括：储纬器、主喷嘴、副喷嘴、电磁阀、探纬器、异形钢筘等。

（2）片梭织机的主要部件包括：储纬器、片梭、递纬器、导梭齿、制梭磁铁、输送链等。

（3）剑杆织机的主要部件包括：储纬器、剑杆头、传剑轮、剑带、导轨、走剑板等。

（4）喷水织机的主要部件包括：储纬器、喷射泵、导纬管、环形喷嘴、探纬器、纬丝夹、电热割刀等。

**3. 打纬运动**

打纬运动的主要部件包括：曲柄（曲轴）、连杆、筘座、摇轴、凸轮、钢筘等。

**4. 送经运动**

（1）机械式送经机构的主要部件包括：织轴齿轮、送经变速箱（蜗轮、蜗杆）、传送（动）轴、摩擦器（离合器）、差微调速器、张力弹簧、液压缓冲器、后梁、张力辊等。

（2）电子式控制送经机构的主要部件包括：伺服电动机、调速器、张力感应器、微机调控编码系统等。

**5. 卷取运动**

（1）机械式卷取机构的主要部件包括：主轴与齿轮、卷取张力辊、布辊、变换牙、标准牙变速箱等。

（2）电子控制式卷取机构的主要部件包括：定时皮带、微机调控编码系统等。

# 第三节　机织物组织

在织物中经纱和纬纱相互交错或彼此沉浮的规律称为织物组织。经纱浮于纬纱之上称为经组织点，纬纱浮于经纱之上称为纬组织点。

## 一、上机图

织物的上机图是表示织物上机织造工艺条件的图解，用于指导织物的上机织造工艺。设计人员根据所设计的织物组织确定综框页数、穿综顺序、综框的提升顺序以及穿筘的方法。所以织物上机织造前必须先确定上机图。

### （一）上机图的组成

上机图由组织图、穿筘图、穿综图及纹板图四个部分按一定位置排列组成的。组织图在下方，穿综图在上方，穿筘图在它们中间，纹板图有两种形式：一种是纹板图在组织图的右侧，如图 1-2 （a）所示；另一种是纹板图在穿综图的右侧（或左侧）如图 1-2 （b）所示。

工厂里的上机图，一般不把四个图全画出来，只画纹板图或只画穿综图与纹板图，穿综图及穿筘图常以文字说明。

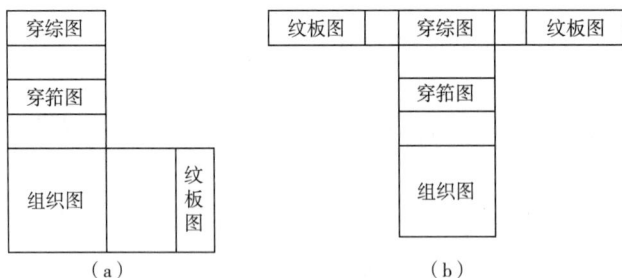

图 1-2　上机图的组成及布置

### （二）上机图的画法

**1. 组织图**

组织图是表示织物组织中经纬纱浮沉规律的图解。经纱的顺序为自左至右；每一横行代表一根纬纱，纬纱的顺序为自下而上。每一个方格代表一个组织点（浮点）。当组织点为经组织点时，则在格子内涂满某种颜色或标上某种符号，如符号■、⊠等；当组织点为纬组织点时，则小方格为空白格子。图 1-3 中（a）为意匠纸表示的组织图，（b）为结构图，（c）为第 1 根经纱剖面图，（d）为第 1 根纬纱剖面图。

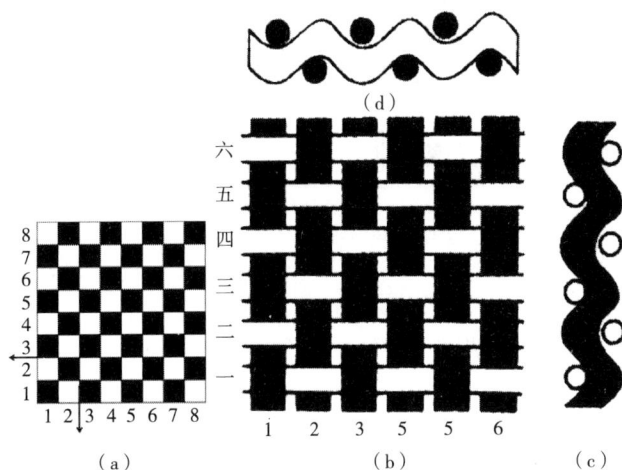

图 1-3 织物的组织图、结构图与剖面图

**2. 穿综图**

穿综图表示组织图中各根经纱穿入各页综片的顺序图解。穿综方法根据织物的原料、组织及密度等的不同有顺穿法、飞穿法、照图穿法、分区穿法和间断穿法等。

在上机图中，穿综图位于组织图的上方。每一横行表示一列综丝，横行数等于综片列数，综片的顺序在图中是自下而上，在织机上是由织口向织轴方向排列；每一纵行表示与组织图相对应的一根经纱，要表示某一根经纱穿入某列综丝上，可在穿综图上代表该根经纱的纵行与代表该列综丝的横行相交的小方格上填入某种符号。

穿综的基本原则：一是，浮沉交织规律相同的经纱一般穿入同一页综片中，也可穿入不同的综片（列）中；二是，浮沉规律不同的经纱必须穿在不同的综片内；三是，提升次数多的经纱一般穿入前面的综框中，提升次数少经纱穿在后面的综框中；穿入经纱数多的综框放在前面。尽可能减少综框片数，同时兼顾综丝密度不能过大。

穿综的基本方法有顺穿法、飞穿法、照图穿法和分区穿法。

（1）顺穿法。把一个组织循环中的各根经纱逐一地顺次地穿入各片综框，因此，一个组织循环的完全经纱数 $R_j$ 等于所需的综片页数 $Z$，也等于穿综循环经纱数 $r$，即 $R_i = Z = r$。图 1-4 为各种不同组织的顺穿法穿综图。顺穿法操作简便，不易出错，适用于密度较小的简单组织和某些小花纹组织织物，但当组织循环经纱根数多时，会占用较多的综框，给上机和织造带来困难。

（2）飞穿法。飞穿法穿综，就是把所用综片划分为若干组，分成的组数等于循环经纱数或其倍数。穿综时，将经纱先依次穿入各组的第一片综框或第一列综丝，然后穿入各组中的第二片综框或第二列综丝。依此类推，直至穿完。当织物密度较大而经纱组织循环较小的情况采用此种穿法。

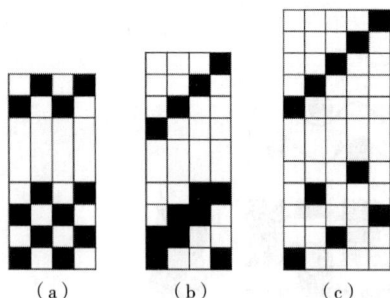

图 1-4　顺穿法的表示法　　　图 1-5　飞穿法穿综图

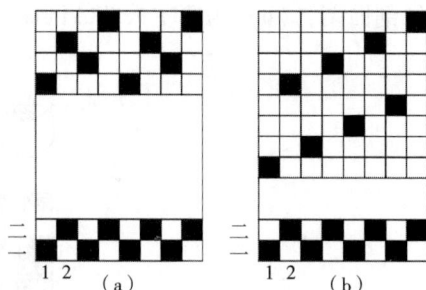

在棉织或丝织中，采用飞穿法时，常使用复列式综框（一页综框上有 2~4 列综丝），每片综框上的几列综丝就是一组。图 1-5（a）为中平布类织物的穿综方法，采用两片复列式综框，$R_j = 2$，$Z = r = 4$。图 1-5（b）为高密府绸、细布类织物的穿综方法，采用两片复列式综框（每片综框 4 列综丝）。$R_j = 2$，$Z = r = 8$。可以看出，飞穿法中，$R_j < Z = r$。

（3）照图穿法。照图穿法在花式织物中应用较多，此种穿法穿综时将运动规律相同的经纱穿入同一页综片中，而将运动规律不同的经纱穿入不同的综框中，这样可以减少综页的数目，又称省综穿法。其 $r = R_j > Z$。

照图穿法适用于织物的组织循环较大，组织比较复杂，而又有部分经纱的浮沉规律相同的情况。此种穿法可以减少综片页数，但是各片综上的综丝数不同，使每页综片的综丝密度和负荷不相等，另外穿综时操作也比较复杂，不易记忆。

（4）分区穿法。当织物由两种或两种以上组织构成时，或由不同性质的经纱织造时采用此种穿法，如条格组织、重经组织及多层组织织物等。

分区穿法就是把所有综片分成若干个区，分区的数目等于织物中组织的数目，各区中的综片页数可以相同，也可以不同，根据该区的组织循环和穿综方式来定。每一种组织分别穿入一个区。这种穿法适用于几个不同组织的经纱相间排列的情况。

（5）间断穿法。间断穿法就是把综框分成若干个穿综区，先把一种组织的经纱穿入一个区内，直到穿完该种组织，然后把另一种组织的全部经纱穿入另一区内。因最终完成的穿综图形呈间断状态，故称为间断穿法。这种穿法适用于几种组织并列配置的情况，如条格组织织物。

每一种穿法适用于不同的组织和织物，采用何种穿综方法需视织物组织的不同而定。同时，还需考虑经纱品质、经纱密度以及操作等方面的情况。在实际生产中，有的工厂往往不是用上述的方格法来描绘穿综图，而是以文字加数字表示。

**3. 穿筘图**

穿筘图的位置在上机图中位于组织图与穿综图之间。在意匠纸上用两个横行表示，代表相邻的两个筘齿；每一纵行代表与组织图中相应的一根经纱。如要在每一筘齿中穿入几根经纱，则在穿筘图的一横行中连续涂绘符号在几个小格中；在相邻的筘齿中穿入的经纱根数，则在另一横行的小方格中连续涂绘符号。

每筘穿入数的多少，应结合织物的经纱密度、细度、织物组织以及织物的外观要求等加以考虑，以不影响生产和织物的外观为原则。穿入数一般应等于其组织循环经纱数或是组织循环经纱数的约数或倍数。为了使布边坚牢，便于织造和整理，边经纱穿入数一般比布身穿入数要多。一般经密较大的织物、经后整理的织物，穿入数可大些；色织物及直接销售的坯布，穿入数宜小些。一般棉织物的每筘穿入数为 2~4 入，毛与丝织物可大到 6~8 入。

**4. 纹板图**

纹板图是控制综框运动规律的图解。它是多臂开口机构植纹钉的依据，也是踏盘开口装置设计踏盘外形的依据。

纹板图中每一横行表示一块纹板（单动式多臂织机）或一排纹钉孔（复动式多臂织机），即表示与组织图上相应的一根纬纱或一次梭口。横行数等于组织图中的纬纱根数。纹板的顺序是自下而上。每一纵行代表一列综片，纵行数等于综页列数，其顺序是自左向右。

纹板图的画法，根据组织图中经纱穿入综片的次序依次按该根经纱组织点的交错规律填绘入纹板图对应的纵行内。当穿综图为顺穿法时，其纹板图等于组织图。在纹板图中，横行与纵行相交处绘有符号时，表示该纹孔植有纹钉，使相应位置上的综框被提升。

采用不同的穿综图和纹板图，便可得出不同的组织图，即可以得出不同的花纹。在实际生产中，多臂开口织机上常利用改变纹板图或穿综方法来制织不同组织花纹的织物，而在踏板开口织机上，常利用改变穿综的方法来制织不同组织的织物。

## 二、三原组织

原组织是各种组织的基础，它包括平纹、斜纹和缎纹三种组织，通常称之为三原组织。

原组织在一个组织循环内，每一根经纱或纬纱上只有一个经组织点，而其余的都是纬组织点；或者只具有一个纬组织点，而其余的都是经组织点。原组织的组织点飞数是常数，即 $S =$ 常数。三原组织织物中，在其他条件（纱线的性质、线密度、织物密度等）相同的情况下。由于组织循环中的每根纱线只与另一系统纱线交织一次，因而组织循环纱线数越大，纱线交织间隔距离相对越大，那么织物越松软且不紧密。

### （一）平纹组织

平纹组织是最简单的组织，由两根经纱和两根纬纱交织构成一个组织循环。其 $R_j = R_w =2$，$S_j = S_w = \pm 1$。它是由经、纬纱按一上一下的规律交织而成，一个组织循环内有两个经组织点和两个纬组织点，无正反之分。如图 1-6 所示，为平纹组织图、截面图及结构图。

平纹织物由于经纬纱每隔一根就交织一次，经纬交织点排列稠密，纱线具有最多的屈曲数，使织物挺括、坚牢、手感较硬，在织物中应用广泛。如棉织物中的细布、平布、粗布、府绸、帆布等；毛织物中的派力司、凡立丁、法兰绒等；化纤织物中的人造棉平布、涤棉细纺、涤棉线绢；丝织物中的塔夫绸和麻织物中的夏布、麻布等均为平纹组织的织物。

平纹组织虽为最简单的组织，但在制织时，如配以不同的原料、线密度、经纬密度、捻度、捻向、经纬色纱等，或采用不同的上机条件，均可使平纹织物获得各种不同的外观和物理性能。

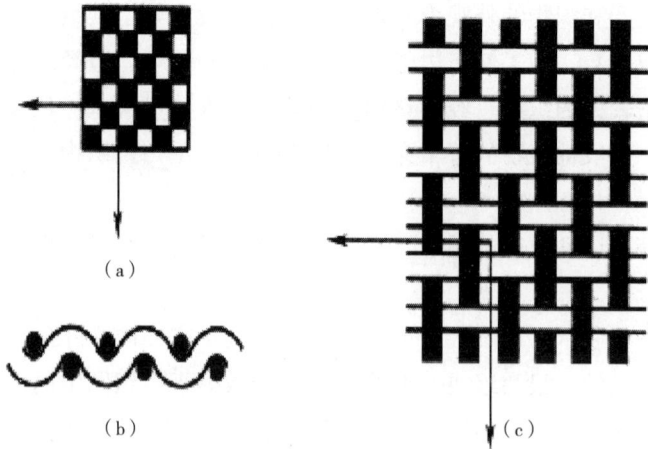

图 1-6　平纹组织

**（二）斜纹组织**

斜纹组织中经（或纬）组织点连续而呈倾斜的纹路，在织物表面呈现对角线状态。斜纹组织的完全经、纬纱线数 $R_j = R_w \geqslant 3$，其飞数 $S_j = S_w = \pm 1$。在一个组织循环内，任何一根经纱或纬纱上仅有一个经（或纬）组织点，其余都是纬（或经）组织点。图 1-7 为 $\dfrac{1}{2}\nearrow$ 三枚斜纹组织。

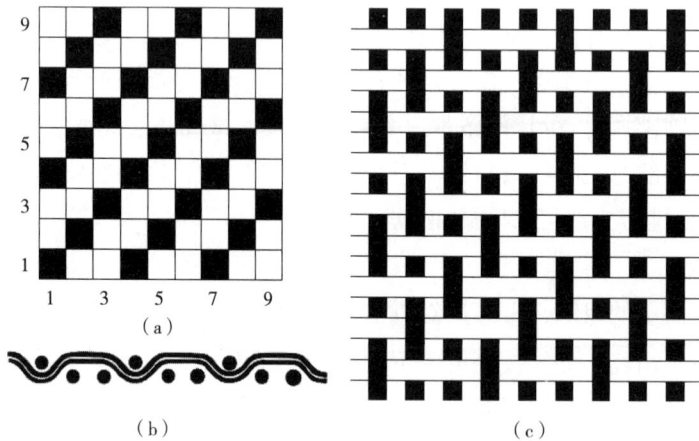

图 1-7　$\dfrac{1}{2}\nearrow$ 三枚斜纹组织

斜纹组织由于组织循环数大，而组织中每根经或纬纱只有一次交织，故使斜纹组织产生了浮长，有了正反面的区别。又由于浮长的存在，故斜纹组织与平纹组织相比单位面积内交织点减少，如果所用原料、纱线线密度、织物密度及上机张力、织造参数等都相同，则在织物单位面积内，斜纹织物较柔软，光泽和弹性也较好。但由于斜纹组织的经、纬浮线较平纹组织为长，斜纹织物的强力要比平纹织物差。故在制织斜纹织物时，一般用增加经、纬密度来提高织物的强力。

斜纹织物上，欲得到清晰的斜纹线，应采用构成斜纹支持面的纱线的捻纹方向与斜纹方向垂直。如 $\frac{3}{1}$↗经面斜纹组织，则要求经纱的捻向采用 S 捻。经面斜纹织物要求具有较大的经密和较好的经纱质量。斜纹织物表面的斜纹倾斜角度随经纱与纬纱密度的比值而变化。当经纬纱线密度相同时，提高经纱密度则斜纹倾斜角将加大。

制织斜纹织物的经、纬纱捻向可以相同，也可以不同，当经、纬纱捻向相同则织物表面经、纬捻向反射光线不一致，使经、纬组织点效应分明，纹路更为清晰，织物手感硬实；当经、纬纱捻向不相同时，则织物表面经、纬捻向反射光线一致，使经、纬组织点效应不分明，织物表面纹路不很清晰，但织物手感柔软。

斜纹组织应用很广，如棉织物中的斜纹布为 $\frac{2}{1}$↗，单面纱卡其为 $\frac{3}{1}$↗，精梳毛织物中的单面华达呢为 $\frac{3}{1}$↗或 $\frac{2}{1}$↗。丝织物中的斜纹绸、美丽绸、闪色绫、绢斜绸等。斜纹组织也可用作提花织物的地组织，但在应用时必须注意斜纹纹路对花纹轮廓边界的影响，只要应用适当，配合巧妙，也能达到良好效果。

### （三）缎纹组织

缎纹组织是原组织中最复杂的一种组织。这种组织的特点在于相邻两根纱线上的单独组织点相距较远，而且所有的单独组织点分布有规律。缎纹组织的单独组织点在织物上由其两侧的经（或纬）浮长线所遮盖。在织物表面都呈现经（或纬）的浮长线，布面平滑匀整、富有光泽、质地柔软。图1-8 为五枚纬面缎纹组织。

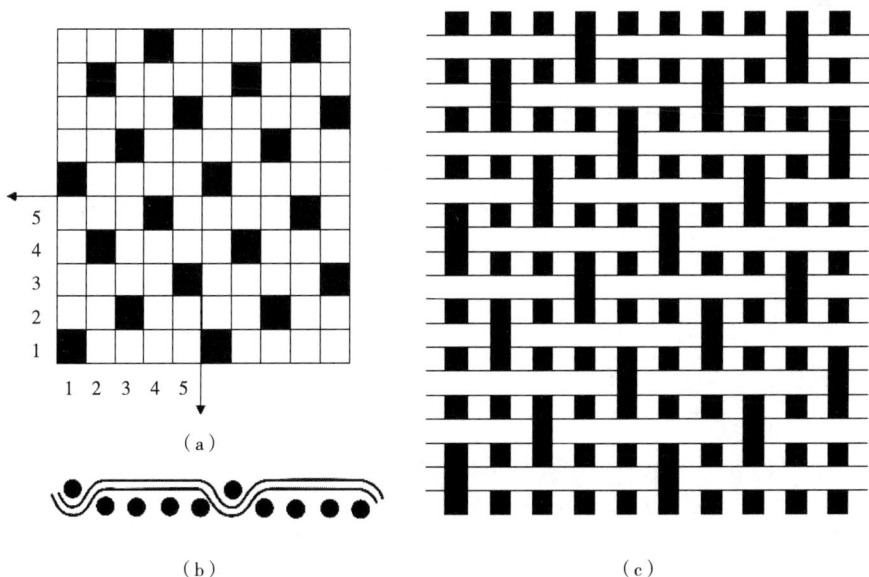

图 1-8 五枚纬面缎纹组织

在缎纹组织的组织循环中，任何一根经纱或纬纱上仅有一个经组织点或纬组织点，而这些单独组织点彼此相隔较远，分布均匀，为了达到此目的，组织循环纱线数至少是5，但6除外。

缎纹组织也有经面与纬面之分。经向飞数多用于经面缎纹，纬向飞数多用于纬面缎纹。图1-9（a）为 $R=5$，$S_j=3$，用 $\dfrac{5}{3}$ 经面缎纹表示，称为五枚三飞经面缎纹。图1-9（b）为 $R=5$，$S_w=2$，称为五枚三飞纬面缎纹。

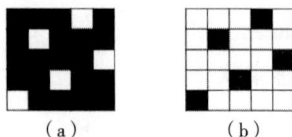

（a）　　　　（b）

图1-9　缎纹组织

缎纹织物在日常生活中应用较广泛，在商业领域中，通常称经面缎为直贡，纬面缎为横贡。如毛织物中的直贡呢、横贡呢等，在棉织品中，有直贡缎、横贡缎，此外，缎纹组织还可与其他组织配合制成各种织物，如缎纹组织与平纹结合而成的缎条府绸、缎条手帕等。

### 三、变化组织

变化组织是在原组织的基础上变化而成的，由组织点的浮长、飞数、排列斜纹线的方向及纱线循环数等诸因素中的一个或多个发生变化，产生出来的各种组织。变化组织仍保持原组织的一些基本特征，可分为以下三类。

#### （一）平纹变化组织

平纹变化组织是在平纹组织的基础上，沿着经（或纬）纱一个方向延长组织点或经纬两个方向同时延长组织点的方法变化而来的。平纹变化组织根据延长组织点的方式分为重平和方平。

以平纹组织为基础，沿一个方向（经向或纬向）延长组织点数，即可构成重平组织。重平组织又有经重平组织和纬重平组织两类。方平组织可以分为普通方平和变化方平组织。普通方平组织在平纹组织的基础上，沿着经向和纬向同时延长组织点，使浮长线组成方块形，变化方平组织是由沉浮规律相同的变化经、纬重平组织所构成的，其特点是完全组织中序号相同的经、纬纱的沉浮规律也相同。

#### （二）斜纹变化组织

在原组织的斜纹基础上采取改变斜纹方向、延长组织点、改变飞数、增加斜纹条数等方法或兼用几种变化方法，可得出各种斜纹变化组织。在机织物中，无论是服用织物还是装饰类织物都有广泛的应用。常见的有加强斜纹、复合斜纹、急斜纹、曲线斜纹、山形斜纹、锯齿斜纹、破斜纹、菱形斜纹、芦席斜纹等。

#### （三）缎纹变化组织

在原组织缎纹的基础上，运用增加经（或纬）组织点、变化组织点飞数或延长组织点等方法，可以获得各种缎纹变化组织。如加强缎纹、变则缎纹、重缎纹、阴影缎纹。

## 四、联合组织

联合组织是用两种或两种以上的基础组织变化而成的组织，织物表面可呈现几何图形或小花纹效应，如条格组织、绉组织、蜂巢组织和透孔组织等。

## 五、复杂组织

复杂组织是由多个系统的经纱和纬纱构成的组织，能使织物具有特殊的外观效应和性能，如重经组织、重纬组织和双层组织等。

## 六、起绒组织

经纱或纬纱能形成垂直状毛绒或毛圈的织物称为起绒织物，平绒、丝绒、漳绒、天鹅绒、长毛绒、灯芯绒等织物均为起绒织物，构成这种织物的组织称为起绒组织。起绒组织有纬起绒组织和经起绒组织之分。

## 七、提花组织

提花织物必须选用两种或两种以上的组织进行配置。其中地组织是根据织物用途和特点选定的，多采用平纹组织、缎纹组织和斜纹组织；花组织用以表现花纹的明暗层次、色彩及特殊效应。

# 思 考 题

1. 穿综时应遵循什么原则？有哪些常用的穿综方法？这些不同的穿综方法分别适用于什么场合？

2. 相同的组织，如果采用不同的穿综方法，其上机图上的纹板图是否相同？请举例说明。

3. 穿筘图中的每筘齿穿入数一般与什么有关，怎样确定穿入数？

4. 什么是变化组织？变化组织是在什么组织的基础上得到的？主要有哪几类变化组织？

5. 制作织物小样时，你是如何设计上机图的？

6. 如果上机时的用综数分别为：（1）4 片，（2）6 片，（3）8 片；试绘制平纹组织的高支府绸织物的上机图。

# 第二章　织物的性能与风格

## 第一节　织物性能的分类及其影响因素

### 一、织物性能的分类

一切产品都有一定的性能要求，产品的性能是指产品在制作或消费时，所表现出来的客观存在的特性，即产品在各种不同的使用条件下，所具有的适应能力。

#### （一）根据性能分类

由于产品品种多，用途各异，故性能要求也不同，按其共性可大致分为以下几类：

（1）织物的外观性能，如颜色、光泽、形态、尺寸、布面疵点、起毛、起球、折皱性、悬垂性、覆盖性等。

（2）织物的结构性能，如织物中纱线的交织情况、织物结构的相位、经纬纱密度等。

（3）织物的几何性能，是指织物或制成品的几何尺寸，如长度、宽度、厚度等。

（4）力学性能（或称机械性能），是指织物对各种作用力和变形的适应能力，如拉伸、弯曲、撕裂、顶破、耐磨等性能。

（5）物理性能，包括织物所具有的热、光、电学性能等。

（6）化学性能，是指织物对各种化学品的适应能力，如耐药品性、耐气候性、皮肤伤害性等。

（7）生物性能，是指织物对各种生物作用的适应能力，如织物的防霉、防蛀性等。

由于织物在使用过程中，受到外界因素的复杂影响，其性能的表现可以是简单的，也可以是复合的。复合性能指织物所具有的特性取决于若干个简单性能综合作用的结果，如织物的缩率、耐磨性和染色牢度。

#### （二）根据用途分类

从使用的角度出发，按其用途将产品的性能分为加工性能和消费性能两类，统称为使用性能。

对纤维和纱线来说，重点要求的是加工性能，如可纺、可织、可染性等。对织物来说，重点要求的则是消费性能，如织物的外观性能、强度和耐磨性、舒适性、安全性、卫生性能、风格特征、染色牢度等。

### 二、织物性能的影响因素

日常生活中，人们最为关心的是织物的消费性能。只求消费性能、不求加工性能行不通。

因为产品的使用价值取决于它的使用性能，使用性能的面广、质好，使用价值就高，而使用性能包括加工性能和消费性能。

若纺织纤维和纱线没有很好的加工性能，其织物的消费性能也就不能充分地表现出来。

若织物的消费性能差，其纤维和纱线的加工性能再好，也没有加工的必要。加工性能和消费性能相辅相成，缺一不可。

影响织物性能的因素是多方面的，但因构成织物的基本单元是纱线，而纱线又是纤维或长丝的线型集合体。因此，纤维和纱线的性能必然是影响织物性能的主要因素。织物的结构特征和染整加工的效果也是影响织物各种性能的重要因素。

织物性能取决于织物的结构特征、染整加工的效果、纱线的性能（纱线的结构特征、纺织纤维的性能）等因素。

# 第二节　织物的风格

## 一、织物风格的概念与评价

### （一）织物风格的概念

织物风格广义上是指织物本身所固有的性、状作用于人的感觉器官所产生的综合效应，主要表现为触觉、视觉和听觉风格；狭义上是指织物的某种力学性能通过人手的触感所引起的综合反映，也称为织物的手感风格。

### （二）织物风格的一般评价

**1. 触觉风格**

以手触摸、抓捏织物时产生的主观感觉来衡量织物的物理特征。使用手感定量化表达的主要有英国的 Peirce 风格仪、日本的 KES 风格仪、澳大利亚的 FAST 风格仪、中国的 CHES 风格仪等。

**2. 视觉风格**

视觉评价涉及织物的形态、色泽和图像等感觉。形态感主要是指织物的线条和造型上的视觉效果，如织物的悬垂和款式效果，属织物的形态风格。色泽感是由织物颜色和光泽构成的视觉效果，与织物色谱、色调、反射光强弱及分布有关，如极光、肥光、膘光、丝光、柔和光、金属光和电光等定性描述。图像感主要是指织物纹理和细腻表面所产生的视觉效果，如毛型感、绒面感、织纹和组织效应、粗犷、细腻等定性描述。随着图像处理与分析技术的应用，视觉风格描述将变得定量化。

**3. 声觉（摩擦声风格）**

声觉评价是指织物内或间或与其他物间摩擦产生声谱的特征，又称声学风格，如丝绸的"丝鸣"。

## 二、织物风格的分类

### （一）按纤维材料风格分类

#### 1. 毛型风格

手感韧、富有弹性挺括抗皱、有身骨、丰满厚实、拉放自如，呢面光洁匀净、花型大方雅致、立体感强、色泽鲜明、柔和悦目、光泽自然柔和、膘光足、边道平直、不易变形。

#### 2. 丝型风格

要求轻盈柔软，色泽亮丽、光洁美观，手感滑爽，绸面平挺、精致细密。

#### 3. 麻型风格

要求坚固挺括、滑爽透凉，条干均匀，布面匀净，无刺扎感。

#### 4. 棉型风格

其风格随纤维体结构不同，变化范围可趋向毛、麻、丝型风格，如棉府绸为柔软滑爽，色泽匀净，细密光洁。

### （二）按手感基本风格分类

#### 1. 身骨感

身骨感又称硬挺度，其基本物理量是硬、软及厚、薄。

#### 2. 温暖感

温暖感又称丰满度，其基本物理量是轻、重及松、紧。

#### 3. 滑爽感

滑爽感又称滑爽度，其基本物理量是平、糙及滑、涩。

#### 4. 弹性感

弹性感又称活络度，其基本物理量是弹、塑及活、滞。

### （三）按视觉风格分类

有形态风格、色泽风格、纹理风格，其基本物理量是软硬、鲜艳、光泽度、毛绒、纹理等。

### （四）按穿着的要求分类

#### 1. 夏季风格

夏季用织物要求轻薄滑爽、有丝绸感或挺括滑爽的仿麻感、挺括美观。

#### 2. 冬季风格

夏季用织物要求防风、拒水、丰满、厚实、柔软、保暖。

另外，根据织物的穿着用途不同，对风格的要求也不同。外衣用织物要求硬挺，有毛型感；内衣类织物应柔软，有棉型感。

织物风格的基本因素用相关词语来表达：手感柔韧、丰满、有无身骨、滑爽软糯、不板不烂、弹性好坏、挺括、活络、滑爽、滑糯、粗涩、厚实、轻薄、光泽（自然、柔和、膘光足、带极光）、色泽是否鲜明。

### 三、织物风格的评定方法

#### (一) 感官评定法

感官评定是通过人手对织物触摸、抓捏的感觉及观察织物外观的印象所作出的评价，为手感目测的主观评定。感官评定法广泛应用于精纺呢绒的检验。

一般方法为一捏、二摸、三抓、四看。一捏是以手指捏住呢边，中指在下、拇指在上，两指交叉拈动呢绒并轻微施压，以确定呢绒的滑糯、弹性、厚薄、松紧、身骨等特征。二摸是织物贴至掌心，手姿不变，上下同时对呢面做反复擦摸，以确定呢绒的平与糙、软暖、轻重、滑爽等特性。三抓是手托住织物、五指合拢抓放织物，以确定呢绒的弹性、活络、挺括等特性；并伴随哈气抓放，观测织物的抗皱性；然后对织物的滑糯、刚挺或柔软、丰满、厚实、活络、滑爽等做出语言评价。四看则是由呢面局部到全幅的仔细观察，以确定呢面光泽、条干、边道、花型、颜色等质量优劣。

有关织物风格的主要物理性质及其用语见表 2-1。

表 2-1 织物风格的主要物理性质及其用语

| 物理性质 | 风格用语 |
| --- | --- |
| 刚柔性 | 柔软或刚硬 |
| 压缩性 | 蓬松或坚实 |
| 伸展性 | 伸展或板结 |
| 弹性 | 挺括或疲软 |
| 表观密度 | 致密或疏松 |
| 平整性 | 光滑或粗糙 |
| 摩擦性 | 滑爽或黏涩 |
| 冷暖性 | 凉冷或暖和 |

#### (二) 客观评定

客观评定法是通过仪器测试各种力学指标来判断织物的风格特征。采用的仪器主要有两种。

**1. 日本 KES-F 风格仪**

由拉伸剪切仪 KES-F1、弯曲仪 KES-F2、压缩厚度仪 KES-F3、表面性能仪 KES-F4 以及热阻仪 KES-F5、湿阻仪 KES-F6 构成。可分别测试 16 个相关指标。

(1) 织物拉伸性能。拉伸比功、拉伸功回复率、拉伸曲线线性度。

(2) 压缩性能。压缩比功、压缩功回复率、压缩曲线线性度。

(3) 弯曲性能。弯曲刚度、弯曲滞后矩。

(4) 剪切变形性能。剪切刚度、剪切滞后力（剪切变形角为 0.5° 和 5°）。

(5) 摩擦性能。平均摩擦系数、摩擦系数平均差不匀率、表面粗糙度。

(6) 平方米重量和厚度。

**2. FAST 织物风格仪**

FAST 织物风格仪包括三台仪器，一种测量方法，可测试 16 类 20 个相关指标，还有平方米克重，共 21 个指标。

（1）FAST-1 测厚仪。测定织物在不同负荷下的厚度和织物表观厚度；对应指标：厚度、蓬松厚度、松弛厚度、松弛蓬松厚度。

（2）FAST-2 型弯曲仪。测定织物的弯曲长度和弯曲刚度；对应指标：弯曲长度、弯曲刚度。

（3）FAST-3 型拉伸仪。测定不同轻负荷下的拉伸和剪切值；对应指标：拉伸伸长率、斜向伸长率、剪切刚度。

（4）FAST-4 型尺寸稳定性装置。测定织物的松弛收缩率和湿膨胀率；对应指标：原干样长度、浸湿样长度、烘干样长度、松弛收缩率、吸湿膨胀率、歪斜率。

借助 FAST-1 和 FAST-2 仪器，采用经验法可判断织物的成形性。

# 思考题

1. 服用纺织品的性能要求有哪些？
2. 影响服用纺织品性能的因素有哪些？
3. 织物的几何结构对上机工艺是否有影响？

# 第三章　织物设计与分析

## 第一节　织物设计的原则及技术条件

织物设计是指采用各种纤维或者纱线等原材料，采用一定的加工方式，使其有机结合，形成具有特定用途的纺织品的全过程。

### 一、设计内容

#### 1. 用途与对象

织物的用途与使用对象不同，其设计风格会截然不同。根据用途可分为服装用、日用装饰用、产业用三大类。根据使用对象可以分为男女老幼、城市乡村、民族地域、文化层次、地理环境、内销外销等。

#### 2. 织物风格与性能

从风格上来讲，有棉型、毛型、丝绸型、麻型等；从性能上来看，有织物的断裂强度、断裂伸长、耐磨性、悬垂性、起毛起性、透气性、保暖性等。

#### 3. 纤维原料

每种纤维原料都具有独特的性能，使用一种新的原料就可以构成一种新的品种。因此，纤维原料设计是织物设计的一个重要内容。

#### 4. 纱线

不同的纱线结构，不同结构纱线的配置，会产生外观丰富多样的产品。纱线的种类有：

（1）纱，如纯纺纱、混纺纱、混色纱、中捻度纱、强捻纱、弱捻纱、S捻纱和Z捻纱。

（2）线，如双股线、三股线、多股线及多次合股线，捻向有异向捻、同向捻以及两根单纱异捻向的合股加捻线。

（3）花式纱线，如双色股线、结子线、毛圈线、断丝线、竹节纱、彩点纱、扎染纱、印线等。

（4）不同加工工艺的纱线，如环锭纺、转杯纺、静电纺、摩擦纺、自捻纺、包缠纺、喷气纺等。

#### 5. 经纬纱线组合

经纬纱线的组合形式不同，会产生不同的织物外观手感。组合方式有混纺、合并、交织。

**6. 织物组织**

组织是影响织物品种的重要因素。小提花织物品种的变化主要是由地部组织的变化得到的。大提花产品中地组织和花纹组织的变化都会引起品种的变化。

**7. 纱线的线密度与密度的变化配合**

经、纬纱线密度的变化范围超过某一定值时，会引起织物外观、手感较大的变化，形成不同的产品，如粗平布、中平布、细平布。经纬密度的变化超过某一范围时，同样会引起织物外观、手感的较大变化，形成不同的产品，如华达呢、哔叽和卡其织物。通过经纬线密度和密度之间的配合变化，即可以形成厚薄不同、轻重不同、稀密不同的织物，也可以形成平整的或起纵向及横向凸纹的织物。

**8. 织造加工技术**

织造加工是形成织物的主要加工工序，不同的产品需要不同的织造设备及不同的工艺参数。

**9. 织物后加工技术**

后加工技术可分为机械后加工及化学染整后处理。机械加工包括：割绒工艺、拉绒工艺、缩呢工艺、剪花工艺、剪毛工艺、热压工艺、烧毛工艺、磨毛工艺。化学染整后处理包括：漂练、染色、丝光、印花、喷花、烂花、涂层整理、树脂整理、防缩、抗皱、抗静电、防水、防污、阻燃等。

## 二、设计原则

**1. 适销对路**

设计人员要深入广泛地进行市场调研，使设计的产品符合消费心理，最大可能地满足消费者的需要。

**2. 经济、实用、美观相结合**

设计人员应明确产品的使用目的、用途、性能要求、流行色等。服用织物应做到"外表美观、穿着舒适、洗涤方便、便于运动。"价廉物美是织物设计人员追求的目标。不求最好只求最贵的理念要不得。

**3. 创新与规范相结合**

新产品设计人员要具有异想天开的开拓型思维，使产品不断发展、不断创新。但也要考虑到原料、纺、织、染、整工艺及产品的规范化、系列化。如原料规格、纱线线密度、织物幅宽、经纬密度等的规范系列化。

**4. 设计、生产与销售相结合**

织物设计要瞄准市场，设计时可采用以下流程：市场→销售部门销售产品，需掌握市场需要，制订销售计划，进行组织安排→设计部门按销售安排，研制和设计新产品→生产部门生产产品。

### 三、织物设计的分类

#### 1. 仿样设计

仿样设计一般有客户提供的坯布或者成品布样作为主要参考进行设计。仿样设计的一般步骤为：分析来样→确定主要参数→设计工艺参数→小样试织→先锋样→大样。这是设计者的基础工作。

#### 2. 改进设计

改进设计主要针对原设计样品的某一项或者几项进行改进，在设计时要充分考虑各项指标的配合，如经纬密度配合；线密度、捻度、捻向配合；原料选用搭配，组织与花纹图案配色配合。

#### 3. 创新设计

创新设计是指设计师根据自己的经验，结合流行趋势进行的自主创造。主要步骤：①构思使用对象和用途，确定总体方案；②选择原料；③确定纱线结构；④织物组织结构设计；⑤花纹图案的配色设计；⑥织物规格设计；⑦工艺流程及工艺参数设计；⑧确定织物后整理工艺。

#### 4. 定位设计

定位设计即根据新产品用途、使用对象、市场需求、企业生产条件等进行的专门设计。主要步骤：①确定织物性能与风格，对织物设计进行总体构思；②选用原料，确定混纺比；③纱线结构设计；④织物组织设计；⑤织物结构及织物规格设计；⑥艺术造型与配色等设计；⑦工艺流程与工艺参数设计；⑧确定织物后整理工艺。

### 四、织物的技术条件与工艺流程的选择

#### (一) 织物的技术条件

织物的技术条件是确定纺纱和织造生产工艺流程，进行织物工艺计算，确定用纱量和原料用量的依据。织物的主要技术条件包括：织物组织、幅宽、纱线细度、纱密、总经根数、缩率、伸长率、回潮率、单位坯布用纱量等。

#### (二) 工艺流程的选择

#### 1. 选择原则

(1) 根据纺织工艺原理和实际生产经验及定型机的鉴定资料，尽量采用新工艺、新技术、高效能的机台，以获得较高的劳动生产率。

(2) 在保持产品风格特征的前提下，尽量缩短工艺流程，以减少设备数量、节约投资、降低生产成本。

(3) 对建厂设计还应使设计具有灵活性，适应多品种、小批量的生产发展趋势。

#### 2. 织物工艺流程 (以纯棉织物为例)

间接纬→络筒→卷纬→给湿（定捻）
管纬→直接纬→给湿
管经→络筒→整经→并轴、浆纱或过水→穿、
结经→烘布→折布→打包→入库
}→织造→验布→刷布

织部工艺流程的具体制定，应结合织造工艺理论和生产实践以及设备情况，综合考虑各种因素：

（1）稳定捻度。减少脱纬、纬缩及起圈现象（对纬纱）。

（2）上浆。单纱表面毛羽多，强度低，上浆降低断头率（对经纱）。

（3）卷装形式。筒纱、管纱、绞纱（染色）、色织物。

（4）纬纱体制。直接纬，工艺流程短，但是保留原纱中某些疵点。多用于中低档织物或印花织物；间接纬，通过了络筒再卷纬，可消除疵点但流程长。

（5）后加工。潮湿地区可考虑烘布过程，以防储存及流通过程中发霉。为提高布面外观质量，可进行刷布。

## 第二节　织物分析的内容与步骤

设计或仿制某种织物，必须首先对织物进行分析，获得上机工艺资料，用以指导织物的织造过程。由于现在市场竞争激烈，针对纺织品小批量、多品种、交货急的特点，故要求织物分析要"快而准"。所以设计人员必须掌握织物分析的方法。

各种织物所采用的原料、组织、密度、纱线的线密度、捻向和捻度、纱线的结构及织物的后整理方法等都各不相同，因此形成的织物在外观及性能上也各不相同。为了创新及仿制织物，就必须对织物进行分析，掌握织物的组织结构和织物的上机技术条件等资料。

为获得正确的分析结果，对于客户样品，虽大小极不规范，形状随意，但必须要满足：①色织样品，其色经色纬必须满一个循环；②提花织物，花位必须完整；③印花产品，花型套色要完整，否则应拒绝接收。织物分析一般按以下步骤和方法进行。

### 一、成品样与坯布样的辨认

来样表面洁净、色泽明亮、手感滑爽柔和的为成品样。来样表面有特殊后加工特征的，如起毛、磨毛、水洗、涂层等，均为成品样。

来样表面毛绒较明显又不洁净、存在原纱残留下的粒屑疵点，色泽不明亮，手感粗糙无滑爽感，并且从经纱方向，在光线透视下，存在织造时的筘齿间隙印影的为坯布样。

### 二、取样

对织物进行分析，首先要取样，所取的样品须能准确代表该织物的各种性能，样品上不能有疵点，并力求处于原有的自然状态。而样品资料的准确程度与取样的位置、样品的大小有关，所以对取样的方法有一定的规定。

#### 1. 取样位置

织物在织造及染整过程中，均受一定的外力作用，这些外力在织物下机后会消失。织物的幅宽和长度因经、纬纱张力的平衡作用也略有改变，这种变化造成织物边部和中部，以及织物两端的密度及其他一些力学性能都存在差异。为了使测得的数据具有准确性及代表性，对取样的位置一般作如下规定：从整匹织物中取样时，样品到布边的距离一般不小于 5cm。长度方向，样品到织物两端的距离，在棉织物上为 1.5~3m，在毛织物上不小于 3m，在丝织物上为 3.5~5m。

**2. 取样大小**

织物分析是项消耗性试验，应本着节约的原则，在保证分析资料正确的前提下，应尽量减少试样的大小。试样至少要保证 5cm×5cm。

简单织物的试样可偏小掌握，一般取为 15cm×15cm。组织循环较大的色织物一般取为 20cm×20cm。色纱循环大的色织物（如床单）最少应取一个色纱循环的面积。对于大花纹织物（如被面、毯类等），一般分析部分取具有代表性的组织结构即可，可取 20cm×20cm 或 25cm×25cm。

### 三、确定织物的正反面

对织物取样后，需要确定织物的正反面。下面列举一些常用的判断方法。按织物外观决定正反面，一般织物的正面都比反面平整、光滑和细致，正面花纹清晰美观。

（1）按织物组织决定正反面，经面斜纹、经面缎纹等经面织物，正面经呈现经浮长线；若为纬面组织织物，则正面呈现纬浮长线。

（2）凸条及凹凸织物，正面紧密细致具有明显的纵、横条纹或凹凸花纹，反面有横向或纵向浮长线衬托。

（3）条格外观的配色模纹织物，正面条格明显，花纹、色彩清晰悦目。

（4）双层、多层及多重织物，若表里组织的原料、密度、结构不同时，一般正面纱线的原料好、结构紧密、外观效应较好，而里组织的原料较差、密度较小。

（5）起绒织物，单面起绒织物，正面具有绒毛或毛圈；双面起绒织物，则以毛绒密集、光洁、整齐的一面为正面。

（6）纱罗织物，正面孔眼清晰、平整，纹经突出，反面外观粗糙。

从以上所述的鉴别方法可以看出，多数织物的正、反面有明显区别，确定织物的正、反面总是以外观效应好的一面作为织物的正面。有些织物的正、反面无明显的区别，如平纹织物。对这类织物可不强求区别其正、反面，两面均可作为正面。

### 四、确定织物的经纬向

确定织物的正、反面后，要确定织物的经纬方向，以便进一步确定经、纬纱密度、经纬纱线密度和织物的组织等。经纬方向的鉴别方法一般有如下几种。

（1）当样品有布边时，则与布边平行的纱线为经纱，与布边垂直的纱线为纬纱。

（2）含有浆料的纱为经纱，不含浆料的纱为纬纱。

（3）一般织物的经密大于纬密，所以通常密度较大的纱线为经纱，密度较小的纱线为纬纱。

（4）织物上有明显筘痕时，与筘痕平行的纱线为经纱。

（5）如果为半线织物，即一个方向为股线，另一个方向为单纱，则一般股线方向为经向，单纱方向为纬向。

（6）若单纱织物经纬向捻向不同时，一般经纱为 Z 捻，纬纱为 S 捻。

（7）若织物两个方向的纱线的捻度不同时，则捻度大的纱线为经纱，捻度小的纱线为纬纱。

（8）如织物的经纬纱线密度、捻向、捻度都差异不大时，则纱线的条干均匀、光泽好的为经纱。

（9）毛巾类织物，起毛圈的纱为经纱，不起毛圈的纱为纬纱。

（10）条子和格子织物，一般沿条子方向的纱线为经纱，格子偏长或配色比较复杂的纱线为经纱。

（11）纱罗织物，有扭绞的纱线为经纱，无扭绞的纱线为纬纱。

（12）若织物一个系统的纱线具有多种不同的线密度时，则这个系统方向为经向。

（13）在不同原料纱线的交织物中，棉毛、棉麻、棉与化纤的交织物中，一般棉为经纱；毛丝交织物中，丝为经纱；天然丝与人造丝交织物中，天然丝为经纱。

（14）在分析织物中纱线的织缩率后，缩率大的为经纱，小的为纬纱。

由于织物的品种繁多，织物的结构与性能也各不相同，故在分析时，还应根据具体情况进行确定。

### 五、样品中经纬纱结构的确定

纱线结构一般指纱线加捻的方向和捻度的强弱程度。捻向的鉴别，以手指搓捻纱段，呈 S 形的为左捻纱，呈 Z 形的为右捻纱。通常情况下，单纱是 Z 捻；股线多为 S 捻；顺时针能解开的是 Z 捻，否则是 S 捻。纱线捻度的强弱，从来样拆出的纱段，在极短时间内有退捻不稳定状态的，可认为是强捻纱。

### 六、测定织物的经纬纱密度

织物的经纬纱密度是织物结构参数的一项重要内容，密度的大小直接影响织物的外观、手感、厚度、强力、抗折性、透气性、耐磨性和保暖性等力学性能，同时也关系到产品的成本和生产效率的大小。

织物单位长度的经、纬纱根数，称织物密度。织物密度分经密和纬密两种。公制密度是指 10cm 长度内的纱线根数。常用的经纬密度测定方法有以下两种。

**1. 直接测定法**

直接测定法可利用织物密度分析镜进行。密度分析镜的刻度尺长度为 5cm，镜头下的玻璃片上刻有一条红线，在分析织物密度时，移动镜头，将玻璃片上的红线和刻度尺上的零点同时对准某两根纱线之间，以此为起点，边移镜头，边数纱线根数，直到 5cm 刻度线为止。数出的根数乘 2，即为 10cm 内的纱线根数。在数纱线根数时，要以两根纱线间隙的中央为起点，若数到终点时，落在纱线上，超过 0.5 根，而不足 1 根时，应按 0.75 根计；若不足 0.5 根时，则按 0.25 根计。一般应测得 3~4 个数据，然后取其算术平均值作为测定结果。

**2. 间接测定法**

间接测定法适用于密度大、纱线线密度小的规则组织的织物。首先分析得出织物组织及其完全组织经纱数和完全组织纬纱数。然后再测算 10cm 内的组织循环数。沿纬向 10cm 长度内，测定出织物的组织循环经纱根数 $R_j$，其组织循环个数为 $n_j$。则经纱密度 $P_j = R_j \times n_j$（根/10cm）。同理，沿经向 10cm 长度内，测出织物的组织循环纬纱根数为 $R_w$，其组织循环个数为 $n_w$。则纬纱密度 $P_w = R_w \times n_w$（根/10cm）。

## 七、测定经纬纱缩率

测定经纬纱缩率的目的是计算纱线线密度和织物用纱量等项目。由于纱线在形成织物后，经、纬纱线在织物中交错屈曲，因此织造时所用的纱线长度大于所形成织物的长度，织物的筘幅大于布幅的尺寸。纱线长度与织物长度（或者宽度）的差值与纱线原长的比值称为缩率，用 $a$ 表示。缩率又分为经纱缩率 $a_j$ 和纬线缩率 $a_w$，两者的计算式如下：

$$a_j = \frac{L_{oj} - L_j}{L_{oj}} \times 100\%$$

$$a_w = \frac{L_{oj} - L_w}{L_{ow}} \times 100\%$$

式中：$L_{oj}$（$L_{ow}$）——试样中经（纬）纱伸直后的长度；

$L_j$（$L_w$）——试样的经（纬）向长度。

测定经、纬纱缩率的操作方法如下。

（1）在试样边缘沿经（纬）向量取 10cm 的织物长度（即 $L_j$ 或 $L_w$），并作记号。试样尺寸小时，可量取 5cm 的长度。

（2）将边部的纱缨剪短，避免纱线从织物中拔出时产出意外伸长。将经（纬）纱轻轻地从试样中拔出，用手指压住纱线的一端，用另一只手的手指将纱线拉直，注意不可有伸长现象。用尺子量出记号之间的纱线长度（即 $L_{oj}$ 或 $L_{ow}$）。

（3）连续测 10 个数据，取其算术平均值，代入上述公式中，即可求得 $a_j$、$a_w$。

另外，在操作过程中还应注意以下几点：①在拔出和拉直纱线时，不能使纱线发生退捻和加捻，还要注意避免发生意外伸长；②分析刮绒和缩绒织物时，应先用火柴或剪刀除去织物表面的绒毛；③避免汗手操作。有些纤维（如黏胶）在潮湿状态下极易伸长。

## 八、测定经纬纱线密度

纱线的线密度是指 1000m 长的纱线，在公定回潮率时的重量克数。即：

$$Tt = \frac{G}{L} \times 1000$$

式中：Tt——纱线线密度，tex；

       $G$——公定回潮率下纱线的重量，g；

       $L$——纱线的长度，m。

纱线线密度的测定一般采用称重法。其操作步骤如下：

（1）检查试样的经纱是否上浆，若经纱是上浆的，则先对试样进行退浆处理。

（2）从 10cm×10cm 的织物中取出 10 根经纱和 10 根纬纱，分别称重。

（3）测出织物的实际回潮率。

则经、纬纱线线密度可用下式求得：

$$Tt = \frac{g(1 - a)(1 + w_\phi)}{w}$$

式中：$a$——经（纬）纱缩率；

       $g$——10 根经（纬）纱的实际无浆重量，mg；

       $w$——织物退浆后的实际回潮率；

       $w_\phi$——该种纱线的公定回潮率。

各种纱线的纤维公定回潮率见表 3-1。

**表 3-1　各种纱线的纤维公定回潮率**

| 纤维种类 | 公定回潮率（%） | 纤维种类 | 公定回潮率（%） |
|---|---|---|---|
| 棉 | 8.5 | 绢丝 | 11 |
| 黏胶 | 13 | 涤纶 | 0.4 |
| 精梳毛纱 | 16 | 锦纶 | 4.5 |
| 粗梳毛纱 | 15 | 维纶 | 5 |
| 腈纶 | 2 | 丙纶 | 0 |
| 醋酯纤维 | 7 | | |

纱线的线密度还可以在放大镜下通过与已知线密度的纱线进行比较而得出。此法与操作人员的经验有关，误差较大，但操作简单、迅速。

**九、鉴别经纬纱原料**

织物所采用的原料是多种多样的。有采用一种原料的纯纺织物，有采用两种或两种以上不同原料的交织物，还有混纺织物。在进行织物分析时，必须鉴别样品所用的原料。

鉴别经纬纱原料可分为定性分析和定量分析。对于纯纺织物只需进行定性分析即可，对于混纺织物则需进行定量分析，以确定不同原料的混纺比。

鉴别经纬纱原料的方法很多，有手感目测法、燃烧法、显微镜鉴别法和化学溶解法等。

**1. 手感目测法**

手感目测法即根据纤维的外观形态、色泽、手感和织物的一般性能，通过感官来鉴别纤维的种类。例如，棉织物的手感柔软，易折皱，弹性与光泽差；毛织物挺括而富有弹性，不容易起皱，光泽柔和，手感丰满；麻织物手感硬挺，表面有竹节；丝织物手感柔软滑爽，色泽较好；真丝织物揉搓时有丝鸣声；涤纶织物的回弹较好；黏胶纤维吸湿前后强力差别很大，湿强很低，可以方便地鉴别黏胶纤维。在观察织物特征的基础上，再结合观察纤维形态做出初步判断。

**2. 燃烧法**

各类纤维材料具有不同的化学成分，故在燃烧时会发生不同的反应。所以可根据燃烧速度、气味、火焰大小、灰烬形状等特点来鉴别纤维的种类。如动物蛋白质纤维燃烧较慢，有烧毛味，灰烬为黑色圆球，能捻碎；纤维素纤维及铜氨纤维燃烧快，能自动蔓延，有烧纸味，灰烬为灰白色粉末；锦纶接近火焰时熔融收缩，接触火焰后缓慢燃烧，离火即灭，有白烟及氨臭味，灰烬为光亮的黑色硬块，不易捻碎；涤纶近火时熔融收缩，接触火焰后燃烧，冒黑烟伴有芳香味，离火继续燃烧，灰烬同锦纶；腈纶近火焰即收缩，接触火焰熔融燃烧，有小火花，冒黑烟，离开火焰能继续燃烧，有辛辣臭味，灰烬为硬而脆的黑色硬块。燃烧法只适用于纯纺织物。

**3. 显微镜鉴别法**

显微镜鉴别法是利用显微镜观察各种纤维的结构特征来鉴别，是广泛采用的一种鉴别方法，可以用于单一成分的产品，也可用于多种成分的混纺产品。有些纤维在多次机械和化学加工中，结构已发生变化，这时可借助化学药剂用显微镜来观察纤维在各种化学药剂中的颜色、溶解过程和形态上的变化来鉴别其种类。

**4. 化学溶解法**

以上几种鉴别方法只能对织物的原料进行定性分析，如果要对织物的原料进行含量分析，一般采用溶解法。它是根据各种纤维在不同化学溶液中具有不同的溶解性能来鉴别纤维的。如选用适当的溶剂使混纺织物中的其中一种纤维溶解，称取剩下的纤维重量，从而就可得知溶解纤维的重量，然后计算出混纺比。

表3-2列出了常见纤维在不同化学溶液中的溶解性能。

**表 3-2 常见纤维在不同化学溶液中的溶解性能**

| 纤维种类 | 盐酸（30%，24℃） | 硫酸（75%，24℃） | 氢氧化钠（5%，煮沸） | 甲酸（85%，24℃） | 冰醋酸（24℃） | 间甲酚（24℃） | 二甲基甲酰胺（24℃） | 二甲苯（24℃） |
|---|---|---|---|---|---|---|---|---|
| 棉 | I | S | I | I | I | I | I | I |
| 羊毛 | I | I | S | I | I | I | I | I |
| 蚕丝 | S | S | S | I | I | I | I | I |
| 麻 | I | S | I | I | I | I | I | I |
| 黏胶纤维 | S | S | I | I | I | I | I | I |
| 醋酯纤维 | S | S | P | S | S | S | S | I |
| 涤纶 | I | I | I | I | I | S | I | I |

| 纤维种类 | 盐酸（30%，24℃） | 硫酸（75%，24℃） | 氢氧化钠（5%，煮沸） | 甲酸（85%，24℃） | 冰醋酸（24℃） | 间甲酚（24℃） | 二甲基甲酰胺（24℃） | 二甲苯（24℃） |
|---|---|---|---|---|---|---|---|---|
| 锦纶 | S | S | I | S | I | S | I | I |
| 腈纶 | I | SS | I | I | I | I | S | I |
| 维纶 | S | S | I | S | I | S | I | I |
| 丙纶 | I | I | I | I | I | I | I | S |
| 氯纶 | I | I | I | I | I | I | S | I |

注　S—溶解；SS—微溶；I—不溶解。

由于溶剂的浓度和加热温度不同，对纤维的溶解性能表现也不一，因此在用溶解法鉴别纤维时，应严格控制溶剂的浓度和加热温度，还要注意纤维在溶剂中的溶解速度。

在具体鉴别经纬纱原料时，用一种鉴别方法常不能做出确切的判定，这时可以几种方法联合使用以做出最终判定。

## 十、化纤长丝类别的鉴别

### 1. 拉伸变形丝（DTY）

有断丝现象，且单丝互相缠绞，丝条之间不平行、不清晰，拉伸后回复性较好，比较蓬松。

### 2. 全拉伸丝（FDY）

无断丝现象，丝条较清晰平行，热收缩较大，用力拉断时丝束在断裂瞬间有回弹，声音清脆。

### 3. 预取向丝（POY）

弹力较差，热收缩很大，比 FDY 还大，用力拉伸时先延伸一下后断裂，断裂后感觉无回弹性。

## 十一、测定织物重量

织物重量指织物每平方米的无浆干重克数。它是织物的一项重要的技术指标，也是对织物进行经济核算的主要指标，根据织物样品的大小及具体情况，有两种测算织物重量的方法。

### 1. 称重法

用此法测定织物重量时，样品的面积一般取 10cm×10cm。所取面积越大，所得结果就越正确。测定时，先将试样退浆，然后放入烘箱中烘至重量恒定，用扭力天平或分析天平称其干燥重量。则织物每平方米的无浆干燥重量可按下式计算：

$$G = \frac{g \times 10^4}{L \times b}$$

式中：$G$——试样每平方米无浆干重，$g/m^2$；

$g$——试样的无浆干重，g；

$L$——样品长度，cm；

$b$——样品宽度，cm。

**2. 计算法**

在样品面积较小，用称重法测算不够准确时，可根据前面分析所得的经纬纱特数、经纬纱、经纬纱缩率进行计算。计算式如下：

$$G = \left[ \frac{10P_j \times Tt_j}{(1 - a_j) \times 1000} + \frac{10P_w \times Tt_w}{(1 - a_w) \times 1000} \right] \times \frac{1}{1 + W_\phi}$$

式中：$Tt_j$，$Tt_w$——经、纬纱线线密度，tex；

$G$——试样每平方米无浆干重，g/m²；

$P_j$，$P_w$——试样的经、纬纱密度，根/10cm；

$a_j$，$a_w$——试样的经、纬纱缩率；

$W_\phi$——试样的经、纬纱公定回潮率。

### 十二、分析织物的组织及色纱的配合

分析织物的组织，即分析织物中经纬纱的交织规律，求得织物的组织结构。再根据经纬纱原料、密度、线密度等因素做出该织物的上机图。

由于织物的种类繁多，原料、密度、线密度等因素各不相同，所以在对织物进行组织分析时，应根据具体情况选择不同的分析方法，使分析工作简单高效。

常用的织物组织的分析方法有以下几种：

**1. 直接观察法**

利用眼力或照布镜直接观察布面，将观察到的经纬纱的交织规律填入意匠纸的方格中。分析时应多填绘几根经纬纱的交织状况，以便找出正确的完全组织，这种方法简单易行，适用于组织较简单的织物。

**2. 拆纱分析法**

这种方法适用于组织较复杂、纱线较细、密度较大的织物。具体步骤如下：

（1）确定拆纱的系统。在分析织物时，首先要确定拆纱的方向，观察从哪个方向拆纱更能看清经纬纱的交织状态，一般是将密度大的纱线系统拆开（通常是经纱），利用密度小的纱线系统的间隙，可清楚地看出经纬纱的交织规律。

（2）确定织物的分析表面。织物的分析表面以能看清组织为原则。如果是经面或纬面组织的织物，一般分析反面比较方便；起毛起绒织物，分析时应先剪掉或用火焰烧去织物表面的绒毛，再进行分析，或从织物的反面分析其地组织。

（3）纱缨的分组。将密度大的那个系统的纱拆除若干根，使密度小的系统的纱线露出10mm的纱缨，然后将纱缨中的纱线每若干根分为一组，并将奇数组和偶数组纱缨剪成不同的长度，以便于观察被拆纱线与各组纱的交织情况。

填绘组织所用的意匠纸一般每一大格其纵横方向均为8个小格，可使每组纱缨根数与其

相等，这样把一大格作为一组，也分成奇、偶数组与纱缨所分奇、偶数组对应，被拆开的纱线就可以很方便地记录在意匠纸的方格上。

（4）用分析针将第1根经纱或纬纱拨开，使其与第2根纱线稍有间隔，置于纱缨之中，即可观察其与另一方向纱线的交织情况，并将观察到的浮沉情况记录在意匠纸或方格纸上，然后将第1根纱线抽掉，再拨开第2根，以同样方法记录其沉浮情况，直到浮沉规律出现循环为止。

（5）如果是色织物，即利用不同颜色的纱线与组织配合使织物表面显出各种不同风格和色彩的花纹织物。对于这种织物还需要将纱线的颜色也记入意匠纸。即画出组织图后，在经纱上方，纬纱左方，标注上色称和根数，组织图上的经纱根数为组织循环经纱数与色纱循环经纱数的最小公倍数，纬纱根数为组织循环纬纱数与色纱循环纬纱数的最小公倍数。

对组织比较简单的织物，也可以采用不分组拆纱法。即选好分析面、拆纱方向后，将纱轻轻拨入纱缨中，观察经纬纱的交织情况，并记录在意匠纸上即可。

在具体操作时，分析人员必须耐心细致。为了节省眼力，可以借助照布镜、分析针、颜色纸等工具来分析，在分析深色织物时，可以用白色纸做衬托，在分析浅色织物时，可以用深色纸做衬托，这样可使交织规律更清楚、明显。

# 思 考 题

1. 试述分析织物的步骤和所需确定的项目。
2. 试说明分析织物时所需的主要仪器、工具、用品等的名称。
3. 试说明织物组织的分析方法，拆纱分析法适用的范围。
4. 找一块色织物，鉴别其正反面，确定布样的经纬向，用照布镜测定布样的经纬纱密度，并分析织物的组织结构，画出其组织图及色纱的配合。

# 第四章　棉及棉型织物设计

凡是未经漂白、染色的本色纱线织成的织物均可称为白坯织物。白坯织物一般是指棉型及中长白坯织物，它包括本色棉布，棉及棉型化纤混纺、纯纺、交织等织物。白坯织物主要采用平纹、斜纹、缎纹以及小提花等组织。

## 第一节　棉织物的分类及其风格特征

### 一、棉织物的分类

本色棉布是棉纤维不经过任何化学染色处理织成的织物，是白坯织物中的纯棉织物。主要包括平布、府绸、哔叽、华达呢、卡其、直贡、横贡、麻纱及绒布坯九类。此外，还包括花式规格变化较大的纱罗、灯芯绒、平绒、麦尔纱、巴里纱、起绉织物、羽绒布等品种。

本色棉布的编号采用三位数字来表示。第一位数字代表品种类，第二、第三位数字代表产品顺序号（本色涤棉混纺布与本色棉布相同）。

平布（粗平布、中平布、细平布）：100~199；

府绸（纱府绸、半线府绸、全线府绸）：200~299；

斜纹：300~399；哔叽（纱哔叽、半线哔叽）：400~499；

华达呢（纱华达呢、半线华达呢）：500~599；

卡其（纱卡其、半线卡其、全线卡其）：600~699；

直贡、横贡：700~799；

麻纱：800~899；

绒布坯：900~999。

### 二、常见棉织物的风格特征

不同的本色棉布其风格特征各不相同。常见棉织物的风格特征见表4-1。

表4-1　常见棉织物的风格特征

| 名称 | 风格特征 |
| --- | --- |
| 平布 | 经纬紧度比较接近，布面平整 |
| 府绸 | 高经密、低纬密，布面经浮点呈颗粒状 |

| 名称 | 风格特征 |
|------|----------|
| 斜纹 | 质地松软,纹路较细,布面呈斜纹状 |
| 哔叽 | 经纬紧度比较接近,质地柔软,斜纹纹路接近45° |
| 华达呢 | 高经密、低纬密,质地厚实,斜纹纹路接近63° |
| 卡其 | 高经密、低纬密,布身硬挺厚实,斜纹纹路明显 |
| 直贡 | 高经密,布身厚实或柔软,布面平滑、匀整 |
| 横贡 | 高纬密,布身柔软,光滑似绸 |
| 麻纱 | 布面条纹挺直,手感柔软挺括、滑爽 |
| 绒布坯 | 布身柔软,经纬纱支差异大,纬纱捻度小 |

# 第二节 棉织物主要结构参数设计

织物结构主要是指织物中经纬纱相互交错配置的空间形态。织物结构不但对织物的使用性能有很大的影响,还会影响到织物的外观风格。纱线的细度和捻度、织物的密度和组织以及织造过程中的工艺参数等是影响织物结构的主要因素。

## 一、经纬纱线的细度

棉纱线的细度一般采用英制支数 $N_e$ 或线密度 Tt 表示。特克斯是目前国内外的法定计量单位,国内曾经称"号数"。绒类等织物外的本色棉布,经纬纱支(特)数一般采用相同或相近的支(特)数进行搭配。织物设计时,根据织物用途、风格特征、质量要求,或参照类似品种确定纱支。如果织物的厚度有一定的要求,则可根据织物厚度要求计算出经纬纱支。

平布经纬纱支比较接近。细平布的纱支在20.1tex(29英支)以上,布身薄,平滑细洁,手感柔韧,富有棉纤维的天然光泽,且布面杂质较少。粗平布的纱支32.4tex(18英支)以下,质地粗糙,布身厚实,紧密耐穿。中平布的质地和外观介于两者之间,经纬纱支一般取20.8~30.7tex(19~28英支)。

府绸是高支高密织物。若纬纱支数高于经纱支数,则更能体现丝绸般轻薄而柔软的手感,但织物纬向强力下降,故府绸织物中纬纱支数不宜高于经纱支数。一般设计时,采用经纱支数相同或高于纬纱支数291.6tex(2英支)左右。

斜纹、卡其类织物的表面主要由经浮点构成,经纬纱支的比值一般为1∶(1~1.3),有利于经纱凸显于织物表面。

贡缎织物一般采用相同的经纬纱支。为使直贡缎经面缎效应好，手感厚实，纬向强力较大，应选择经纱支数高于纬纱支数。为使横贡缎纬面缎更为柔软、光洁，纬面效应更加突出，应选择经纱支数低于纬纱支数。

麻纱织物布身轻薄，采用高支纱。具有丝绸风格的变化麻纱和高级柳条麻纱织物，则需选用更高支的纱线。但若纱支太高，织物表面会显得粗糙厚密，就体现不出麻纱织物的独特风格。

纱罗织物一般要求透气性好，故选用的纱支数应高些。提花纱罗和简单的纱罗织物，地经、绞经与纬纱可选用同支纱；联合、变化纱罗组织中，纱支数则随组织规格的不同而变化。

绒布主要是纬纱拉绒，一般单面哔叽绒经纬纱支比值为 1∶（0.5~0.67）；双面平纹绒布约 1∶0.5，利于拉绒并提高绒布的厚度。一般厚绒纬纱选用 58.3tex（10 英支）以上，薄绒纬纱选用 58.3tex（10 英支）以下。

灯芯绒通常采用中等细度的纱线，纬密比经密高很多。纬纱纱支与织物密度有关，如纬纱支数高，纬密相应增加，织物毛绒稠密，固结也较牢。

纬平绒纬密比一般织物高，经纱常用强力较高的股线。高支股线作经，织物比较细洁。纬纱支数可相同或稍低于经纱纱支；股线作纬的平绒织物，地组织坚牢。为使经平绒织物开口清晰，绒毛平整、光洁，绒经通常采用与地经相同或稍细的股线，纬纱支数必须与纬密、经纱支数、地经密度相适应，以保证织物一定的坚牢度。

麦尔纱、巴里纱均为轻薄织物，选用细支纱为宜。麦尔纱常用普梳纱，纱支一般在 10.6~14.6tex（40~55 英支）；巴里纱采用精梳纱、线，单纱一般在 9.7~14.6tex（40~60 英支），股线在 J6.5tex×2（J90 英支/2）以上。

烂花布经纬纱采用包芯纱，包芯纱的支数取决于长丝的旦数。薄型产品采用 5tex（45 旦）以下较细的长丝；厚型产品一般采用 7.6tex（68 旦）以上较粗的长丝。

绉类织物轻薄，手感松软，反光柔和。薄型产品一般以高支纱为主，而纬纱支数选择稍低于经纬支数。

羽绒布按用途来确定纱支。织物作服用时，可选用 J9.7~J29.2tex（J20~J60 英支）。

## 二、纱线的捻度、捻系数与捻向

纱线的捻度 $T_{tex}$ 是指单位长度内的捻回数。棉纱的捻度用 10cm 内的捻回数来表示。生产中常用捻系数来比较不同纱支的加捻程度。

$$\alpha_t = T_{tex} \times \sqrt{Tt}$$

式中：$\alpha_t$——特数制捻系数；

　　　$Tt$——纱线线密度。

实际生产中，根据不同的用途、不同的纱支，选用不同的捻系数。一般经纱的捻系数比纬纱的大，起绒纬纱的捻系数比普通纬纱的小。各纱支棉纱线的捻系数见表 4-2。

表 4-2 各纱支棉纱线的捻系数

| 纱线类别 | | 规格 | | 捻系数 | |
|---|---|---|---|---|---|
| | | 英支 | Tt（tex） | 经纱 | 纬纱 |
| 梳棉织布用纱 | | 53~73 | 8~11 | 320~420 | 300~370 |
| | | 19~48 | 12~30 | 320~410 | 290~360 |
| | | 3~18 | 32~192 | 310~400 | 280~350 |
| 精梳织布用纱 | | 116~146 | 4~5 | 330~400 | 300~350 |
| | | 39~97 | 6~15 | 320~390 | 290~340 |
| | | 16~36 | 16~36 | 310~380 | 280~330 |
| 梳棉织布起绒用纱 | | 19~73 | 8~30 | 不大于340 | |
| | | 7~18 | 32~80 | 不大于330 | |
| | | 3~6 | 88~192 | 不大于320 | |
| 织绒布的精梳纱 | | 16~42 | 14~36 | 不大于320 | |
| 涤棉混纺纱 | 单纱织物用纱 | | | 362~410 | |
| | 股线织物用纱 | | | 324~362 | |

　　纱线的捻向有 Z 捻、S 捻，单纱一般为 Z 捻，股线一般为 S 捻。织物中经纬纱以不同捻向配合，对织物的手感、光泽、纹路、耐磨性、强度等都有一定的影响。经纬不同捻向，经纬交织处纤维相互交叉，经纬纱间的缠合性差，容易滑移。纱线屈曲大，组织点突出，纹路清晰，手感较松厚而柔软，吸色性较好，且染色均匀，但退捻易产生卷布现象。经纬同捻向时，织物手感、染色效果等正好相反。

　　捻向与组织合理配合，如哔叽、华达呢、卡其、直贡等，可以获得织纹清晰的效果，如横贡、羽绸织物表面可以达到光滑平整等效果，或其他织物的隐条与隐格现象。

　　府绸经纬纱捻度的大小，对织物的手感、光泽、菱形颗粒有较大的影响。经纱捻度稍小，纬纱捻度适当大些。为使纬纱获得较高的刚度，织物手感、光泽好，表面菱形颗粒突出，经纬纱应配置相反捻向。

　　斜卡织物中，线斜卡织物的手感和光泽优于纱斜卡，股线与单纱捻系数的比值，经线为1.2∶1 左右、纬纱为（1.2~1.4）∶1 左右较好。经纬捻向与斜纹方向配置成垂直的状态，可使斜卡织物纹路清晰、光泽良好。

　　贡缎织物选用的捻度，应使织物有柔软的手感，减少织造布面起圈现象，在满足织造的条件下，应采用较小的捻系数。经纱捻系数可高些，纬纱应低些。贡缎织物中纱线的捻向应与组织点飞数协调一致，以显现较好的光泽。

　　麻纱织物的经纬纱不能同时选高捻度或低捻度，必须采用高捻度的经纱与低捻度的纬纱进行交织，经纱的捻度比一般织物要高 10% 左右，而纬纱捻度则比一般织物适当低些。麻纱织物的经纬必须同捻向，条纹较清晰，且经纬接触紧密，可使织物薄而挺括。柳条麻纱采用精梳股线，其股线的捻向应与单纱的捻向相同，使织物具有挺括的风格。

纱罗织物纱线捻度较高，使纱线光洁、纱孔清晰，织物爽滑。

从绒毛效果看，在满足纬向强力的条件下，采用低捻度为好。经纬不同捻向，可使织物手感厚实而柔软，利于绒毛的均匀密布。若纬纱采用股线，则绒布的绒毛短而密，手感柔软，效果更好。

灯芯绒织物纬密较高而柔软感，故经纱的捻度可适当增加，在不影响织造生产的前提下，适当降低纬纱捻度，绒毛容易松散，便于割绒等加工整理，并可保持绒条的圆润。

纬平绒织物手感柔软，捻度不宜过高，割绒后绒毛易松解，绒毛丰满、手感柔软。绒纬为右斜纹时，应采用 S 捻，可使绒毛配置均匀，光泽良好。绒纬为左斜纹时，应采用 Z 捻。经平绒织物地经的捻度比一般经纱略高些，纬纱的捻度与一般纱线相近。为利于绒毛松弛，便于刷绒、剪毛，绒经捻度不宜过高。

麦尔纱的经纬常采用与一般纱相同的捻系数。而巴里纱的经纬采用强捻，使布身挺括、滑爽有弹性。巴里纱织物的经纬纱捻向必须采用同捻向，纹路清晰，布面光洁匀整；股线捻向宜与单纱捻向相同（ZZ 捻），使织物具有挺括、滑爽的风格。

烂花织物中的经纬纱捻系数一般在 304~333。捻系数过小，烂花后长丝部分手感不爽，易起毛，外包部分易起棉球，反之，织造中易产生扭结现象。为避免起毛，长丝则稍有捻度。

绉织物中经纱一般采用常用捻系数，而纬纱必须采用强捻，为常用捻系数的 1.8~2.5 倍。低支纱的绉布、条形绉等易起皱，其捻系数值可选小一些。

羽绒织物经纬密度高、紧度大，经纬纱一般选用精梳纱，捻度较府绸织物略低，布身柔软而有光泽。羽绒织物的捻向一般都用 Z 捻，若需要增加织物的柔软性，具有更好的光泽，经纬纱则分别选用 Z、S 捻。

### 三、织物组织的设计

本色棉布的组织一般较简单，常采用平纹、斜纹、缎纹，$\frac{2}{1}$变化纬重平、变化方平和平纹地小提花等组织。设计中要考虑经纬组织浮长、交织次数、组织配合、组织循环纱线数与用综的合理性。设计斜纹、卡其类及贡缎类织物应注意纱线捻向与组织斜纹向的关系。

非多臂提花织物，一般选择平纹、斜纹或缎纹组织。多臂提花织物单轴生产时，要考虑花、地组织的配合关系，合理确定经纱平均浮长的大小。组织循环内经纱平均浮长相差过大，会造成经纱的织缩不一。经纱平均浮长大、织缩小，在梭口满开时，产生经纱松弛，会造成织疵、空关车等现象。

本色棉布的风格特征不同，设计时所选用的组织也不一致。常见棉织物的组织见表4-3。

表4-3 常见棉织物的组织

| 名称 | 组织 |
|---|---|
| 平布（粗平布、中平布、细平布） | $\frac{1}{1}$平纹 |
| 府绸（纱府绸、半线府绸、全线府绸） | $\frac{1}{1}$平纹 |

| 名称 | 组织 |
|---|---|
| 斜纹 | $\frac{2}{1}$ 斜纹 |
| 哔叽（纱哔叽、半线哔叽） | $\frac{2}{2}$ 斜纹 |
| 华达呢（纱华达呢、半线华达呢） | $\frac{2}{2}$ 斜纹 |
| 卡其（纱卡其、半线卡其、全线卡其） | $\frac{3}{1}$、$\frac{2}{2}$ 斜纹 |
| 直贡（纱直贡、半线直贡、全线直贡） | $\frac{5}{2}$、$\frac{5}{3}$ 经面缎纹 |
| 横贡 | $\frac{5}{2}$、$\frac{5}{3}$ 纬面缎纹 |
| 麻纱 | $\frac{2}{1}$ 纬重平 |
| 绒布坯 | $\frac{1}{1}$、$\frac{2}{2}$ 斜纹及其他斜纹 |

### 四、织物的紧度设计

织物的经向紧度 $E_j$（%）、纬向紧度 $E_w$（%）和织物的总紧度 $E$（%），是以织物中经纱或纬纱覆盖面积，或经纬纱的总覆盖面积对织物全部面积的比值的百分率表示。在织物组织相同的条件下，织物紧度越大，表示织物越紧密。棉织物的紧度计算如下：

$$E_j = P_j \times d_j \times 100\% = 0.037 \sqrt{Tt_j} \times P_j$$

$$E_w = P_w \times d_w \times 100\% = 0.037 \sqrt{Tt_w} \times P_w$$

$$E = E_j + E_w - E_j \times E_w / 100$$

式中：$d_j$，$d_w$——经、纬纱直径，mm；

$Tt_j$，$Tt_w$——经、纬纱线密度；

$P_j$，$P_w$——织物的经、纬密度，根/10cm。

**1. 织物内纱线的直径系数 $K_d$**

纱线受压，直径会发生变化。纱线在织物中的直径会影响织物的结构，是决定织物的经、纬向紧度和进行织物结构设计的依据。$K_d$ 值是重要的织物结构参数。

$$d = K_d \sqrt{Tt}$$

式中：$d$——织物内纱线的计算直径，mm；

$Tt$——纱线线密度。

不同纱线的直径系数各不相同，常见纱线的直径系数见表4-4。

表4-4 常见纱线的直径系数

| 纱线类别 | 直径系数 |
|---|---|
| 棉纱 | 0.037 |
| 精梳毛纱 | 0.040 |

续表

| 纱线类别 | 直径系数 |
|---|---|
| 精梳毛纱 | 0.043 |
| 苎麻纱 | 0.038 |
| 丝 | 0.037 |
| 65/35 毛黏粗纺纱 | 0.041 |
| 65/35 T/C 纱 | 0.039 |
| 50/50 涤腈纱 | 0.041 |
| T/R 纱 | 0.039 |

**2. 压扁系数 $\eta$**

$\eta$ = 纱线在织物切面图上垂直布面方向的直径/织物内纱线的计算直径

由于纱线在织物内的截面形态，受到纤维原料、织物组织、织物密度、成纱结构、织造参数等因素的影响，因此，要充分考虑纱线在织物内被压扁的实际情况。压扁系数的大小，一般为 0.8 左右。一般情况下，可利用增大或减小 $\eta$ 的方法来改善织物外观，改善光泽度和匀整度，或降低织物的刚度，改善织物的手感。

**3. 织物几何结构相与织物厚度**

织物几何结构参数包括 $L_j$、$L_w$、$h_j$、$h_w$、$d_j$、$d_w$。

$L_j$（$L_w$）为一个经纱（纬纱）组织循环所占的距离（mm）；$h_j$（$h_w$）为经（纬）纱屈曲波高（mm），用织物内经（纬）纱屈曲的波峰和波谷之间垂直于布面方向的距离表示；$d_j$（$d_w$）为经（纬）纱直径（mm）。

织物的厚度 $\tau$（mm），用织物正反面之间的距离表示。图 4-1 分别为两种平纹织物的经向和纬向截面图。

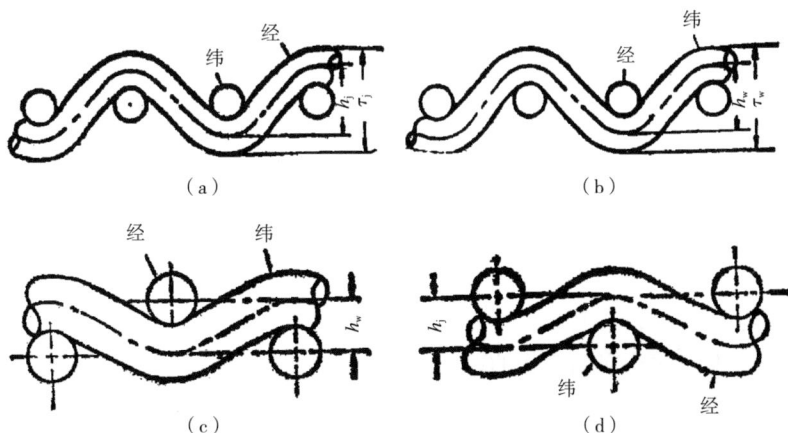

图 4-1　织物厚度

图 4-1（a）中，$h_w = 0$，$h_j = d_j + d_w$，$\tau = \tau_j = h_j + d_j$。纬纱没有屈曲，该织物的支持表面完

全由经纱构成（经支持面织物）；

图 4-1（b）中，$h_j=0$，$h_w=d_j+d_w$，$\tau=\tau_w=h_w+d_w$。经纱没有屈曲，该织物的支持表面完全由纬纱构成（纬支持面织物）。图 4-1（c）（d）中，$\tau_j=\tau_w=d_j+d_w$，$d_j+h_j=d_w+h_w$。经纬纱共同构成织物的支持表面（经纬同支持面织物）。由此可知：当 $d_j=d_w=d$ 时，则 $h_j=h_w=d_j=d_w$，$\tau=2d$；当 $d_j\neq d_w$ 时，则 $h_j=d_w$，$h_w=d_j$，$\tau=d_j+d_w$。

由于纤维原料、纱线支数、织物组织、密度以及上机张力等条件的不同，织物内的经、纬纱屈曲波高之间的配合关系也不一样。若在 $h_w=d_j+d_w$，$h_j=0$ 的基础上，使纬纱屈曲波高 $h_w$ 减少某一个值，则经纱的屈曲波高必然会增加一个等量的值，织物的几何结构便发生了变化。由此可得到织物的经、纬纱屈曲波高与经、纬纱直径之间的关系式为：

$$h_j+h_w=d_j+d_w$$

即织物的经、纬纱屈曲波高之和等于经纬纱的直径之和。

规定经纬纱屈曲波高每变动 $(d_j+d_w)/8$ 的几何结构状态，称为变动一个结构相。满足 $h_j/h_w=d_w/d_j$ 的条件时，形成经纬纱同支持面的织物，称这种结构相为"0 结构相"。

经、纬纱屈曲波高的比值与几何结构相之间的关系（设 $d_j=d_w=d$）见表 4-5。

表 4-5　经纬纱屈曲波高的比值与几何结构相之间的关系

| 几何结构相 | $h_j$ | $h_w$ | $h_j/h_w$ | $\tau$ |
|---|---|---|---|---|
| 1 | 0 | $2d$ | 0 | $3d$ |
| 2 | $d/4$ | $7d/4$ | $1/7$ | $11d/4$ |
| 3 | $d/2$ | $3d/2$ | $1/3$ | $5d/2$ |
| 4 | $3d/4$ | $5d/4$ | $3/5$ | $9d/4$ |
| 5 | $d$ | $d$ | 1 | $2d$ |
| 6 | $5d/4$ | $3d/4$ | $5/3$ | $9d/4$ |
| 7 | $3d/2$ | $d/2$ | 3 | $5d/2$ |
| 8 | $7d/4$ | $d/4$ | 7 | $11d/4$ |
| 9 | $2d$ | 0 | $\infty$ | $3d$ |
| 0 | $d_w$ | $d_j$ | $d_j/d_w$ | $d_w+d_j$ |

因此经纬同细度的各种织物的厚度范围在 $2\sim3d$ 之间。如果考虑到纱线在织物内的压扁系数 $\eta$，设经纬纱的压扁系数相等，则织物的厚度范围为 $(2\sim3d)\eta$。

不同的品种、不同的几何结构相的织物，具有不一样的风格特征。例如，府绸或卡其等经支持面织物，必须具有较高的几何结构相；麻纱、横贡缎和拉绒坯布纬纱支持面织物，必须具有较低的几何结构相；各类平布、涤棉类织物，经纬同支持面，一般处于第 5 结构相或者 0 结构相附近。

一般棉织物的几何结构相见表 4-6。

表4-6 一般棉织物的几何结构相

| 织物名称 | 几何结构相 | 织物名称 | 几何结构相 |
|---|---|---|---|
| 粗平布 | 约5 | 哔叽 | 4~5 |
| 中平布 | 约5 | 纱卡 | 6~7 |
| 细平布 | 约5 | 线卡 | 7~8 |
| 府绸 | 约7 | 麻纱 | 2~3 |
| 涤棉细布 | 5~6 | 直贡 | 6~7 |

高结构相的织物，经纱屈曲大，需要具有较大的经纱密度，经向织缩、断裂伸长大。第5或0结构相的织物，一般经纬纱的力学指标差异小，织物耐穿耐用。

等支持面附近的结构相（第5相左右），以平纹组织的紧度最小，易使织物达到紧密的效应；在同一结构相时，缎纹组织织物的经纬向紧度较小。

府绸类织物的经向紧度<83.4%（接近第7结构相）；华达呢织物的经向紧度<91%（接近第8结构相）；卡其类织物的经向紧度<107%（第9结构相）；直贡类织物的经向紧度<105%（第9结构相）。结构相、组织与紧度的关系（$d_j=d_w=d$）见表4-7。

表4-7 结构相、组织与紧度的关系（$d_j=d_w=d$）

| 结构相 | $h_j/h_w$ | $h_j$ | $h_w$ | 平纹 $E_j$ | 平纹 $E_w$ | 三页斜纹 $E_j$ | 三页斜纹 $E_w$ | 四页斜纹 $E_j$ | 四页斜纹 $E_w$ | 五枚缎纹 $E_j$ | 五枚缎纹 $E_w$ |
|---|---|---|---|---|---|---|---|---|---|---|---|
| 1 | 0 | 0 | 2d | 50.0 | ∞/100 | 60.0 | 300/100 | 66.7 | 200/100 | 71.4 | 166.6/100 |
| 2 | 1/7 | d/4 | 7d/4 | 50.3 | 103/100 | 60.4 | 102/100 | 67.0 | 101.6/100 | 71.8 | 101.2/100 |
| 3 | 1/3 | d/2 | 3d/2 | 51.6 | 75.1 | 61.6 | 82.3 | 68.1 | 86.0 | 72.8 | 88.6 |
| 4 | 3/5 | 3d/4 | 5d/4 | 54.0 | 64.0 | 63.8 | 72.8 | 70.1 | 78.0 | 74.6 | 81.7 |
| 5 | 1 | d | d | 57.7 | 57.7 | 67.2 | 67.2 | 73.2 | 73.2 | 77.4 | 77.4 |
| 6 | 5/3 | 5d/4 | 3d/4 | 64.0 | 54.0 | 72.8 | 63.8 | 78.0 | 70.1 | 81.7 | 74.6 |
| 7 | 3 | 3d/2 | d/2 | 75.6 | 51.6 | 82.3 | 61.6 | 86.0 | 68.1 | 88.6 | 72.8 |
| 8 | 7 | 7d/4 | d/4 | 103/100 | 50.3 | 102/100 | 60.0 | 101.6/100 | 67.0 | 101.2/100 | 71.8 |
| 9 | ∞ | 2d | 0 | ∞/100 | 50.0 | 300/100 | 60.4 | 200/100 | 66.7 | 166.6/100 | 71.4 |

各类织物经纬紧度、规格等，需要根据织物的风格特征、成本大小等因素最终决定。

平布经纬紧度均为50%左右。经纬紧度比约为1:1，质地坚牢。

府绸菱形颗粒要求清晰丰满，经紧度大（65%~80%），纬紧度稍低于平布。经纬紧度比值约为 5 : 3。斜卡织物中，哔叽经纬紧度及经、纬紧度比值小，故织物较松软，经纬交织点较清晰，纹路宽而平；华达呢经纬紧度及经纬紧度比均较哔叽大，且华达呢的经紧度较纬紧度大一倍左右，因此，布身较挺括，质地厚实、耐磨，斜纹线凸出、饱满；而卡其经纬紧度及经纬紧度比为最大，所以布身厚实，紧密而硬挺，纹路细密，斜纹线较华达呢更为明显。

贡缎经纬交织点少，组织结构紧密，经紧度大，织物光、软、滑、弹。麻纱织物经纬密度、紧度比较小，一般经紧度小于或接近于纬紧度，具有轻、薄、透、凉的风格。

纱罗织物紧度一般较小或适中。

绒布因纬起绒，故纬紧度大于经紧度。一般绒布的经纬紧度比：双面绒约为 1 : 1.7，单面哔叽绒为 1 : (1.2~1.7)。

灯芯绒因毛绒的长短，固结牢度及割绒生产等因素，纬密高于经密很多，纬紧度将近经紧度的 3 倍。

纬平绒的经纬紧度与经纬紧度之比均较灯芯绒高，确保织物的坚牢度。

麦尔纱、巴里纱紧度不宜过高，较一般细平布小，使织物具有较好的透气性。

烂花布织物紧度包括包芯纱部分的紧度和织物筛网部分的紧度，一般经紧度为 45%~48%。

绉布一般稀薄、透气性好，起绉后无透光现象，其总紧度一般较平纹织物的总紧度稍低。

羽绒布透气量小，撕破强度高，织物的紧度必须较一般平纹织物高。

### 五、经纬密度设计

织物的经纬密度设计是织物结构参数设计中的重要内容，经纬密度直接关系到织物的使用性能。在确定织物的密度时，可以根据织物的风格特征要求，选择较为恰当的经纬向紧度，再根据紧度与纱线细度的关系，初步概算得到织物的经纬密度，再根据实际生产情况和实际织物效果，最后拟订出织物的经纬密度。或运用勃莱利经验公式法，计算出经纬密度。例如：28tex（21 英支）纯棉 $\frac{2}{2}$ 斜纹织物，根据生产经验，估计出适宜的经、纬向紧度分别为：$E_j = 49\%$ 左右，$E_w = 42\%$ 左右。因为：

$$E_j = P_j \times d_j = 0.037\sqrt{Tt_j} \times P_j$$

$$E_w = P_w \times d_w = 0.037\sqrt{Tt_w} \times P_w$$

$$d_j = d_w = 0.037\sqrt{28} = 0.196(\text{mm})$$

所以 $P_j = 49/0.196 \approx 250$（根/10cm），$P_w = 42/0.196 \approx 214$（根/10cm）。

勃莱利经验公式法是根据织物上机最大密度、经纬支（特）数与织物组织间的关系式，求得织物的经纬密度。

$$P_{max} = \frac{C}{\sqrt{Tt}} \times f^m$$

式中：$C$ 值：精梳取 1350；粗梳取 1296；生丝 1296；熟丝 1246。

棉织物：

$$P_{max} = \frac{1321.7}{\sqrt{Tt}} \times f^m = 41.8\sqrt{N_m} \times f^m$$

式中：$P_{max}$——织物上机最大密度（根/10cm）；

　　　　$Tt$——经纬纱线密度；

　　　　$N_m$——经纬纱公制支数；

　　　　$f$——组织点平均浮长；

　　　　$m$——常数，随组织不同而异。

常见组织的 $m$、$f^m$ 值见表4-8。

表4-8　常见组织的 $m$、$f^m$ 值

| 组织 | $m$ | $f^m$ | | | | | |
|---|---|---|---|---|---|---|---|
| | | 1.5 | 2 | 2.5 | 3 | 3.5 | 4 |
| 斜纹 | 0.39 | 1.17 | 1.31 | 1.43 | 1.54 | 1.63 | 1.72 |
| 缎纹 | 0.42 | — | 1.34 | 1.46 | 1.59 | 1.68 | 1.78 |
| 方平及重平 | 0.45 | — | 1.37 | — | 1.64 | — | 1.87 |

上例若按勃莱利经验公式法可得：

$$P_{max} = \frac{1321.7}{\sqrt{28}} \times 1.31 = 327(根/10cm)$$

由于一般织物的实际上机密度为织物上机最大密度的75%左右，根据经纬密之间的差异，便可得到织物的经纬密度。

## 六、织造缩率

在织造过程中，经纬纱相互交织而屈曲，织物的经向长度或幅宽则小于相应的经纱长度或筘幅，将织物中原纱长度或宽度与坯布长度或宽度的差值与织物中原纱长度或宽度的百分比，称为经、纬织缩率，是工艺设计的主要内容之一，对织物品质、外观、风格、原料消耗及整理都有着密切的关系。

　　　经织缩率＝（实际墨印长度−实际墨印间坯布长度）/实际墨印长度×100%

　　　纬织缩率＝（筘幅−实际坯布幅）/筘幅×100%

纤维原料、经纬纱支、纱线结构、织物组织、经纬密度以及织造中的张力情况等不同，影响到织物经纬织缩率的差异。

**1. 纤维原料**

纤维原料不同，纱线受力变形不同。一般易于屈曲的纤维纱线织缩率较大，易于塑性变形的纤维纱线织缩率较小。

**2. 织物组织**

经纬织缩率与单位长度上经纬纱屈曲数、屈曲程度有关。一般平纹织物的纱线织缩率最

大。经纬密度较大时，平均浮长大的简单组织缩率较大。密度大、平均浮长小的平纹织物的织缩率较小；平均浮长大的缎纹织物织缩率较大。

### 3. 经纬纱支（特）数

不同纱支（特）的经纬纱交织时，细支（粗特）纱线不易屈曲，缩率较小；在经纬纱支（特）相同的织物中高支（低特）纱线织物的织缩率较小。

### 4. 经纬密度

织缩率的大小与经纬密度有着密切的关系。在一定密度范围内，组织、经密不变，经纱缩率随纬密增加而增加。经密增大，纬密减小，经纱织缩率增大，相应的纬纱缩率减小。经密很大时增加纬密，纬缩不会有明显增加。经、纬织缩率之和约为一常数，经缩（纬缩）增加，纬缩（经缩）相应减小。

### 5. 纱线结构

纱线捻度、上浆都会影响纱线的刚度，刚度大，纱线不易弯曲，织缩率小。

### 6. 织造工艺参数

上机张力的大小、纬纱张力的大小、开口迟早、后梁高低、车间温湿度等都会影响织缩率。上机经纱张力小，经纱织缩率大，纬纱织缩率相应减小。开口时间早，打纬时经纱张力大，经纱织缩率小，纬纱织缩率大。

织物的经纬织缩率与织物的匹长、幅宽、筘幅、用纱量等规格设计有关，因此，应正确测量和把握织缩率。

确定织缩率的方法很多，通常采用参考类似品种的经纬织缩率包括自然缩率，通过试织加以修正的方法来确定。

常见本色棉布织造缩率见表4-9。

**表4-9 常见本色棉布织造缩率**

| 织物名称 | 经纱（%） | 纬纱（%） |
|---|---|---|
| 粗平布 | 7.0~12.5 | 5.5~8 |
| 中平布 | 5.0~8.6 | 7左右 |
| 细平布 | 3.5~13 | 5~7 |
| 纱府绸 | 7.5~16.5 | 1.5~4 |
| 半线府绸 | 10.5~16 | 1~4 |
| 线府绸 | 10~12 | 2左右 |
| 纱斜纹 | 3.5~10 | 4.5~7.5 |
| 半线斜纹 | 7~12.0 | 5左右 |
| 纱哔叽 | 5~6 | 6~7 |
| 半线哔叽 | 6~12 | 3.5~5 |
| 纱华达呢 | 10左右 | 1.5~3.5 |

续表

| 织物名称 | 经纱（%） | 纬纱（%） |
|---|---|---|
| 半线华达呢 | 10 左右 | 2.5 左右 |
| 全线华达呢 | 10 左右 | 2.5 左右 |
| 纱卡其 | 8~11 | 4 左右 |
| 半线卡其 | 8.5~14 | 2 左右 |
| 全线卡其 | 8.5~14 | 2 左右 |
| 直贡 | 4~7 | 2.5~5 |
| 横贡 | 3~4.5 | 5.5 左右 |
| 羽绸 | 7 左右 | 4.3 左右 |
| 麻纱 | 2 左右 | 7.5 左右 |
| 绉纹布 | 6.5 | 5.5 |
| 灯芯绒 | 4~8 | 6~7 |

# 第三节　规格设计与上机计算

织物规格设计时，应根据实际用途和使用要求，力求体现产品的特色。白坯棉织物的规格内容主要包括：棉布编号及名称、幅宽、经纬纱支（特）数、总经根数（包括布边）、经纬密度、筘号、筘幅、每筘穿入数（地组织、边组织）、织物紧度（经向、纬向、总紧度）、无浆干重、经纬向断裂强度与织物组织等。

具体的规格、技术条件和用纱量等设计要求及计算方法如下：

## 一、织物幅宽

织物幅宽以 cm、m 或英寸为单位，公称幅宽即工艺设计的标准幅宽。织物幅宽应根据织物的用途、重量、厚度、产量和生产条件合理选择。坯布经印染加工后，幅宽会随组织结构、加工工艺等产生一定的变化。本色棉布幅宽应根据实际使用情况和生产情况来确定。

本色棉布幅宽=成品幅宽/印染幅宽加工系数=成品幅宽/（1－幅缩率）

## 二、织物匹长

织物匹长以 m 或码为单位，匹长有公称匹长和规定匹长之分。公称匹长即工厂设计的标准匹长，规定匹长为叠布后的成包匹长，等于公称匹长加上加放布长。加放长度一般加在折幅以及布端处。折幅处加放长度一般平纹细布加放 0.5%~1.0%，低支（高特）织物与卡其类织物要加放 1.0%~1.5%。布端处加放长度应根据具体情况而定。

织物匹长一般在 30~40m，并采用联匹形式。一般厚织物采用 2~3 联匹，中厚织物采用 3~4 联匹，薄织物采用 4~6 联匹。从加工整理和使用角度来看，织物的匹长越长越好。

### 三、织物组织

白坯织物的组织通常采用平纹、$\frac{2}{1}$ 斜纹、$\frac{3}{1}$ 斜纹、$\frac{2}{2}$ 斜纹、五枚经缎、五枚纬缎及 $\frac{2}{1}$ 变化纬重平等几种。对斜纹、卡其及贡缎类织物，应注意纱线的捻向与组织的斜向。白坯小提花织物花纹设计时，要考虑花型的要求、设备条件，花纹组织一般不超过 12 页综。各经纱的平均浮长要尽量接近，纬重平组织的纬浮长不宜过长，一般不超过 3 个经浮点。设计者应密切关注生产情况，保证生产顺利地进行。

### 四、经纬纱支（特）、织物经纬密度

纱线支（特）数的确定是织物设计的主要内容之一，纱线粗细对织物的性能起决定性作用。应当根据织物风格、用途与档次的高低，选用适宜的纱线支（特）数。实际生产中纱线的细度是在规定的细度系列中选择，仿样设计可通过样布分析获得。

织物经纬密度是影响织物结构的重要因素之一，直接影响织物的风格特征和力学性能。在选择经纬纱密度时要能体现不同品种的特色。

经纬纱支（特）数及织物经纬密度的确定，可参照本节二（一）、（五）。

### 五、经纬纱织缩率

本色棉布经纬纱织缩率可参考本节二（六）中相关表中的数据或类似的品种确定，或者通过分析计算得到。

### 六、总经根数

总经根数依据织物的经纱密度、幅宽与边纱根数来确定。

$$总经根数 = 经密（根/cm）\times 标准幅宽（cm）+ 边纱根数 \times \left(1 - \frac{布身每筘穿入数}{布边每筘穿入数}\right)$$

总经根数应取整数，并尽量修正为穿综循环的整数倍。边纱根数可根据品种特点、织机类型、生产实际等综合确定（通常取 64、48、80 根两边）。

经纱每筘穿入数与织物外观、织造生产有密切关系。一般情况下，平纹取 2 或 4 入/筘，三页斜纹 3 入/筘，四页斜纹 4 入/筘，五枚缎纹取 3 或 4 入/筘。本色棉布经纱每筘穿入数可参考上机图部分。

### 七、筘号

筘号有公制筘号和英制筘号两种表示方法。公制筘号是以 10cm 内的筘齿数表示，其

筘号范围为 40~240 号，英制筘号用 5.08cm（2 英寸）内的筘齿数表示。筘号应根据经纱密度、纬纱织缩率、每筘齿穿入数以及生产的实际情况而定。它的大小会影响筘幅的宽窄变化。

$$筘号 = \frac{经密×(1-纬纱织缩率)}{每筘齿穿入数}$$

$$公制筘号 = 经纱密度（根/10cm）×（1-纬纱织缩率）/每筘齿穿入数$$

$$公制筘号 = 1.94 \ 英制筘号$$

$$英制筘号 = 0.508 \ 公制筘号$$

为不受纬织缩率的制约，生产中常用经验公式加以计算。

$$经密<254 \ 根/10cm \ 时，公制筘号 =（0.254 \ 经密-1）/每筘齿穿入数×3.748$$

$$经密≥254 \ 根/10cm \ 时，公制筘号 =（0.254 \ 经密-1）/每筘齿穿入数×3.748+1$$

$$经密<100 \ 根/英寸时，英制筘号 =（经密-1）/每筘齿穿入数×0.95×2$$

$$经密≥100 \ 根/英寸时，英制筘号 =（经密-1）/每筘齿穿入数×0.95×2+2$$

## 八、筘幅

筘幅以厘米或英寸表示。

$$筘幅（cm）= \frac{总经根数-边纱根数×\left(1-\dfrac{布身每筘穿入数}{布边每筘穿入数}\right)}{布身每筘穿入数×筘号}$$

计算取两位小数，在选用筘时两边还应适当增加余筘。纬纱织缩率、筘号以及筘幅三者之间需经常进行反复修正。实际生产最大筘幅较织机公称筘幅小 3~10cm。

## 九、1m² 织物无浆干燥重量

1m² 织物无浆干燥重量（g）= 1m² 经纱成布干燥重量（g）+1m² 纬纱成布干燥重量（g）

1m² 经纱成布干燥重量（g）= 经纱密度（根/10cm）×10×经纱纺出标准干燥重量（g/100m）

×（1-经纱总飞花率）/〔（1-经纱织缩率）×（1+经纱总伸长率）×100〕

1m² 纬纱成布干燥重量（g）= 纬纱密度（根/10cm）×10×纬纱纺出标准干燥重量（g/100m）/

〔（1-纬纱织缩率）×100〕

说明：

（1）经、纬纱的纺出标准干燥重量（g/100cm）= 纱号/（1+公定回潮率）×10 = 纱号数/10.85 = 53.74/英制支数；涤棉（65/35）经、纬纱纺出标准干燥重量（g/100cm）= 纱号数/10.32。计算时应算至小数点后四位，四舍五入为两位。

（2）股线的重量应按折合后的重量计算。

（3）经纱的总伸长率：上浆单纱按 1.2% 计算（其中络筒、整经以 0.5% 计算，浆纱以 0.7% 计算）。上水股线 10tex×2 及以上（60 英支/2 及以下）按 0.3% 计算。10tex×2 及以下（60 英支/2 及以上）按 0.7% 计算。涤棉织物经纱总伸长率：单纱为 1%，股线为 0。

（4）纬纱伸长率根据络纬工序的不同其值为零或很小，可略去不计。

（5）经纱总飞花率：高特数织物按 1.2%，中特数平纹织物按 0.6%，中特数斜纹、缎纹织物按 0.9%，低特数织物按 0.8%，线织物按 0.6% 计算。

（6）涤棉织物经纱总飞花率，高特数织物为 0.6%，中特数织物（包括股线）为 0.3%。

上述经纱总伸长率，经纱总飞花率以及经纬纱缩率是计算 1m² 织物重量的依据，不是规定指标。1m² 经、纬纱成布干燥重量取两位小数，1m² 织物无浆干燥重量取一位小数。

### 十、织物断裂强度

织物断裂强度是衡量织物使用性能的一项重要指标。经纬纱支、织物组织、密度、纺纱方法等，均与织物的断裂强度有密切关系。织物的断裂强度以 5cm×20cm 布条断裂强度表示。

棉布断裂强度指标以棉纱一等品品质指标的数值计算为准。特殊品种的计算强力与实际强力差异过大时，可参照实际规定。

棉布经（纬）向断裂强度（$N/5×20cm$）$= D×B×P×K×Tt/(2×1000×1000)×9.8$（计算时取整数）

式中：Tt——经（纬）纱线密度；

    $P$——经（纬）纱密度（根/10cm）；

    $D$——棉纱线一等品品质指标（低级棉专纺纱以二等品品质指标计算，绒布坯纬向品质指标按针织起绒纱一等品品质指标计算），参见 GB/T 398—2008 棉纱线技术指标规定；

    $K$——纱线在织物中的强力利用系数，可参考表 4-10；

    $B$——由品质指标换算单纱断裂强度的系数，按表 4-10 计算。

纱线在织物中的强力利用系数见表 4-10，单纱断裂强度的系数见表 4-11。

表 4-10　纱线在织物中的强力利用系数

| 织物组织 | | 经向 | | 纬向 | |
|---|---|---|---|---|---|
| | | $E$（%） | $K$ | $E$（%） | $K$ |
| 平布 | 32tex 及以上（18 英支及以下） | 37~55 | 1.06~1.15 | 35~50 | 1.10~1.25 |
| | 21~31tex（19~28 英支） | 37~55 | 1.01~1.10 | 35~50 | 1.05~1.20 |
| | 11~20tex（29~55 英支） | 37~55 | 0.98~1.07 | 35~50 | 1.05~1.20 |
| 纱府绸 | 21~31tex（19~28 英支） | 62~70 | 1.05~1.13 | 33~45 | 1.10~1.22 |
| | 11~20tex（29~55 英支） | 62~75 | 1.13~1.26 | 33~45 | 1.10~1.22 |
| 线府绸 | | 62~70 | 1.00~1.08 | 33~45 | 1.07~1.19 |

续表

| 织物组织 | | 经向 | | 纬向 | | |
|---|---|---|---|---|---|---|
| | | $E$（%） | $K$ | $E$（%） | $K$ | |
| 哔叽斜纹 | 32tex 及以上（18 英支以下） | 55~75 | 1.06~1.26 | 40~60 | 1.00~1.20 | |
| | 21~31tex 及以上 19~28 英支及以下 | 55~75 | 1.01~1.21 | 40~60 | 1.00~1.20 | |
| | 线 | 55~75 | 0.96~1.12 | 40~60 | 32tex 及以上（18 英支以下） | 1.00~1.20 |
| | | | | | 21~31tex 及以上 19~28 英支及以下 | 0.96~1.16 |
| 华达呢卡其 | 32tex 及以上（18 英支以下） | 80~90 | 1.07~1.37 | 40~60 | 1.04~1.24 | |
| | 21~31tex 及以上 19~28 英支及以下 | 80~90 | 1.20~1.30 | 40~60 | 0.96~1.16 | |
| | 线 | 90~110 | 1.13~1.23 | 40~60 | 32tex 及以上（18 英支以下） | 1.04~1.24 |
| | | | | | 21~31tex 及以上 19~28 英支及以下 | 0.96~1.16 |
| 直贡 | 纱 | 65~80 | 1.08~1.23 | 45~55 | 0.97~1.07 | |
| | 线 | 65~80 | 0.98~1.13 | 45~54 | 0.97~1.07 | |
| 横贡 | | 44~52 | 1.02~1.10 | 70~77 | 1.18~1.27 | |

表 4-11 单纱断裂强度的系数

| 梳棉纱 | 25tex 及以下（29 英支及以上） | 21~30tex（19~28 英支） | 33tex 及以上（18 英支以下） | |
|---|---|---|---|---|
| | 6.5 | 6.25 | 6.0 | |
| 精梳棉纱 | 8tex 及以下（71 英支及以上） | 8~10tex（56~70 英支） | 11~20tex（29~55 英支） | 21tex 及以上（28 英支及以下） |
| | 6.3 | 6.2 | 6.1 | 6.0 |

当织物的紧度在规定紧度范围内时，织物的强力利用系数 $K$ 值按比例增减；当小于或大于表格规定的紧度范围时，则按最小、最大的 $K$ 值计算。表中未规定的股线，按相应单纱特数取 $K$ 值。麻纱按平布，绒布坯按织物组织取 $K$ 值。小花纹织物的强力利用系数根据紧度及组织按就近品种选择 $K$ 值。涤棉织物的纱线强力利用系数按本色棉布规定的相应品种的 $K$ 值加 0.1 计算。中长、黏胶纤维的强力利用系数按本色棉布规定计算。

## 十一、百米用纱量

用纱量是一项技术与管理相结合的综合指标，对生产成本影响很大。计算用纱量时，必须正确处理好用纱量与质量之间的关系，在保证质量不断提高的前提下，合理节约用纱。

百米织物总用纱量（kg/100m）=百米织物经纱用纱量（kg/100m）+百米织物纬纱用纱量（kg/100m）

百米织物经纱用纱量（kg/100m）=100×经纱特数×总经根数×(1+放长率)×(1+损失率)/ [1000×1000×(1+经纱总伸长率)×(1-经纱织缩率)×(1-经纱回丝率)]

=100×583×总经根数×(1+放长率)×(1+损失率)/ [1000×1000×(1+经纱总伸长率)×(1-经纱织缩率)×(1-经纱回丝率)×经纱支数]

百米织物纬纱用纱量（kg/100m）=100×纬纱特数×纬纱密度（根/10cm）×10×织物幅宽（cm）×(1+放长率)×(1+损失率)/ [1000×100×(1-纬纱织缩率)×(1-纬纱回丝率)]

=100×583×纬纱密度（根/10cm）×10×织物幅宽（cm）×(1+放长率)×(1+损失率)/ [1000×100×(1-纬纱织缩率)×(1-纬纱回丝率)×纬纱支数]

放长率也称自然回缩率，需经实际测定而选用。一般为0.5%~0.7%。棉布损失率一般为0.05%。经纱总伸长率叮参见（九）米确定。

经纬纱回丝率：对于96.5cm，29tex×29tex（20英支×20英支）236根/10cm×236根/10cm，平布的经纱回丝率为0.263%，纬纱回丝率为0.647%，其他各类织物可依此换算而得。

直接出口坯布用纱量按上式计算的经、纬纱用纱量×(1+0.25%)计算。多股线（2股以上）坯布用纱量按上式算得后的经纱用纱量/(1-经纱捻缩率)，纬纱用纱量/(1-纬纱捻缩率)来计算。

# 第四节　白坯织物设计实例

例如，欲设计一双面卡其织物，其主要规格为：原料为纯棉纱，经、纬纱支（特）数为J18.2tex（J32英支），经、纬密度为590根/10cm×433根/10cm，三联匹长为90m，幅宽为119.5×2cm，喷气织机双幅织造。试进行相关的规格、技术设计和计算。

**1. 初选经纬纱织缩率**

根据生产实际经验，取经纱织缩率为12%，纬纱织缩率为4%。

**2. 确定总经根数**

设计边经根数为60根×2，地经、边经每筘齿穿入均为3根，则总经根数=（在机幅宽×在机经密/10）×2=(119.5×590/10)=7050×2（根）。

**3. 确定筘号**

$$英制筘号=150×(1-4\%)×2/3≈96^{\#}$$
$$公制筘号=590×(1-4\%)/3≈189^{\#}$$

**4. 确定筘幅**

单幅筘幅=[7050-120×(1-3/3)]×10/(3×96)=124.2（cm）。假设双幅间空25筘，其筘幅为(25/96)×2=1.32（cm），则总筘幅=48.9×2+0.52=249.7（cm）。

**5. 1m² 双面卡其织物无浆干重**

J18.2tex（J32 英支）棉纱的纺出标准干燥重量为：18.2/10.85＝1.677（g/100m）。

1m² 经纱成布干燥重量＝590×10×1.677×（1-0.6%）/［（1-12%）×（1+1.20%）×100］＝110.44（g）

1m² 纬纱成布干燥重量＝433×10×1.677/［（1-4%）×100］＝75.64（g）

1m² 双面卡其织物无浆干重＝110.44+75.64＝186.08（g）

**6. 经纬向紧度**

经向紧度＝590×0.037×$\sqrt{18.2}$＝93.13%

纬向紧度＝433×0.037×$\sqrt{18.2}$＝68.35%

**7. 织物的经纬向断裂强度**

根据组织和紧度，选取经纱强力利用系数为 1.30，纬纱强力利用系数为 1.16，并查取相关数据得：

经向断裂强度＝2050×6.1×18.2×590×1.30/（2×1000×1000）×9.8＝855.36N（87.28kg）

纬向断裂强度＝1950×6.1×18.2×433×1.16/（2×1000×1000）×9.8＝532.82N（54.37kg）

**8. 浆纱墨印长度**

浆纱墨印长度＝织物公称匹长/（1-经纱织缩率）＝90/［3×（1-12%）］＝34.1（cm）

**9. 百米织物的用纱量**

百米织物的经纱用纱量＝100×18.2×7050×2×（1+0.5%）×（1+0.05%）/［1000×1000×（1+1.2%）×（1-12%）×（1-0.263%）］＝25.498（kg）

百米织物的纬纱用纱量＝100×18.2×433×10×（1.194×2+0.0132）×（1+0.5%）×（1+0.05%）/［1000×1000×（1-4%）×（1-0.647%）］＝19.951（kg）

百米织物用纱量＝25.498+19.951＝45.449（kg）

**10. 上机图**

双面卡其织物的组织为 $\frac{2}{2}$ 斜纹，因经纬均为单纱，所以斜向应该为左斜。若采用反织，则为右斜。因为经密较大，根据生产设备的具体安排，该双面卡其织物的上机图如图 4-2 所示。

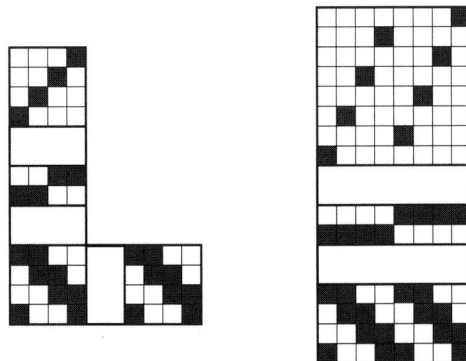

图 4-2 双面卡其织物的上机图

# 思考题

1. 棉织物分哪几类？棉织物是如何编号的？

2. 常见棉织物的风格特征是怎样的？

3. 棉织物的主要结构参数有哪些？

4. 棉织物的纱支号数是如何确定的？

5. 捻度、捻系数及捻向会影响棉织物的哪些效果？

6. 棉织物设计时应如何考虑组织结构？

7. 如何认识紧度在设计中的作用？如何全面考虑织物的紧度？

8. 运用勃莱利经验公式法与生产经验的经纬密度间有何联系？

9. 为什么要考虑棉织物的织造缩率？

10. 棉织物的规格设计包括哪些内容？

11. 如欲设计一纯棉纱直贡，其主要规格为：经、纬纱支（特）数分别为 J27.8tex（J21 英支）、58.3tex（10 英支），经、纬密度为 456.5 根/10cm×215.5 根/10cm，三联匹长为 90m，幅宽 160.0cm，地组织、边组织每筘穿入数均为 4 根，边经 44×2 根，喷气织机织造。试进行相关的规格、技术设计和计算。

12. 如欲设计一纯棉 24 条特细条灯芯绒，其主要规格为：经、纬纱支（特）数为 J14.6tex（J40 英支），经、纬密度为 346 根/10cm×669 根/10cm，三联匹长为 90m，幅宽为 119.4cm，地组织每筘穿入数为 2 根，边组织每筘穿入数为 4 根，边经 48×2 根，喷气织机双幅织造，双幅间空 20 筘。试进行相关的规格、技术设计和计算（组织可参考灯芯条组织）。

# 第五章  色织物设计

## 第一节  色织物的特点及其分类

色织物是使用染色纱线，通过织物组织的变化和经纬纱线色彩的配合织造而成的织物。色织物由原纱染色，织物色牢度较高。花色品种丰富，花纹图案富有立体感和自然感。色织物品种繁多，用途较广。常见色织物的主要品种有：

### 一、线呢类

主要传统色织物品种包括全线呢和半线呢。色织线呢色谱齐全，配色协调，布面光泽好，有毛料感和立体感，质地丰满厚实，坚牢耐穿。但缩水率大，色牢度较差。

### 二、色织二六元贡

采用十三页急斜纹组织，成品颜色乌黑，光泽良好，布身坚实，纹路清晰陡直，但产品规格变化较少。

### 三、色织绒布

坯布拉绒，织物表面纤维蓬松，保暖强，柔软厚实，吸湿性良好。内衣用绒面丰满，纬密较大。主要品种包括单面条绒、双面凹凸绒、双纬绒等。外衣用绒面要求低，拉绒后有呢绒感觉。如彩格绒经纬纱支接近，经密大于纬密。而磨绒产品与一般绒布类纬纱起绒不同，是经向起绒，成品富有呢绒的感觉。磨绒织物经纬纱支接近，经密高于纬密，组织以斜纹为宜。

### 四、条格布

条格布为花色繁多的大众化色织物品种。有全纱和半线条格布之分。组织多为平纹，少数采用斜纹组织。品种风格由细条细格接近于线呢，故又称为纱线呢。色织条格织物上若加上彩线格型，则浮纹别致，立体感强。

### 五、被单布

被单布的花型以条形、格形居多，花型多偏大，全幅多为 5~6 花。色织被单布的条形、格形较为活泼。有白底、色底色泽。白底色泽文静，条子突出；色底鲜明，色彩柔和。平纹地组织平整光洁、紧密易洗，手感薄，有凉爽感；斜纹地被单以花色为主，颜色浓而突出，织物厚实柔软，有暖和的感觉；提花被单格式新颖，色彩鲜明，但坚牢度较差，生产比较少。

### 六、色织府绸与细纺

色织府绸的风格，基本上与原色府绸织物的要求相同，织物表面粒纹清晰、丰满匀整。色织府绸有色纱和组织的效应，对粒纹的要求没有原色府绸高，经纬向紧度也可稍低于原色府绸，通常在（1.6~1.8）∶1。品种有全线府绸、半线府绸、纱府绸几种。色织府绸要求织物细密，表面光洁平整，手感柔软挺滑、薄爽，花形清晰细巧。薄型色织为细纺，规格类似原色细布类，有彩条、彩格等品种。经纬密度不宜过高，轻薄滑爽，经久耐用。如全棉高支色织府绸，织物轻薄，柔软透气，富有绸感、高档感。

### 七、色织泡泡纱

色织泡泡纱布面泡泡立体感强，有凉爽感，保形性好，色牢度高。在平纹地的基础上点缀各种联合组织或提花组织。服装用色彩以文静为主，装饰用色彩要鲜明、美观大方，富有立体感。如利用粗细两组缩率不同的经纱交织成的泡泡纱，美观大方，挺、爽、滑、凉爽、不贴身，导湿强、透气好。而色织乔其泡泡纱兼有乔其纱、泡泡纱的特点。合适的原料与粗细结合，可使织物泡绉明显，风格新颖，手感柔软，悬垂感强，凉爽。

### 八、色织灯芯绒

色织灯芯绒运用异色并线作纬纱，绒面可产生闪色效应。

### 九、纱罗

纱罗具有清晰而规则匀布的纱孔，织物密度小，轻薄，透气性好，富有立体感。组织绞转方式变化多，经纱支数、颜色各异，可使色织纱罗织物更具有丰富多彩的特色。

### 十、色织大提花织物

色织大提花织物主要品种有色织提花府绸及大提花沙发布。色织大提花府绸色泽素净雅致，类似丝绸织物风格；或织物厚实，手感柔软，花型大方，配色雅致；质地中厚，结构紧密，花型简洁，配色和谐；层次分明，立体感强；光泽柔和，有绒感；色彩柔和，手感挺滑，风格粗犷。

### 十一、色织中长花呢

采用中长纤维并捻花线织制成各色平素仿毛花呢，条格新颖、文静大方，树脂整理后，弹性良好，手感柔软滑爽，具有仿毛型风格，牢度高。质地坚厚，花型活泼，有飘逸感。

### 十二、其他

色织烂花织物，可使部分花型色彩呈透明效应或绉纹效果；色织印花织物，如采用透孔、特经提花等复杂组织，再进行印花加工，织物透气性好，色彩清新、淡雅，层次感强；色织混纺织物，如 Tencel 纤维/棉色织物，吸湿透气，悬垂性极佳，手感柔滑，具有天然和合成纤维的优点；交织色织物，如 Tencel 纤维和麻交织色织物，手感滑爽，柔软舒适，透气透湿。既有麻织物的粗犷风格，又不易起绉。棉丝交织贡缎色织物表面呈真丝风格，手感柔软，色泽光亮。

色织物设计的内容很多，要使色织物的设计达到理想效果，必须对色织物的结构、规格、工艺加以分析和研究。

# 第二节　色织物的排花与劈花

## 一、排花与劈花

根据色织物花型设计、配色要求和实际生产的需要，决定织物经纬纱排列的方式叫作排花。合理的排花能够提高织物的服用性能，改善织物加工条件。

为了保证产品在使用时达到拼幅或拼花等要求，并有利于浆缸排头、织造和整理的加工生产，保证产品的质量，需要合理安排各花在全幅中的位置。将确定经纱配色循环排列起始点的工作称为劈花。

## 二、劈花的原则

劈花时必须根据产品的配色和组织特征，结合产品的加工方式和用途来进行。一般选择在织物中色泽较浅、色纱根数较多或条形较宽等部位劈花。劈花时应掌握以下原则：

**1. 原则一**

劈花一般劈在白色及浅色格型比较大的地方，并使两边色经排列尽量对称或接近对称，既使织物有良好的外观，又便于拼花。

例 5-1：某色织物的三种劈花方法见表 5-1。

**表 5-1　色织物的劈花方法**

| 方法一 | 黄 | 蓝 | 红 | 蓝 | 红 | 蓝 | 红 | 蓝 | 黄 | 白 | |
| --- | --- | --- | --- | --- | --- | --- | --- | --- | --- | --- | --- |
| | 4 | 24 | 8 | 8 | 4 | 8 | 8 | 24 | 4 | 60 | |
| 方法二 | 红 | 蓝 | 红 | 蓝 | 黄 | 白 | 黄 | 蓝 | 红 | 蓝 | 红 |
| | 2 | 8 | 8 | 24 | 4 | 60 | 4 | 24 | 8 | 9 | 2 |
| 方法三 | 白 | 黄 | 蓝 | 红 | 蓝 | 红 | 蓝 | 红 | 蓝 | 黄 | 白 |
| | 30 | 4 | 24 | 8 | 8 | 4 | 8 | 8 | 24 | 4 | 30 |

（表右侧：152 根/花）

方法一：织物左边是黄色，右边是白色，布幅两边不对称，影响织物的外观。

方法二：织物两边虽红色对称，但根数太少，拼缝时会影响花型的完整。

方法三：布幅两边对称匀整，花型完整，是合理的劈花方法。

**2. 原则二**

对花型完整性要求较高的女线呢、被单布等品种，应使全幅花数为整数，以便拼幅。

例 5-2：某女线呢，总经根数为 2658 根（其中边经 48 根），色经排列（黑、白与黑①、白①纱支不同。设 30 根白色经纱为 6 根一个凸条组织）：

| 白 | 紫红 | 白 | 紫红 | 白 | 紫红 | 黄 | 紫红 | 黄 | 紫红 | 黄 | 黑 | 黄 | 黑 |
|---|---|---|---|---|---|---|---|---|---|---|---|---|---|
| 30 | 1 | 2 | 2 | 1 | 3 | 1 | 2 | 2 | 2 | 2 | 1 | 2 | 2 |

| 黄 | 黑 | 黄 | 黑 | 白① | 黑 | 黑① | 白 | |
|---|---|---|---|---|---|---|---|---|
| 1 | 3 | 1 | 14 | 8 | 54 | 16 | 30 | 180 根/花 |

全幅花数为：(2658-48)/180 = 14 花 +90 根。因女线呢品种劈花要求高，花数最好为整数。如果保持总经根数及筘幅不变，可适当调整每花根数。一般可在色经纱数较多的色条部分适量增加或减少经纱数。因此，可将左边 30 根白色减去一个凸条，每花根数变为 174 根。则全幅花数 (2658-48) ÷174 = 15 花，符合劈花的要求。调整后的色经排列如下：

| 白 | 紫红 | 白 | 紫红 | 白 | 紫红 | 黄 | 紫红 | 黄 | 紫红 | 黄 | 黑 | 黄 | 黑 |
|---|---|---|---|---|---|---|---|---|---|---|---|---|---|
| 24 | 1 | 2 | 2 | 1 | 3 | 1 | 2 | 2 | 2 | 2 | 1 | 2 | 2 |

| 黄 | 黑 | 黄 | 黑 | 白① | 黑 | 黑① | 白 | |
|---|---|---|---|---|---|---|---|---|
| 1 | 3 | 1 | 14 | 8 | 54 | 16 | 30 | 174 根/花 |

**3. 原则三**

色织提花、缎条等松结构的组织及泡泡纱部分不能劈花，应选择组织较紧密的地方劈花，使布边宽达 1~1.5cm。如布边组织采用平纹或斜纹组织，则布边平直，利于生产。若不能满足上述要求，则可适当增加边纱的根数，为了保证织物的外观，与布身相近的边纱，色泽宜与布身相同。

例 5-3：某色织物的劈花方法如下所示：

方法一：

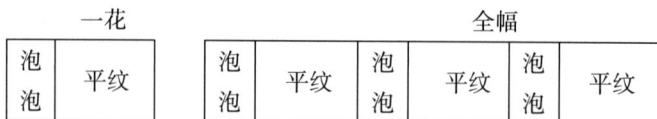

方法二：

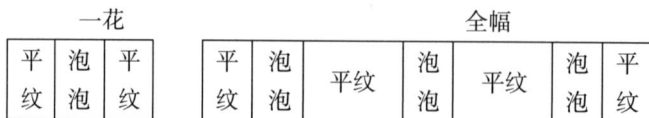

方法一织物外观不协调，泡泡边部易起毛圈，产生边撑疵、经缩等织疵，整理时易卷边、拉破布边。

方法二两边整齐、匀称，符合织造和整理的工艺要求。

**4. 原则四**

尽量避免在经向有毛巾线、结子线、低捻花线等花式线的部位劈花。

**5. 原则五**

劈花时要注意整经时的增减头，若地经根数不是一花根数的倍数时，余数则是整经时的加减头。

例5-4：某色织物的劈花方法见表5-2。

表5-2　色织物的劈花方法

| 组织排列 | 平纹 | 泡泡 | 平纹 | 泡泡 | 平纹 | 泡泡 | 平纹 |
|---|---|---|---|---|---|---|---|
| 颜色排列 | 半白 | 翠绿 | 半白 | 翠绿 | 半白 | 淡蓝 | 半白 |
| 方法一 | 36 | 20 | 12 | 20 | 24 | 6 | 36 |
| 方法二 | 54 | 20 | 12 | 20 | 24 | 6 | 18+36 |
| 方法三 | 18 | 20 | 12 | 20 | 24 | 6 | 54-36 |

方法一为整经时无加减头；方法二为整经时加头为36根；方法三为整经时减头36根。

**6. 原则六**

劈花时要注意织物中各组织对穿筘的要求。

例5-5：某色织物的组织为 $R=6$ 的透孔组织与平纹组织组成的条形联合组织，其色经纱的排列见表5-3。

表5-3　色经纱的排列

| 组织排列 | 平纹 | 透孔 | 平纹 | 透孔 | 平纹 |
|---|---|---|---|---|---|
| 颜色排列 | 橙色 | 米黄 | 橙色 | 米黄 | 橙色 |
| 方法一 | 24 | 15 | 27 | 18 | 27 |
| 方法二 | 25 | 15 | 27 | 18 | 26 |

若全幅经纱3入/筘。方法一的劈花各组织部位经纱数为每筘穿入数的倍数，此时无加减头，透孔组织清晰。方法二劈花，调整了各组织部位的色纱排列，各组织部位经纱数不全为每筘穿入数的倍数，破坏了透孔组织的穿筘方法，透孔清晰度差。同样网目组织、纬起花组织、灯芯条组织等采用花筘穿法的织物，都要结合组织特点和穿筘的要求来进行劈花。

劈花无一定的规则可循，实际中可按上述原则视具体情况而定。

**三、调整经纱排列**

色经纱的排列顺序、排列根数和穿综方法构成了色织物经纱的排列方式。色织物工艺设计时的总经根数和上机筘幅都必须控制在规定的范围内，满足劈花的各项要求，并减少整经时分绞不清与加减头，常需要对一花内经纱的排列进行调整。

（1）$\frac{1}{1}$ 平纹、$\frac{2}{2}$ 斜纹及平纹夹绉地等织物，每筘穿入数相同，只要在条、格形最宽处，抽去或增加适当的排列根数，尽量使一花排列经纱数为 4 的倍数，同时把整经时加减头控制在 20 根以内。

例 5-6：某色织布一花色经排列如下：

| 深绿 | 咖啡 | 米黄 | 嫩黄 | 米黄 | 嫩黄 | 深绿 | 嫩黄 | 米黄 | 嫩黄 | 米黄 | 咖啡 | 深绿 | |
|---|---|---|---|---|---|---|---|---|---|---|---|---|---|
| 31 | 41 | 6 | 18 | 6 | 4 | 12 | 4 | 6 | 18 | 6 | 41 | 22 | 215 根/花 |

总经根数为 4428 根（边经 24×2 根），则全幅（4428-24×2）/215＝20 花，余 80 根，不能达到拼幅要求。且一花排列数是奇数，会造成整经等生产中的困难。如把排列调整为：

| 深绿 | 咖啡 | 米黄 | 嫩黄 | 米黄 | 嫩黄 | 深绿 | 嫩黄 | 米黄 | 嫩黄 | 米黄 | 咖啡 | 深绿 | |
|---|---|---|---|---|---|---|---|---|---|---|---|---|---|
| 32 | 42 | 6 | 18 | 6 | 4 | 12 | 4 | 6 | 18 | 6 | 42 | 30 | 220 根/花 |

则全幅（4428-24×2）/220＝20 花，但除头只要 20 根。调整后的一花排列为 4 的倍数，两边对称，既能保证原样外观，又能达到拼花及改善整经、穿综加工条件。这种对一花经纱排列作调整的方法既简单，效果又好，但只适用于每筘穿入数相同的织物。

（2）花筘穿法织物经纱排列的调整。

①一花经纱总筘齿数不变，调整一花经纱排列根数。

例 5-7：色织缎条府绸的规格为 346 根/10cm×252 根/10cm，24tex/2×36tex，幅宽 112cm，总经根数 4180 根（边经 24×2 根），一花排列经纱见表 5-4。

表 5-4　一花排列经纱

| 组织 | 缎纹 | 平纹 | 缎纹 | 平纹 | 缎纹 | 平纹 | |
|---|---|---|---|---|---|---|---|
| 筘×入/筘 | 1×4 入/筘 | 8×3 入/筘 | 7×4 入/筘 | 8×3 入/筘 | 1×4 入/筘 | 14×3 入/筘 | 39 筘/花 |
| 颜色 | 红色 | 淡绿 | 红色 | 淡绿 | 红色 | 淡绿 | 126 根/花 |
| 根数 | 4 | 24 | 28 | 24 | 4 | 42 | |

根据生产要求，缎纹部分距布边 1.27cm 以上，筘幅约为 127.3cm。该排列满足不了上述要求，故改成表 5-5 的排列。

表 5-5　调整后的一花经纱排列

| 组织 | 平纹 | 缎纹 | 平纹 | 缎纹 | 平纹 | 缎纹 | |
|---|---|---|---|---|---|---|---|
| 筘×入/筘 | 14×3 入/筘 | 1×5 入/筘 | 8×3 入/筘 | 7×4 入/筘 | 8×3 入/筘 | 1×5 入/筘 | 39 筘/花 |
| 颜色 | 淡绿 | 红色 | 淡绿 | 红色 | 淡绿 | 红色 | |
| 根数 | 42 | 5 | 24 | 28 | 24 | 5 | 128 根/花 |

全幅（4180-48）/128＝32 花，余 36 根。筘号选用 10 筘/cm，筘幅为（32×39+36/3+48/3）/（51/2）＝127.1cm，两边均距（39/3）/（51/2）＝1.3cm>1.27cm。

②一花经纱排列根数不变，调整一花的总筘齿数。

例 5-8：色织泡泡纱的规格为（40 英支+21 英支）×40 英支，88×72 根/英寸❶，幅宽为

---

❶　1 英寸=2.54 厘米（cm）。

111.76cm，总经 3888 根（边纱 24×2，3 入/筘，16 筘），筘幅为 123.95cm，一花经纱排列见表 5-6。

表 5-6 一花经纱排列

| 入/筘×筘 | | 3 入×24 筘 | 2 入×10 筘 | 3 入×7 筘 | 2 入×10 筘 | 3 入×7 筘 | 2 入×10 筘 | 3 入×22 筘 | 90 筘/花 |
|---|---|---|---|---|---|---|---|---|---|
| 纱线规格 | 线密度（tex） | 25 | 47.6 | 25 | 47.6 | 25 | 47.6 | 25 | 240 根/花 |
| | 公支 | 40 | 21 | 40 | 21 | 40 | 21 | 40 | |
| 颜色 | | 蓝 | 白 | 黄 | 白 | 黄 | 白 | 蓝 | |
| 根数 | | 72 | 20 | 21 | 20 | 21 | 20 | 68 | |

要达到规定的总经根数及筘幅要求，需用筘号 $[(3888-48)/240×90+16]/48.8×2=$ 23.49 筘/cm，取 23.5 筘/cm。若无该规格的筘号，可将排列按表 5-7 调整。

表 5-7 调整后的一花排列经纱

| 入/筘×筘 | | 3 入×24 筘 | 2 入×9 筘 | 3 入×7 筘 | 2 入×9 筘 | 3 入×7 筘 | 2 入×9 筘 | 3 入×24 筘 | 89 筘/花 |
|---|---|---|---|---|---|---|---|---|---|
| 纱线规格 | 线密度（tex） | 25 | 47.6 | 25 | 47.6 | 25 | 47.6 | 25 | |
| | 公支 | 40 | 21 | 40 | 21 | 40 | 21 | 40 | |
| 颜色 | | 蓝 | 白 | 黄 | 白 | 黄 | 白 | 蓝 | 240 根/花 |
| 根数 | | 72 | 18 | 21 | 18 | 21 | 18 | 72 | |

筘号 $[(3888-48)/240×89+16]/48.8×2=23$ 筘/cm，筘幅 $(16×89+16)/(59/2)=$ 124cm，全幅 16 花。

③同时调整一花经纱排列根数和穿筘齿数。

例 5-9：色织府绸 42S/2×28S，35 根/cm×25 根/cm，幅宽 148.3cm，总经根数 5128 根（边纱 24×2 根），筘幅 165.4cm。一花经纱排列见表 5-8。

表 5-8 一花经纱排列

| 组织 | 缎纹 | 平纹 | 花区 | 平纹 | 缎纹 | 平纹 | 37 筘/花 |
|---|---|---|---|---|---|---|---|
| 筘×入/筘 | 4 筘×5 入/筘 | 5 筘×3 入/筘 | 4 筘×5 入/筘 | 5 筘×3 入/筘 | 4 筘×5 入/筘 | 15 筘×3 入/筘 | |
| 颜色 | 酱红 | 灰色 | 蓝/灰色 | 灰色 | 酱红 | 灰色 | 135 根/花 |
| 根数 | 20 | 15 | 各 10 | 15 | 20 | 45 | |

此排列全幅 $(5128-48)/135=38$ 花，余 50 根，整经时除头太多，劈花不能满足整经、穿综、整理、拼幅的要求，按表 5-9 调整。

表 5-9　调整后的一花排列经纱

| 组织 | 平纹 | 缎纹 | 平纹 | 花区 | 平纹 | 缎纹 | 平纹 | |
|---|---|---|---|---|---|---|---|---|
| 筘×入/筘 | 12筘×3入/筘 | 4筘×5入/筘 | 5筘×3入/筘 | 4筘×5入/筘 | 5筘×3入/筘 | 4筘×5入/筘 | 2筘×3入/筘 | 36筘/花 |
| 颜色 | 灰色 | 酱红 | 灰色 | 蓝/灰色 | 灰色 | 酱红 | 灰色 | |
| 根数 | 42 | 20 | 15 | 各10 | 15 | 20 | 6 | 132根/花 |

产品全幅 40 花加头 24 根，边纱 48 根，总经 5352 根，9 筘/cm 号筘生产，筘幅为 165.3cm，这样排列就能满足劈花的要求了。

（3）适当增加边纱的根数，使织物的总经根数和上机筘幅达到规格设计的要求。边纱宽度不宜过宽或过窄，一般应控制在 0.64cm 左右。

### 四、纬纱排列与梭箱配置

色织物中，常有多种颜色、纱支或结构的纬纱形成一个纬纱循环，而每一种纬纱都需要不同的梭子引纬器相对应，因此必须合理进行梭箱的配置。

梭箱的配置应根据纬纱的支数、色泽和原料性能的特点来确定，以少震动、少沾色和纬纱间少扭结为原则，其要求为：

（1）梭箱的变换应按顺序升降，减少间跳，尽量避免一、四跳箱。如三色纬纱的产品，梭子应放在第一、第二、第三梭箱内。为了减少间跳，达到梭箱顺序升降，往往采用四梭箱生产。同一颜色可用两只梭子放在两只梭箱内。

（2）常用的纬纱梭子，宜配置在一、二梭箱。

（3）白色、浅色纬纱梭子应配置在上面的梭箱。

（4）高捻度纬纱或花式线的梭子应配置在下面的梭箱；当有两种高捻度纬纱或花式线梭子时，应相间配置梭箱。

梭箱配置时，先把格形中互不相邻的色纱配置在第一和第四梭箱内。色泽浅、用纱多的放第一梭箱。色泽深、用纱少的纱线或结子线、花式线、毛巾线放在第四梭箱。然后确定第二梭箱内的色纱，第二梭箱内的色纱应和第一梭箱内的色纱在色纬循环相邻，最后确定剩下的梭箱配置。

例 5-10：已知某色织物的色纬循环和色纬根数，则梭箱配置见表 5-10。

表 5-10　梭箱配置

| 色纬循环 | | 元色 | 深红 | 元色 | 浅灰 | 咖啡 | 浅灰 | 元色 | 深红 | 元色 | 浅灰 | 元色 | 浅灰 |
|---|---|---|---|---|---|---|---|---|---|---|---|---|---|
| 色纬根数 | | 2 | 8 | 40 | 4 | 46 | 4 | 40 | 8 | 2 | 20 | 10 | 20 |
| 梭箱位置 | 第一步 | | 4 | | | 1 | | | 4 | | | | |
| | 第二步 | | | | 2 | | 2 | | | | 2 | | 2 |
| | 第三步 | 3 | 4 | 3 | 2 | 1 | 2 | 3 | 4 | 3 | 2 | 3 | 2 |

### 五、编制钢板图

梭子在梭箱中的位置确定后，便可按色纬循环和纬纱根数编制钢板图。设织机上不采用钢板节约装置，上列的钢板排列图见表5-11：

**表5-11 色纬排列、梭箱配置与钢板形式**

| 色纬排列 | | 梭子配位 | 梭箱变换次序 | 钢板排列图 | | 钢板块数 |
|---|---|---|---|---|---|---|
| 绿 | 1—2 纬 | ② | ①→② | ○ | × | 1 |
| | 3—20 纬 | | ② | ○ | ○ | 9 |
| 灰 | 1—2 纬 | ③ | ②→③ | × | × | 1 |
| | 3—16 纬 | | ③ | ○ | ○ | 7 |
| 蓝 | 1—2 纬 | ④ | ③→④ | ○ | × | 1 |
| | 3—12 纬 | | ④ | ○ | ○ | 5 |
| 绿 | 1—2 纬 | ② | ④→② | × | ○ | 1 |
| | 3—8 纬 | | ② | ○ | ○ | 3 |
| 红 | 1—2 纬 | ① | ②→① | ○ | × | 1 |
| | 3—72 纬 | | ① | ○ | ○ | 35 |

| 梭箱变换次序 | 钢板代号（外侧 内侧） | |
|---|---|---|
| 1→2、2←1；3→4、4←3 | ○ | × |
| 1→3、3←1；2→4、4←2 | × | ○ |
| 1→4、4←1；2→3、3←2 | × | × |
| 不跳 | ○ | ○ |

○、×—有、无孔，则例11的色纬排列、梭箱配置与钢板形式见表5-11。

### 六、排花注意事项

（1）格形正方织物的一花经向长度应与纬向宽度相等，即每花经纱根数/成品经密＝一花引纬数/成品纬密，否则调整格形中色纬纱数。

（2）对花对格织物的一花色纬数与纹板数应相等或为倍数关系。

（3）排花时，织物外观与原样要一致，防止移位、并头等织疵。

（4）先打小样检验排花质量，再调整，最终确定工艺。

## 第三节　规格设计与上机计算

色织物规格设计，需要确定织物品种、原料、纱线结构、经纬密度和织物组织以及织物的幅宽、匹长、总经根数、每花经纱根数、配色循环、劈花、每筘穿入数、筘号、筘幅、织物重量与用量等。它涉及织缩率、幅缩率、染缩率、捻缩率等较多的技术数据。

### 一、经纬织缩率

经纬织缩率的大小，影响到用纱量、墨印长度、筘幅、筘号等计算。实际生产中一般参照类似品种（组织、细度相同，经、纬密度相差都在 4 根/cm 以内）的资料和经验数据，并经过试织进行修正确定。

### 二、染整缩率

色织物在整理加工中，长度、幅宽会发生变化。染整缩率与色织物品种、织物的原料、组织和密度、染整工艺等因素有关。一般整理工序多，染整缩率大；密度高，染整缩率小；组织松软，染整缩率大。

$$染整缩率 = \frac{色织的染缩长度}{漂染前原纱长度} \times 100\%$$

$$幅缩率 = \frac{坯布幅宽（cm）- 成品幅宽（cm）}{坯布幅宽（cm）} \times 100\%$$

$$长缩率 = \frac{坯布长度（m）- 成品长度（m）}{坯布长度（m）} \times 100\%$$

### 三、坯布幅宽与长度

坯布幅宽需要根据整理的工艺条件来确定。色织包括经过、不经过大整理产品两类，如线呢、贡呢、被单布等，是不经大整理的直接产品，其坯布幅宽接近成品幅宽，若织物经轧光加工，则幅率应略大 6～12mm；如涤/棉（T/C）府绸、彩格绒等是经过大整理加工的产品，因整理工艺不同，产品的幅缩率也就不一样。

$$坯布幅宽 = 成品幅宽/（1-幅缩率）$$

坯布幅宽允许有一定范围内的偏差。

色织大整理产品的坯布长度应根据其成品长度，并考虑整理时的缩率（染整长缩率）或伸长率而定。

$$坯布匹长（m）= 成品匹长（m）/（1-染整长缩或伸长率）$$

落布长度是指坯布落布长度。

$$落布长度 = 坯布匹长 \times 联匹数 = 成品匹长 \times 联匹数/[1 \pm 后整理伸长（缩短）率]$$

联匹数常有 2、3、4 联匹，由织物厚度、织机条件及生产状况等因素决定。后整理伸长（缩短）率，是指后整理的伸长量或缩短量对加工前原长的百分比。需经大整理的产品，落布长度允许偏差 -1～2m；不经大整理的直接产品，落布长度只允许有上偏差，不允许有下偏差。

$$浆纱墨印长度（m）= 千米经长/1000 \times 坯布落布长度$$

$$= 千米经长/1000 \times 成品匹长 \times 联匹数/[1 \pm 后整理伸长（缩短）率]$$

## 四、总经根数

色织物的总经根数由幅宽、经密和边经根数而定，生产中可按实际情况进行调整。

总经根数=布身经纱数+布边经纱数

=坯布幅宽×坯布经密+边经纱数×(1-布身每筘平均穿入数/布边每筘平均穿入数)

=成品幅宽×成品经密+边经纱数×(1-布身每筘平均穿入数/布边每筘平均穿入数)

总经根数、每花经纱根数、劈花、筘号、每花穿筘数与上机筘幅等互相联系，设计中需反复调整计算。一般对总经根数先进行初算，初算总经根数=坯布幅宽×坯布经密。而确切的总经根数，应为每筘穿入数的整数倍，并尽可能为组织、穿综循环的整数倍。同时色织物的总经根数在劈花时也会调整。

## 五、每筘穿入数

经纱的每筘穿入数与织物的纱支、组织、密度、产品质量要求等有关。同筘号条件下，高支纱穿入数可多些，密度大的织物的穿入数应大于稀薄织物的穿入数。

在较为复杂的色织物组织中，一般平纹采用2入/筘或3入/筘；斜纹采用3入/筘、4入/筘；五枚缎纹采用3~5入/筘。联合组织可采用花筘穿法，即不同的部位采用不同的每筘穿入数。在花筘穿法中，原则上每筘穿入数最多不超过6根，否则会使筘齿内的密度加大，造成经纱开口不清而产生跳花、筘路等织疵的现象。

同一品种采用不同的穿入数会产生不同的效果。如涤棉色织府绸，可采用2入~4入/筘。2入/筘，布面丰满匀整，颗粒清晰，实物质量好，但断头率高；4入/筘，经纱断头率低，但布面有明显的筘路，开口不清，易产生织疵而影响布面质量。采用股线、结子线、毛巾线、花线等花式线做经纱时，宜减少每筘的穿入数。

## 六、边纱根数、穿筘及筘齿数

边纱根数及穿筘的确定，以保证顺利织造、整理加工与布边整齐为原则。色织物的边宽，一般每侧边取0.5~1cm。有时为调节劈花的需要，可适当加宽布边。边纱根数和穿法，不同的工厂对不同的品种都有各自不同的习惯使用方法。

布边的经密，一般大于或等于布身经密。中支纱色织物的每边最外端一般两根经纱穿一综，两综穿一筘，最少有一个4入/筘。高支纱色织物最外端一般用3~4个筘齿4入/筘，如边纱（3筘×4入/筘+4筘×3入/筘）×2。

## 七、每花经纱根数和纬纱根数

每花经纱根数、每花纬纱根数，即每花的配色循环。

一花各色条经纱根数=一花成品色条宽度（cm）×成品经密（根/10cm）

=一花成品色条宽度（cm）×坯布经密（根/10cm）

×坯布幅宽（cm）/成品幅宽（cm）

每花经纱根数应根据组织循环经纱数、穿综、穿筘等要求作适当的修正。同样要求得每花纬纱的分色纬数。多梭织造时，各色纬纱根数应该为偶数，此例多梭箱无须调整。

### 八、全幅花数

$$全幅花数 = （总经根数 - 边经根数）/ 每花根数$$

当全幅花数不为整数时，可作加减头，在劈花中考虑。如产品总经 6220 根，边纱为 24×2，每花根数 152 根。全幅花数 =（6220-48）/152 = 40 花，余 92 根。或 41 花减 20 根。一般采用加、减头中少得为宜。因此该织物的为全幅 41 花组成，减头 20 根。

### 九、每花筘齿数、全幅筘齿数

$$一色条的筘齿数 = 一色条的经纱数 / 每筘穿入数$$

$$每花筘齿数 = 各色条筘齿数之和$$

$$每花筘齿数 = 每花地经筘齿数 + 每花提花部分筘齿数$$

$$全幅筘齿数 = 每花筘齿数 × 花数 + 多余经纱筘齿数（或减不足经纱筘齿数）+ 边经筘齿数$$

$$= 布身经纱数 / 布身平均每筘穿入数 + 边经筘齿数$$

每花为 174 根经纱，全幅 40 花，边经 12 筘/花，地组织经纱数 150 根，提花组织为 4 入/筘，每花筘齿数为 56 筘，全幅筘齿数为 56×40+12 = 2252 点。

又如缎条府绸，总经根数为 3036 根，其中边纱 36 根，每花经纱为 300 根，其中平纹部分 144 根，缎条部分 156 根。穿筘齿：布身平纹为 2 入；缎条为 4 入；边部分每边有一个筘齿 4 入再加上七个筘齿 2 入，边共用 16 齿。计算如下：

$$每花筘齿数 = 144/2 + 156/4 = 72+39 = 111 （筘）$$

$$平均每筘穿入数 = 每花根数 / 每花筘齿数 = 300/111 = 2.7 （根/筘）$$

$$全幅花数 = （3036-36）/300 = 10 （花）$$

$$全幅筘齿数 = 111 齿 × 10 花 + 16 花 = 1126 （筘）$$

### 十、确定筘号

工厂习惯使用 5.08cm（2 英寸）内筘齿数的实用筘号，工艺计算时则采用每厘米内筘齿数的筘号。

$$均匀结构织物筘号 = \frac{坯布经密 ×（1 - 纬织缩率）}{每筘入数}$$

$$一般均匀结构的中号织物的名义筘号 = \frac{经密 - 1}{2} × 0.95$$

经密、结构不匀的色织物很难确定经密或纬织缩率，常采用选筘经密进行计算。选筘经密的含义是假定制织平纹织物，每筘齿穿 2 根经纱而可能织到一定密度所用的筘号具有的经密数，是确定织物在某种经密情况下，选用的名义筘号。

若选筘经密为 35 根/cm，每筘 3 入，则名义筘号 =（88-1）×2×0.95/3 = 21.65 （筘/cm）。

工厂常根据经验快速确定筘号。在确定筘号时，有可能要修正筘幅、总经根数、全幅花数、全幅筘齿数等数值，计算筘号与标准筘号应相差 0.4 号以内，并要核算坯布经密。

$$坯布经密 = 总经根数/坯布幅宽$$

色织物一般控制在下偏差 4 根/10cm 以内为宜。如果计算经密与坯布要求经密的差异不在规定范围内，则必须重新计算。

## 十一、筘幅

$$初算筘幅 = \frac{坯布幅宽}{1 - 纬纱织缩率}$$

$$上机筘幅 = \frac{总经根数 - 边纱根数 \times \left(1 - \dfrac{布身每筘穿入数}{布边每筘穿入数}\right)}{布身每筘齿穿入数 \times 筘号}$$

根据筘号来修正筘幅，一般筘幅相差在 6mm 以内可不修正。凡经大整理的品种，其下机坯幅可在整理加工中得到调整，筘幅的修正范围可大些。不经过大整理的女线呢等品种，则应严格控制筘幅和坯幅。

如总筘齿为 2256 筘，筘幅为 160.8cm，则计算筘号：

$$筘号 = \frac{2256 \times 10}{160.8} = 140.3 （齿/10cm），取 140 齿/10cm$$

$$修正筘幅 = \frac{2256 \times 10}{140} = 161.1 （cm）$$

筘幅修正 161.1 - 160.8 = 0.3cm，在筘幅允许的范围内，故不需修正筘幅。

## 十二、穿综工艺

主要确定综页数、综丝密度及综丝粗细、综页前后位置等。综页数可根据穿综的原则和上机图的要求，结合综丝最大密度来确定。综丝密度的确定见表 5-12。

表 5-12　综丝最大密度

| 纱线线密度（tex） | 综丝最大密度（根/10cm） |
| --- | --- |
| 32 以上 | 6 |
| 21~31 | 10 |
| 11~20 | 12 |

## 十三、色织布的用纱量

经漂白、丝光、树脂等整理的产品，按色织坯布计算，可不必考虑自然缩率；经轧光、拉绒等整理或不经任何整理产品，按色织产品用纱量计算，计算时要考虑自然缩率、整理缩率或伸长率；经纬纱均用本白纱的产品，按白坯布用纱量计算，本白纱的规定考虑伸长率、回丝率。实际用纱量的计算，各厂都有各自的经验数据和计算方法，但计算原理基本一致。

百米色织坯布用纱量（kg）= 百米色织坯布经纱用量（kg）+百米色织纬纱用量（kg）

百米色织坯布经纱用量（kg）=

$$\frac{经纱特数\times总经根数\times(1+自然缩率与放码损失率)}{10^4\times(1+经纱伸长率)\times(1-经纱织缩率)\times(1-经纱回丝率)\times(1-经纱染缩率)\times(1-经纱捻缩率)}$$

百米色织坯布纬纱用量（kg）=

$$\frac{纬纱特数\times纬纱密度（根/10cm）\times织物筘幅（cm）\times(1+自然缩率与放码损失率)}{10^5\times(1-纬纱染缩率)\times(1+纬纱伸长率)\times(1-纬纱回丝率)\times(1-纬纱捻缩率)}$$

百米色织成品用纱量（kg）= 百米色织成品经纱用量（kg）+百米色织成品纬纱用量（kg）

百米色织成品经纱（或纬纱）用量（kg）= $\dfrac{坯布经纱（或纬纱）\times(1+自然缩率与放码损失率)}{1\pm后整理伸长（缩短）率}$

织物自然缩率与放码损失率为 0.85%；经纬纱伸长率：单纱 1%，股线 0.5%；经纬纱回丝率：棉纱线 0.6%，人造丝或其他纤维纱线 1%；纱（线）漂染缩率一律 2%；捻线缩率：58.3tex 及以上 3.5%，36.7~53tex 为 2.5%，36.4tex 及以下 2%，其他捻线自定。

# 第四节　色织物设计实例

纯棉色织缎条府绸，坯布规格为 14.6tex×14.6tex×393.7 根/10cm×275.6 根/10cm，成品幅宽 147.3cm，边经 48 根，成品匹长 40m，剑杆织机织造，一花成品平纹地、缎条花宽为 26.8mm、1.6mm，边筘（3 筘×4 入/筘+4 筘×3 入/筘）×2，试进行工艺设计与上机计算。经纱配色循环如下：

| 本白 | 浅绿 | 本白 | [（缎条）（本白 | 浅蓝）×4] | 本白 | 浅绿 | 本白 | 橙 | 本白 |
|---|---|---|---|---|---|---|---|---|---|
| 18 | 2 | 10 | 1 | 1 | 14 | 2 | 6 | 9 | 2 |

| 浅绿 | 本白 | [（缎条）（本白 | 浅蓝）×2] | 本白 | 浅绿 | 本白 | 橙 | |
|---|---|---|---|---|---|---|---|---|
| 2 | 16 | 2 | 2 | 6 | 4 | 2 | 9 | 118 根/花 |

（1）染幅缩率选取 4.5%，则坯布幅宽=147.3/（1-4.5%）= 154.2（cm）。

（2）初算总经根数=154.2×393.7/10，取 6072 根。

（3）成品平纹地经密=102/26.8×100=380（根/10cm），缎条花经密=8/1.6=500（根/10cm）。地、花经密比=380∶500≈3∶4，则地、花每筘分别为 3 入、4 入。

（4）纬纱织缩率取 6.5%，初算筘幅=154.2/（1-6.5%）= 164.9（cm）。

（5）每花地用筘齿数=102/3=34 齿，每花缎条花用筘齿数=16/4=4 齿，边用筘数 14 齿，每花筘齿数为 34+4=38 筘。平均每筘穿入数=118/38=3.1（根/筘）。

（6）全幅花数=（6072-48）/118=51 花+6 根。

（7）劈花：

| 本白 | 浅绿 | 本白 | （本白 | 浅蓝）×4 | 本白 | 浅绿 | 本白 | 橙 | 本白 | 浅绿 | 本白 |
|---|---|---|---|---|---|---|---|---|---|---|---|
| 12 | 2 | 10 | 1 | 1 | 14 | 2 | 6 | 9 | 2 | 2 | 16 |

| (本白 | 浅蓝)×2 | 本白 | 浅绿 | 本白 | 橙 | 本白 |
|---|---|---|---|---|---|---|
| 2 | 2 | 6 | 4 | 2 | 9 | 6+6 |

（8）全幅筘齿数 = 34×51+3+14 = 1751（筘）。

（9）筘号 = 1751×10/165 = 106.1，取 106 筘/10cm。

修正筘幅 = 1751×10/106 = 165.2（cm），与初算筘幅 164.9cm 相差 0.3cm，在允许的范围内。

（10）核算坯布经密 = 6072/154.2 = 393.8（根/10cm），与规定的经密仅差 0.1 根/10cm，在允许的范围内。

（11）不同运动规律的经纱数有 6 种，缎条用 4 页综。

平纹地：102×（6072-48-6）/118+48+6 = 5256（根），平纹每页综上的综丝数 = 5256/4 = 1314（根），综丝密度 = 1314/（165.2+2）≈ 7.86（根/cm），在最大密度范围内。故平纹用 4 页综。

缎条花：（6072-48-6）/118 = 816（根），每页综上的综丝数 = 816/4 = 204（根），综丝密度 = 2044/（165.2+2）= 1.22（根/cm），远小于标准范围，各页综上综丝数的计算：第 1～第 2 综：平纹 1314 根+1 加头+8 根边 = 1323 根；第 3～第 4 综：平纹 1314 根+2 加头+8 根边 = 1324 根；第 5～第 8 综：缎条 204 根。

（12）取平纹地经纱织缩率为 11.2%，缎条花经为地经纱织缩率的 98%。

$$千米经长 = 1000/（1-11.2\%）= 1126.1（m）$$
$$坯布落布长度 = 40×3/（1+1\%）= 118.8（m）$$
$$平纹地经轴浆纱墨印长度 = 118.8×1126.1/1000 = 133.8（m）$$

缎条花经轴长度取平纹地经轴长度的 98%，则：

$$缎条花经轴浆纱墨印长度 = 133.8×98\% = 131.1（m）$$

$$百米色织坯布用纱量（kg）= \frac{5256×14.6×（1+0.85）}{10^4×（1-11.2\%）×（1-2\%）×（1+1\%）×（1-0.6\%）×（1-2\%）}$$
$$+ \frac{816×14.6×（1+0.85）}{10^4×（1-11.2\%×98\%）×（1-2\%）×（1+1\%）×（1-0.6\%）×（1-2\%）}$$
$$+ \frac{275.6×（165.2+15）×14.6×（1+0.85）}{10^5×（1-2\%）×（1+1\%）×（1-0.6\%）×（1-2\%）} = 17.487（kg）$$

（13）下机缩率取 3%，纬密变换牙 = 275.6×（1-3%）×37/141.3 = 70（牙）。

# 第六章　毛及毛型织物设计

## 第一节　毛织物的分类与品种编号

### 一、毛织物的分类

毛织物的品种很多，从不同的角度来分，具有不同的品种类型。

**1. 按纺纱工艺分类**

精纺毛织物、粗纺毛织物、长毛绒和驼绒织物。

**2. 按原料分类**

纯毛织物、混纺毛织物及交织毛织物、纯化纤仿毛织物。

纯毛织物是指经纱或纬纱全由羊毛纤维构成的织物。由于世界各地的法律规定不同，纯毛织物也不一定全部是由100%羊毛构成。例如，某些用其他纤维做嵌条线的毛织物或含有其他纤维不超过10%的，也往往划作纯毛品类。

混纺毛织物是指凡是经纬纱内含有羊毛及一种或几种其他纤维的织物。例如，羊毛与黏胶混纺、毛粘、黏/毛等。三合一产品也同样按照各种纤维含量的多少依次填写。

交织毛织物是指由含有一种纤维的经纱与含有另一种纤维的纬纱交织而成的织物，例如以棉为经，以羊毛为纬交织而成的华达呢。

纯化纤仿毛织物经纬纱均由化学纤维组成，但是采用毛纺织染整设备和工艺加工而成的织物，形成的织物具有类似毛织物的风格特征。

**3. 按用途分类**

按用途可分为：衣着用呢（如华达呢、麦尔登等）、装饰用呢（如沙发布、窗帘布等）以及工业用呢（如工业用毡、造纸毛毯等）。

### 二、毛织物的品种编号

为了反映毛织物的相关内容等属性，通常对毛织物进行编号。毛织物的品号一般用五位数字表示，第一位表示原料，第二位表示类别，第三至第五位表示产品不同规格生产的顺序号。

有时，在品号前面还添加企业代码，其中企业代号以英文字母表示，如 SA 代表上海一毛、TH 代表天津一毛等。

**（一）精纺毛织物的编号**

精纺毛织物的第一位表示原料的成分，用 2~4 表示，其中：2—纯毛；3—毛混纺；4—纯化纤。第二位数字表示原料的大类名称，分别用 1~9 表示，其中：1—哔叽类（包括啥味呢）；2—华达呢类；3，4—中厚花呢类；5—凡立丁类（包括派力司类）；6—女衣呢类；7—贡呢类；8—薄型花呢；9—其他。第三至第五位数字用来表示不同规格产品的生产序号。然而实际中各毛纺企业也有自己的编号，而且在生产外销产品时，可以在产品编号前加入企业的编号，一般为两位字母，如下所示：

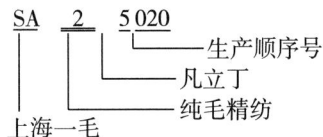

```
SA   2   5 020
              └── 生产顺序号
          └────── 凡立丁
      └────────── 纯毛精纺
 └──────────────── 上海一毛
```

**（二）粗纺毛织物的编号**

粗纺毛织物编号的第一位数字表示原料成分，用 0、1、7 表示，其中：0—纯毛；1—毛混纺；7—纯化纤。第二位数字表示大类品种名称，其大类编号见表 6-1。其余数字，表示产品的生产顺序号。如 12003 表示第 003 号毛混纺大衣呢。

**表 6-1 粗纺毛织物大类编号**

| 编号 | 大类名称 | 小类品种 |
|---|---|---|
| 1 | 麦尔登类 | 麦尔登、平厚呢 |
| 2 | 大衣呢类 | 平厚、立绒、顺毛、拷花大衣呢 |
| 3 | 海军呢类 | 海军呢、制服呢 |
| 4 | 制服呢类 | |
| 5 | 女式呢类 | 平素、立绒、顺毛、花式女式呢 |
| 6 | 法兰绒类 | 素色、混色、花色法兰绒 |
| 7 | 粗花呢类 | 纹面、呢面、绒面花呢，海力斯 |
| 8 | 大众呢类 | 大众呢、学生呢 |
| 9 | 其他类 | |

说明：我国原先规定海军呢及制服呢作为第三类，海力斯作为第四类，现将海力斯并入第七类粗花呢类中，而将海军呢及制服呢分列第三和第四两大类。

**（三）其他毛织物的编号**

第一位数字是 5 时，第二位数字就表示长毛绒的品种，其中：1—衣面用；2—衣里用；3—工业用；4—家具用。第一位数字是 9 时，第二位数字就表示驼绒的品种，其中：1—花素驼绒；2—美素驼绒；3—条子驼绒。

## 三、各类毛织物的区别

精纺毛织物又称精纺呢绒，用精梳毛纱织制。原料品质较好，成纱结构紧密。常用 16.7~

33.3tex（30~60公支）股纱作经纬，少数高档品细度12.5tex（80公支），甚至更细。精纺呢绒大多织纹清晰，色彩鲜明柔和，质地紧密，手感柔软，挺括而有弹性。织物较轻薄，重量100~380g/m²，现正向轻薄型方向发展，如清凉西服系列精纺面料。

粗纺毛织物，又称粗纺呢绒，用粗纺毛纱织制。原料品级较高，粗细长短差异大，从高贵的山羊绒到精梳落毛和最低廉的再生毛，用纱细度一般为62.5~166.7tex（6~16公支），厚重者可达500tex（2公支）。高档轻薄的只有50tex（20公支）。经纬以单纱为主。粗纺织物质地厚实，手感丰厚，身骨挺实，保暖性好，大多数经缩绒整理，表面有绒毛覆盖，如绒面和呢面织物不露底纹，结构紧密，也有未经缩绒的纹面织物，突出织纹和配色，结构大多数较疏松。粗纺呢绒较厚实，重量180~840g/m²适宜制作秋冬季外套和大衣。

精纺毛织物与粗纺毛织物的区别具体概括如下：

**1. 产品外观**

精纺织物：织纹清晰，色彩匀净，光泽柔和、雅致；粗纺织物：机理粗犷，表面比较粗糙，织纹模糊。

**2. 手感**

精纺织物：滑糯、挺括、柔软、有身骨，组织致密、轻薄；粗纺织物：粗糙、丰满、厚实、有松结构织物，弹性丰富，身骨挺实。

另外，长毛绒是用条染精梳毛纱和棉纱交织的立绒织物，又称海虎绒。一般采用经起毛或纬重平组织织造，以38.5tex×2（26/2公支）精梳毛纱、股线作起毛经纱，用棉纱作底布组织经、纬纱，坯布经割绒，刷毛、剪绒等整理而成，全幅米重750~840g/m，面料的长毛绒布面绒毛平整挺立，绒高7.5~10mm，绒面光泽柔和，手感绒毛稠密、丰满、厚实、保暖。作大衣挂里用长毛绒的布面绒毛较长，为10~13mm，绒毛略疏松，呈倒伏状，手感松软，保暖轻便。

驼绒：是用条染粗梳毛纱和棉纱交织的拉绒针织物。采用中特棉纱作针织底布用纱，166.7~250tex（4~6公支）粗梳毛纱作衬纬的起绒纱织成针织绒坯布，经拉绒及后整理制成。其质地松软，绒面丰满，手感厚实，轻柔保暖，正面不露底纹，而反面呈纬平针组织的外观，每幅米重560~750g。适用于秋、冬外套挂里或童装。根据驼绒的绒面花色可分作几种类型的品种：美素驼绒，以素色、鲜艳色泽为主；花素驼绒有混色夹花风格；条子驼绒呈经向色条。

# 第二节　精纺毛织物设计

**一、精纺产品原料运用**

**（一）绵羊毛**

羊毛织物一般特指绵羊毛织物。绵羊毛是较早被人类利用的天然纺织纤维，是毛纺工业的主要原料。绵羊毛服用性能优良，适合织制春秋冬衣料及毛衫。经过改性处理也可织成光洁、滑爽的夏装及内衣面料。绵羊毛还可用于织制地毯、挂毯、壁毯等装饰品。

**（二）山羊绒**

山羊绒通常称羊绒，是从绒山羊体上抓取下来的细绒毛，属特种动物毛。一只绒山羊平均每年产绒只有 100~200g，因此是毛纺原料中十分名贵的品种。据说亚洲克什米尔地区在历史上曾是山羊绒向欧洲输出的集散地，并以生产羊绒头巾闻名，因而国际上惯称羊绒为克什米尔、开司米。山羊绒有白、紫、青等颜色，以白绒最为珍贵。羊绒纤维比羊毛还细，吸湿性与羊毛相当，耐磨性好，质地轻盈又十分保暖，手感柔软、滑糯，富有弹性，有纤维之冠、纤维宝石之称。山羊绒主要是纯纺或与细羊毛混纺，生产高档粗纺大衣呢、高档精纺呢料。

**（三）兔毛**

兔毛是家兔毛和野兔毛的总称，属特种动物毛，纺织用兔毛产自安哥拉兔和家兔。兔毛比重小，保暖性好，富有弹性，是高档的机织和针织原料，具有长、轻、松软、净、暖、美的特点。由于兔毛表面光滑，卷曲少，纤维间抱合力差，强力较低，易落毛，故常与细羊毛或其他纤维混纺，织制高级兔羊毛花呢、大衣呢和兔羊毛衫、围巾、手套等。

**（四）马海毛**

马海毛是一种安哥拉山羊毛，纤维长而硬，属特种动物毛。"马海"一词来源于阿拉伯文，意为"似蚕丝般的山羊毛织物"，后成为安哥拉山羊毛的专称。马海毛光滑、强度高，变形恢复能力强，与绵羊毛不同，马海毛织物不易收缩也不易毡缩，容易洗涤。马海毛长 18~25cm，最长可达 35cm。马海毛产量极低，是珍贵的毛纺原料。其用途较广，可以纯纺或混纺，由于它洁白光亮，多与染色羊毛混纺，增加织物的装饰感，也可以改善织物的身骨，如银枪大衣呢。

**（五）骆驼毛（绒）**

用于纺织的骆驼毛多来自双峰驼，色泽有乳白、浅黄、黄褐、棕褐，分驼毛和驼绒两种。驼毛光泽好，稍粗硬。由于强度高，耐磨性和弹性都很好，多用于传送带、衬垫、衬布等；驼绒，颜色较浅，光泽弱，手感滑，可纯纺，也可与细羊毛、半细毛混纺制高级呢料。驼绒制品具有轻、保暖、耐磨的优点。

**（六）牦牛毛（绒）**

牦牛毛纤维粗长，多为黑色或黑褐色，少数为白色，光泽好，强力大，可做帐篷、毡片及舞台道具，如假发、胡须等，牦牛绒细而柔软，呈不规则卷曲，光泽柔和，手感滑糯，呈棕褐色，略发暗，宜做深色顺毛呢料，牦牛绒一般与细羊毛混纺织制提花、顺毛大衣呢等高档用品。

**（七）人造毛和合成羊毛**

人造毛即毛型人造纤维，即长度 65~120mm 的黏胶纤维，富有卷曲性，可纯纺或与羊毛及其他纤维混纺，织制毛型面料、人造毛毯。

合成羊毛多指腈纶，有合成羊毛的美称，其弹性与蓬松度可与天然羊毛媲美。腈纶织物不仅挺括、抗皱，而且保暖性较好，在同体积羊毛中含有更多的静止空气，保温测定结果表明，腈纶织物比羊毛织物高15%。腈纶可混纺或纯纺，用于生产廉价美观的仿毛衣料和混纺织物。

### （八）毛纺新原料

长期以来，毛纺行业以羊毛纯纺产品及羊毛与常规的涤纶、腈纶、黏胶混纺的产品为主，品种单调。随着国产面料向国外流行面料靠拢，越来越多的新化纤在毛织物中得以应用，目前，应用的新化纤主要是差别化的改性新纤维，如细旦、超细旦涤纶，超柔异形截面腈纶，水溶性维纶，高弹性氨纶，改性锦纶（Tactel），天丝（Tencel）、Lyocell 或抗紫外线、抗辐射、抗静电等功能性新化纤和吸湿排汗等智能新化纤的应用。此外，环保型玉米纤维在毛纺行业的应用正处于研制阶段。

变性羊毛包括物理变性、拉细羊毛和化学变性的高收缩羊毛、丝光防缩羊毛和采用臭氧防缩 E-wool 技术处理的改性羊毛等新原料，可达到特殊的效果。

丝光羊毛与防缩水羊毛相比，不仅剥除了鳞片，同时在纤维表面施加了一层树脂。两种羊毛生产的毛纺品均能达到防缩、机可洗效果。丝光羊毛产品光泽更亮丽，有丝的光泽，手感更滑糯，有羊绒感，被誉为仿羊绒的羊毛，但在生产中同时还要攻克染色难、抱合力差的技术难题，使其织物达到永久性改善手感。

除了上面提到的羊绒、兔毛、马海毛等特种动物毛，桑蚕丝、柞蚕丝、绢丝、改性天然丝、苎麻、大麻、抗皱改性苎麻等与羊毛混纺，既可满足市场对天然纤维织物高层次消费的追求，又能迎合时尚需要。如毛麻及马海毛花呢产品在市场备受青睐。

## 二、精纺毛织物主要品种和风格特征

### （一）精纺毛织物的分类

精纺毛织物是用精梳毛纱织成的，所以又称它为精梳毛织物。所用羊毛原料较好，一般采用国产改良羊毛和部分 16.7~14.3tex（60~70公支）外毛或混用30%~55%的化纤为原料。毛纱线密度通常在 31.3tex 以下（32 公支以上），且多数并成双股线作为经纬纱。幅宽多为 144cm。

根据织物的重量分类：不大于 195g/m² 为轻薄型精纺毛织物；大于 195g/m² 为中厚型精纺毛织物。

呢面指织物的花型、织纹、光泽及表面状态，按呢面的不同，又分为光面织物和绒面织物。根据织物的呢面情况，可分为光面织物和绒面织物。

精纺产品可分为四大类：大路产品类，素色织物以匹染为主，如哔叽、啥味呢、华达呢、凡立丁、派力司、贡呢等；花呢类，花色织物，以条染为主，如薄型花呢、中厚花呢、厚花呢、马裤呢、巧克丁等；女衣呢类；其他类，不属于以上三类的织物，如旗纱、服装衬里、家具布、窗纱等。

### （二）各类织物的风格特征

织物的风格是指人们通过视觉和触觉，有时也包括听觉，对织物所作出的综合评价。它表示了织物的某些外观特征和内在质量，如涤棉织物具有滑、挺、爽的风格，府绸织物具有均匀、洁净、颗粒清晰、滑爽柔软、光滑似绸的风格。纯毛厚花呢有滑、挺、糯的风格等。因此，织物风格不仅包含外观和内在的一系列基本物理特性，还包含人的心理美学、风俗习惯、爱好和流行等因素。实际上，消费者常以外观（眼看）和手感（触摸）来衡量织物的质量优劣。

毛及毛型织物的风格是指织物的呢面、光泽、品种、手感、边道等多种效应的总称。人们对不同织物的风格有具体的要求，对毛织物的要求就是：手感活络，挺括，富有弹性，身骨良好，丰满，滑糯，不板不烂，纹路清晰，呢面匀净，花型大方，色彩悦目，光泽柔和而有膘光，布边平直，边字清晰等。

对精纺呢绒的风格总要求，呢面纹路清晰，光洁平整，花色明显，身骨挺括，手感滑爽，柔韧。光面织物要求织纹清晰、细致、平整、光洁、经平纬直、毛纱条干均匀。若为条子花型，应宽窄适当，嵌条排列多变、疏密参差，明嵌条要鲜明调和，暗嵌条要隐线恰当。若是格子花型，深浅、明暗要互相协调，大格套中格，中格套小格，大中小互相套合，正方形与长方形互相套合。若是花型，则要求花型大方、雅致，具有立体感，色彩鲜明，配色调和，花型结构要稳重、清丽，要使花型与服用要求和外观特征相配合。

**1. 大路产品类**

大路产品类包括：凡立丁、派力司、华达呢、哔叽、啥味呢、贡呢等。

（1）凡立丁。凡立丁是夏令衣料，一般是素色薄型平纹织物，一般采用强捻精梳羊毛股线织造。经纬纱用 20tex×2 ~ 16.7tex×2（50/2 ~ 60/2 公支）双股线，其特点是纱线捻度大、密度小。凡立丁是白坯匹染，以浅米、浅灰色为多。要求呢面光洁平整，不起毛，织纹清晰，经直纬平，光泽柔和，膘光足，手感柔糯，滑爽，有弹性，不板不烂。多用作裤料、女上衣料。表 6-2 为不同规格的凡立丁产品。

表 6-2　不同规格的凡立丁产品

| 幅宽（cm） | 经纱 | | 纬纱 | | 密度（根/10cm） | 重量（g/m²） |
|---|---|---|---|---|---|---|
| | 线密度（tex） | 公支 | 线密度（tex） | 公支 | | |
| 144 | 16.7×2 | 60/2 | 16.7×2 | 60/2 | 265×200 | 245 |
| 144 | 18.9×2 | 53/2 | 18.9×2 | 53/2 | 270×188 | 261 |
| 144 | 20.8×2 | 48/2 | 20.8×2 | 48/2 | 234×198 | 287 |

（2）派力司。派力司也是夏令衣着用料，一般是条染混色，以股线为经，单纱作纬，即双经单纬的薄型平纹织物。颜色以中灰、浅灰为主，呢面外观呈不规则的匀细雨丝状细条纹是派力司独有的风格。派力司与凡立丁的主要区别在于，派力司是混色，而凡立丁是单色的，派力司经密略比凡立丁大一些。派力司除具有凡立丁的优点外，较凡立丁坚牢耐脏，质地细洁轻薄，是精纺呢绒中最薄的一种。适合作夏装面料，全幅米重 190 ~ 252g/m。表 6-3 为不同规格的派力司产品。

表 6-3　不同规格的派力司产品

| 幅宽（cm） | 经纱 | | 纬纱 | | 密度（根/10cm） | 重量（g/m²） |
|---|---|---|---|---|---|---|
| | 线密度（tex） | 公支 | 线密度（tex） | 公支 | | |
| 144 | 14.3×2 | 70/2 | 21.7 | 46 | 276×254 | 199 |
| 149 | 16.9×2 | 59/2 | 25.6 | 39 | 240×240 | 255 |

（3）华达呢。华达呢是精纺呢绒中销路较广的品种，是斜纹组织的精纺毛织物，根据结构特点有 $\frac{2}{2}$↗ 的双面华达呢，正反面组织相同；有 $\frac{2}{1}$↗ 的单面华达呢，正面为斜纹，反面似平纹，有缎纹变化组织的缎背华达呢，正面是斜纹，反面是缎纹。华达呢的经纬均采用 31.3tex×2～16.7tex×2（32/2～60/2 公支）同支合股线，经纬密度比约为 2∶1，布面呈 63° 左右清晰的斜纹纹路，纹路细密，挺直饱满，紧密而有弹性，呢面光洁平整。以匹染素色为主，藏青与米色较为普遍。重量为 250～414g/m²，以 250～312g/m² 较为普遍。单面华达呢全幅米重 342g/m 左右，双面华达呢全幅米重 360～449g/m，缎背华达呢全幅米重约 560g/m，适合作风衣外套面料。表 6-4 为不同规格的华达呢产品。

表 6-4　不同规格的华达呢产品

| 幅宽（cm） | 经纱 | | 纬纱 | | 密度（根/10cm） | 重量（g/m²） |
|---|---|---|---|---|---|---|
| | 线密度（tex） | 公支 | 线密度（tex） | 公支 | | |
| 149 | 14.9×2 | 67/2 | 14.9×2 | 67/2 | 523×296 | 398 |
| 149 | 19.6×2 | 51/2 | 19.6×2 | 51/2 | 451×244 | 453 |
| 144 | 20.8×2 | 48/2 | 20.8×2 | 48/2 | 435×235 | 464 |

（4）哔叽。哔叽也是销路较广的品种，是 $\frac{2}{2}$↗ 双面斜纹组织精纺毛织物，布面纹路略宽，斜纹清晰、纹路倾斜角度约为 50°，以正染素色品种为主。颜色以藏青色为主，其次为灰、黑、咖啡等色。呢面风格有光面和呢面之分。光面哔叽要求光洁平整，手感软糯，纹路清晰、不起平、弹性好，毛面哔叽经轻缩绒工艺，毛绒浮掩呢面，由于绒毛短小，光泽自然柔和，有光泽，无极光，无陈旧感，手感丰厚而有弹性。哔叽分厚、中、薄三种，重量为 198～354g/m²，以 250～291g/m² 较为普遍。中厚哔叽是市场的主流产品，适合作各种套装面料。

哔叽与华达呢都是匹染素色的斜纹表面，但华达呢除双面品种外还有单面、缎背品种，哔叽却只有双面斜纹品种，与华达呢的布面相比纹路较宽且倾斜度小。

（5）啥味呢。啥味呢是条染混色的 $\frac{2}{2}$↗ 双面斜纹毛织物，由于布面呈现混色的独特外观效果而容易识别。啥味呢一般用 31.3tex×2～17.9tex×2（32/2～56/2 公支）双股毛纱作经纬纱，少量也股经单纬，斜纹是 50° 左右。啥味呢与哔叽的主要区别在于，啥味呢是混色的，以灰色为主，也有米色、咖啡、蓝灰色等，而哔叽是单色的。由于后整理方法不同，啥味呢有光面和毛面两个品种。光面啥味呢布面光洁平整，纹路清晰，手感滑爽挺括。毛面啥味呢经缩绒工艺，呢面有短小毛绒，光泽自然柔和，底纹隐约可见，手感柔糯。无论光面还是毛面均为高档套装的良好面料，多用于春秋季两用衫及裤料等，重量以 229～331g/m² 较为普遍。表 6-5 为不同规格的啥味呢产品。

表 6-5 不同规格的啥味呢产品

| 幅宽（cm） | 经纱 | | 纬纱 | | 密度（根/10cm） | 重量（g/m²） |
|---|---|---|---|---|---|---|
| | 线密度（tex） | 公支 | 线密度（tex） | 公支 | | |
| 149 | 18.2×2 | 55/2 | 18.2×2 | 55/2 | 305×285 | 341 |
| 149 | 28.6×2 | 35/2 | 50×2 | 20/2 | 285×257 | 469 |

（6）贡呢。按精纺呢绒产品统一编号方法中规定，贡呢类包括：直贡呢、横贡呢、马裤呢、巧克丁、克罗丁等。贡呢是中厚型缎纹精纺毛织物，是精纺毛织物中经纬纱特数高的品种。密度大且较厚重的品种，由于采用缎纹组织，织纹浮线长，呢面显得特别光亮，经纬纱细度为 14～20tex×2（50/2～70/2 公支），重量为 270～350g/m²。贡呢表面有细致明显的贡条纹路，间距较窄，按纹路倾斜角度分为三类：直贡呢的纹路斜度很大，一般在 750g/m² 以上；斜贡呢约为 500g/m²，已为华达呢和哔叽呢所代替；横贡呢约为 150g/m²，由于是纬面缎纹组织，纬浮线长而多，在生产中不好处理，故很少生产。直贡呢常匹染成黑色，又称礼服呢，也有藏青色、灰色等，此外还有花线和花直贡呢。贡呢呢面要求平整光滑，纹路清晰，身骨紧密厚实，手感活络而有弹性。由于浮线较长，耐磨性不佳，易起手擦伤。贡呢主要用于礼服、大衣、西装及鞋帽等。

马裤呢是采用变化急斜纹组织织造的最重的精纺毛织物之一，虽属精纺织物，但所用的纱支较粗，经纬纱通常用 25×2～38.5tex×2（26/2～40/2 公支）股线，经纬密度比约为 2：1，呢面斜纹明显，粗壮，纹路倾斜陡直，呈现急斜纹线条，呢面光洁平整，质地厚实、挺括、弹性好，分匹染和条染两类品种，适用于风衣、制服面料。

巧克丁（罗斯福呢）的表面呈现华达呢、马裤呢相同的急斜纹，但纹路比华达呢粗，比马裤呢细，呢面平挺，同时，巧克丁采用双纹急斜纹组织，斜纹间距和凹下去的深度不同，浅窄、深宽，并以此循环。呢面比较平整，纹形特殊，反面平坦无纹路，光泽柔和，手感活络，滑而不糙，一般以条染品种为主，也有匹染品种，适用于制服、外套面料。

克罗丁（驼丝锦）织物组织是缎纹变化组织，呢面呈独特的近似人字形花和条状斜纹，条子凹处狭细，织纹清晰，呢面有轻微毛绒，反面较正面光洁。适用于制作大衣、西装等。

**2. 花呢类**

花呢是花式毛织物的统称，是精纺毛织物中花色变化最多的品种之一，也是主要的时装面料，多为条染产品，常利用综合运用各种手法，使之获得变化而丰富的外观效应。有经纬用双股线或纬用单纱，也有经纬用的股线或多股线的，布面可以是条、格、隐条、隐格、小花纹等。经常用花式纱线，如异色股线、三色捻线、竹节线、彩点纱、印花纱以及金银线呢。花呢光泽柔和，手感有紧密挺括的，也有疏松活络的，弹性好。

花呢品种很多，按重量分，195g/m² 以下为薄花呢，195~315g/m² 为中厚花呢，315g/m² 以上为厚花呢。按花型分，有素花呢、条花呢、格花呢、隐条隐格花呢、人字花呢等。按呢面风格分，有纹面花呢，表面光洁，织纹清晰；绒面花呢，织纹模糊，呢面覆盖密而匀的绒毛，手感丰厚；轻绒毛花呢，织纹略隐蔽，呢面有短而匀的绒毛。

花呢以条染为主，匹染较少。花呢用途较广，可做四季服装，特别是时装，下面简单介绍几种常见的花呢。

（1）单面花呢。单面花呢又称牙签呢，利用双层组织构成的中厚花呢，织物正反两面外观明显不同，呢面呈现凹凸纵条纹。织物结构紧密，手感丰满，厚实，弹性优良。织物清晰、典雅大方，主要用作西装、套装面料。

（2）凉爽呢。凉爽呢是涤毛混纺薄花呢的商业名称，用"凉爽"概括其特点。凉爽呢采用平纹组织，重 155~190g/m²，轻薄、透凉、滑爽、挺括，折裥持久，易洗快干，尺寸稳定，有一定的免烫性，是较实惠的春夏季面料。

（3）板司呢。板司呢的英文意思是："如藤篮编织物的花纹"，是采用方平组织色织而成的精纺毛织物。其特点是经、纬纱密度相近，采用色纱或深浅不同色纱间隔交织，与组织配合，使布面呈现似阶梯的细小格子花纹，表面光洁平整，手感滑挺，弹性好，质地厚实，宜做春秋西装、套装面料。表 6-6 为不同规格的花呢产品。

**表 6-6　不同规格的花呢产品**

| 品名 | 幅宽（cm） | 经纱 | | 纬纱 | | 密度（根/10cm） | 重量（g/m²） |
|---|---|---|---|---|---|---|---|
| | | 线密度（tex） | 公支 | 线密度（tex） | 公支 | | |
| 全毛花呢 | 149 | 17.9×2 | 56/2 | 17.9×2 | 56/2 | 245×200 | 263 |
| 毛 45/涤 55 花呢 | 149 | 20.8×2 | 48/2 | 20.8×2 | 48/2 | 247×228 | 313 |

**3. 女衣呢类**

女衣呢类也是花色变化较多的品种，色泽鲜艳，多为复杂提花、松结构、长浮点组织，构成各种细致的图案，或凹凸的纹样，花型有平素、直条、横纹及传统格子。花式线也多用于女衣呢的织制。女衣呢织纹清晰，色彩大多鲜艳明快，如大红、橘红、嫩黄、草绿、湖蓝、白色等。女衣呢多为匹染素色，质地松软，富有弹性。常见品种有绉纹女衣呢、提花女衣呢、印花女衣呢。

绉纹女衣呢的呢面呈现细微绉纹，这是由绉组织和平纹组织配以强捻纱得到的。结构疏松，不易皱折，悬垂适体，宜于做套装、裙子等。

提花女衣呢中，小提花女衣呢织纹清晰，手感柔软，以匹染居多；大提花女衣呢，图案生动，层次丰富，以色织居多。提花女衣呢是高档时装用料，可做连衣裙、晚礼服等。

印花女衣呢的呢面上印有花纹图案，柔软、悬垂、色彩绚丽、装饰感强。适合制作各类短裙、衬衫、晚礼服，高档别致。表 6-7 为不同规格的女衣呢产品。

表 6-7　不同规格的女衣呢产品

| 品名 | 幅宽 | 经纱 | | 纬纱 | | 密度 | 重量 |
|---|---|---|---|---|---|---|---|
| | （cm） | 线密度（tex） | 公支 | 线密度（tex） | 公支 | （根/10cm） | （g/m²） |
| 全毛女衣呢 | 149 | 17.2×2 | 58/2 | 17.2×2 | 58/2 | 281×219 | 285 |
| 纯腈女衣呢 | 149 | 31.3×2 | 32/2 | 31.3×2 | 32/2 | 196×166 | 342 |

#### 4. 其他类

此外，还有彩点、彩格、彩条女衣呢，泡泡纱、麦司林等。如旗纱，是平纹精梳毛织物，可制作旗帜之用，重量一般为 133~168g/m²。表 6-8 为不同规格的旗纱产品。

表 6-8　不同规格的旗纱产品

| 品名 | 幅宽 | 经纱 | | 纬纱 | | 密度 | 重量 |
|---|---|---|---|---|---|---|---|
| | （cm） | 线密度（tex） | 公支 | 线密度（tex） | 公支 | （根/10cm） | （g/m²） |
| 全毛旗纱 | 149 | 27.8×2 | 36/2 | 27.8×2 | 36/2 | 120×118 | 212 |

### 三、精纺毛织物主要结构参数设计

纺毛织物具有自己独特的风格特征和品质要求，进行精纺毛织物的设计，必须从原料选择、纱支确定、组织选用、密度计算、织物重量的规定、呢面风格特征要求、色彩搭配、花型设计，以及坯布质量标准和染整加工工艺的合理安排等方面加以考虑。

#### （一）原料的选择

原料是决定精纺毛织物性能的基础，相对强力高，卷曲大，缩绒性能好，光泽柔和，手感柔软，是高档精纺呢绒的必要条件，因此，在毛织物设计中，应该依据毛织物的风格特征、品质要求选择原料，使最终产品能够充分发挥和体现各种纤维的优良特性。

#### 1. 纤维细度

羊毛纤维的细度与工艺性能、产品质量密切相关，它对纱线和毛织物的品质影响较大，是确定羊毛品质和使用价值的一项重要指标。一般来讲，羊毛纤维支数越高，同细度的毛纱截面内纤维根数越多，纱线条干均匀度越好。一般一根精梳毛纱横截面内应保持 40 根左右的毛纤维。

羊毛纤维细度的选择，要考虑产品风格特征和实物质量。如华达呢、哔叽、单面花呢及高支高档产品，要求呢面洁净、条干均匀、手感丰满，应选用高支的羊毛纤维；如平素、经纬异色产品，质量要求高，短毛含量低，条干均匀，应选用较细的羊毛纤维；如中厚花呢类，要求手感滑爽、挺括、弹性好、光泽足，应选用较粗的羊毛纤维。

#### 2. 纤维的长度

羊毛纤维的长度不仅影响纱线的条干均匀度、纱线强力的大小，以及纱线表面的光洁度等品质，也影响织物的品质。羊毛纤维长度选择时，应根据不同毛织物的不同风格特征及品质要求来确定。精纺用羊毛纤维长度一般在 55mm 以上，如高支、轻薄、呢面要求洁净的产品，应选用稍长纤维的羊毛，30mm 以下的短毛含量较低，细度均匀；中低支、手感丰满的绒面结构，则应选用稍短的羊毛；毛混纺产品中应注意纤维长度对纱线结构的影响，所用化纤长度要稍长于羊毛纤维的平均长度，可使毛混纺织物充分体现毛型感。

素色光面的哔叽应注意羊毛中麻丝和草屑的含量，以保证呢面的匀净和外观质量。混纺产品还应注意涤纶中丙纶的含量或黏胶纤维的毛粒个数，哔叽产品对毛纱条干要求高，一般羊毛的纤维长度控制在 70~80mm，化纤选用比羊毛稍细的不等长纤维，截面内纤维根数不低于 36 根，以均匀条干，减少断头。

派力司一般以中灰、浅灰或其他的浅杂色居多，应选用白度和光泽好的羊毛。羊毛的品质支数一般在 66~70 公支，混纺中化纤应选用与毛相应的细度。

华达呢产品多为素色，呢面光洁度要求高，故选料时，应考虑织物的色泽。浅色产品要注意毛条中黑花毛的含量，深、灰色要注意髓腔毛、麻丝及草屑的含量；要控制毛条中毛粒、毛片的含量。华达呢要避免呢面出现断续的"雨丝条"，对纤维的细、长、短毛的含量应严格控制，截面内纤维根数应大于 36 根。

贡呢产品要求光滑平整，富有弹性，一般使用品质支数 66~100 支，内在质量好的毛；贡呢经浮长，呢面要求光洁，且以素色为主，故选择原料时，要注意草屑、麻丝、丙纶丝、粗腔毛的含量，以免影响呢面的外观；贡呢紧密度大，织造时摩擦较大，羊毛纤维强度要求高。

克罗丁，驼丝锦呢面细腻，光泽滋润，所用原料的内在质量要求高，品质支数一般为 70 支，强力好，毛粒少，含杂少。

马裤呢在贡呢类中最重，呢面纹路较粗，贡子饱满、粗犷。产品要求坚固耐磨，手感丰厚，弹性足，一般选用 64~66 支毛。为增大强力，改善免烫性能等，常选用 70/30（或 45/35）涤毛混纺。

女衣呢一般选用品质支数在 60~70 支的毛，女衣呢的色彩比较鲜艳，单色相的色泽多，选用原料时要特别注意原料的白度及含杂，力求避免对呢面外观的影响。

**3. 混纺比**

为提高织物的使用性能，降低成本，精纺织物在生产中常混入一定的化纤。羊毛和化纤混纺可以利用化纤的长处弥补羊毛的不足。做到：

（1）改善织物的服用性能，如穿着耐久性、防缩、防皱、易洗、免烫等。

（2）提高可纺性，改善纱线条干，使织物外观细洁。

（3）达到特殊效果，如匹染可得到条染的混色效应，异形截面的化纤可获得特殊的光泽等。

（4）降低产品的成本，做到价廉物美。

（5）扩大原料资源，弥补羊毛供应的不足。

化纤与羊毛混纺时，对既定的成品纤维含量，要考虑加工过程中不同原料的落毛变化和原料的回潮变化，适当调整投料数量。如成品要求羊毛 70%、黏胶纤维 30%，投料时采用羊毛 71.5%、黏胶纤维 28.5%，又如成品要求涤纶 55%、羊毛 45%，投料时采用涤纶 50%~53%，羊毛 47%~50%。

毛/涤女衣呢，要注意涤纶的含量，混纺比不同，其服用性能有差异。随着涤纶含量的增加，织物强力、抗皱回复率相应提高，但织物透气性、抗熔性下降，静电、起毛、起球现象加剧。

毛/腈女衣呢，充分利用了腈纶的蓬松、质轻、保暖和染色鲜艳等特点，但随着腈纶含量的增加，折皱回复率下降。

毛/黏女衣呢，吸湿性好，手感柔软，强力好。羊毛与黏胶混纺，可提高纺纱支数，增加强力，降低成本。为避免因黏胶纤维缩绒性、抗皱性、弹性恢复性差，而影响织物的性能，一般混用黏胶 30% 左右。

### （二）纱线结构设计

#### 1. 捻度和捻系数

捻度，纱线单位长度内的捻回数。棉纱线及棉型化纤纱线的特克斯（号数）制捻度 $T_t$，是以纱线 10cm 长度内的捻回数表示；英制支数制捻度 $T_e$，是以 1 英寸的捻回数表示。精纺毛纱线及化纤长丝的捻度 $T_m$，是以每米的捻回数表示。粗纺毛纱的捻度，是以每米的捻回数 $T_m$ 或 10cm 的捻回数 $T_t$ 表示。$T_t$、$T_e$、$T_m$ 三者的关系为：

$$T_t = 3.937T_e = T_m/10 ；\quad T_e = 0.254T_t = 0.0254T_m ；\quad T_m = 10T_t = 39.37T_e$$

捻系数 $\alpha_t = T_t \times \sqrt{N_t}$，为特数制捻系数的公式，它表示了捻度 $T_t$，捻系数 $\alpha_t$ 和纱线特数 $N_t$ 三者之间的关系。在实际工作中，对于一定特数的纱，根据纱的用途选定了捻系数以后，可按这个公式算出纱的捻度。当测出纱的捻度以后，也可按这个公式计算出纱的捻系数。

当采用棉纱英制支数 $N_e$ 和英制捻度 $T_e$ 时，英制捻系数为：

$$\alpha_e = \frac{T_e}{\sqrt{N_e}}$$

当采用公制支数 $N_m$ 和公制捻度 $T_m$ 时，相应的公制捻系数为：

$$\alpha_M = \frac{T_m}{\sqrt{N_m}}$$

纱线捻系数的大小，主要由原料的性质和纱线的用途决定。为了使细纱获得所需要的强度，用细长纤维纺纱时，纱的捻系数可以低一些；用粗短纤维纺纱时，捻系数应高一些。

精纺毛织物，一般单纱捻系数小于股线捻系数，纱的结构内松外紧，织物纹路清晰。当股线捻度小于单纱捻度时，织物身骨松软；当相近时，织物强度高，弹性好，挺、爽；当捻度过大时，织物硬挺。一般纯色的股线织物捻度比单纱小，呢面光泽好。单纬织物的纬纱捻度应大些。纯毛纱比混纺毛纱捻度大，含涤纶、腈纶等纤维的中厚型织物，捻系数比同类毛纱要小，易硬板。

薄爽风格的织物、坚挺而贡子饱满的华达呢及组织浮点较长的单面花呢，捻系数宜大些。毛涤花呢要求滑、挺、爽的要比滑、挺、糯的捻系数大。薄型绉织物起绉效果明显，应选用股线和单纱同捻向的强捻纱。手感柔软、丰满的织物或绒面织物，如啥味呢，捻度要适当减小。贡呢经浮线较长，贡子饱满，系数大，单纱作纬的捻系数要比股纱作纬的捻系数要小。

**2. 捻向**

纱线的捻向在决定斜纹纹路的清晰度方面有一定的意义。经纬纱捻向相同时，会形成明显的斜纹效果；纱线的捻向与斜纹方向相反时，则斜纹纹路更清晰；采用不同捻向的纱线，可使织物表面形成隐条、隐格。不同捻向的纱线在经向间隔排列时，可得到纵向隐条；纬向排列时，可得到横向隐条；经纬向同时间隔排列，形成隐格，这种隐条隐格的形成主要利用纱线捻向不同，光反射也不同的原理形成的。

**3. 细度**

细度对成品外观、质量、手感以及力学性能均有影响。毛织物所用纱线，主要是由短纤维纺成单纱和股线，少量使用化纤长丝、绢丝、羊毛和化纤长丝合捻的夹丝纱线和花式纱线等。精纺毛织物多采用股线，个别品种采用双经单纬，如派力司。一般精纺毛纱线密度范围为 12.5~33.33tex×2（30/2~80/2 公支）。

**4. 变形纱与其他新式纱线**

（1）变形纱主要类型。

①弹力纱。弹力纱具有优良的弹性变形和回复性能，而蓬松度一般。主要用于弹力织物，锦纶长丝变形丝为主。

②低弹丝。低弹丝又称为变性弹力纱，具有一定程度的弹性，即弹性伸长适中，螺旋卷曲多，具有一定的蓬松性。由这类纱织成的织物，尺寸比较稳定。

③膨体纱。膨体纱又称蓬松变形纱，主要特点是高度蓬松，而且又有一定的弹性，多为腈纶。用于更追求蓬松性的一些织物，如毛衣、保暖性好的袜子、其他家居装饰织物等。

（2）花式线。花式线是指由芯线、饰线和固线通过特殊的加工方法获得的具有特殊外观、手感、结构和质地的纱线、其主要特征是纱线的横截面粗细不匀，表面带有纤维节、竹节、环圈、波浪、辫条等。纱线的颜色也十分丰富。花式线主要用于色织女衣呢、花呢类产品。花式线基本结构由芯线、饰线和固线三部分组成。

①芯线。位于纱中心，是构成花式线的主要成分，一般采用强力好的涤纶、锦纶或丙纶长丝或短纤。

②饰线。形成花式效应。花式线的色彩、花型和手感由它而定。一般选用手感、弹性和颜色鲜艳的毛或化纤纱。

③固线。用来固定花型，通常采用强力好的高支纱。

花式线的性能取决于纱的粗细、形式和加捻程度。一般来说，由花式线构成的织物强力较低，耐磨性差，容易勾丝和起球。花式线种类很多，常见的有圈圈纱、竹节纱、结子线、大肚纱、彩点线、雪尼尔线、拉毛线、段染纱等。

（3）用新型纺纱技术纺制的纱线。毛纺面料所用的纱线形式多样，有花式线、赛络纺纱、紧密纺纱、同向加捻纱，特高支纱屡见不鲜，如采用 7.7tex（130 公支）高级羊毛，利用现代国际尖端技术开发的纯羊毛产品，其纱支达到了 5.9tex（170 公支），呢面细洁，光泽柔和。织物宁静而典雅，婴儿肌肤般的细腻，山羊绒般的质感，丝绸般的飘逸。

双组分，即由一根化纤长丝与一根毛纱并合，这样增强了纱线的强力、减轻了织物重量，并获得了高支轻薄、柔软、活络的手感效果。双组分纱可分为：包缠纱，毛纱对长丝直角包覆，化纤丝基本不露，用专用设备；包芯纱，以化纤长丝为芯，不外露；合捻纱，是指将化纤长丝与两根毛纱并合加捻而成，用于毛面啥味呢等织物。

紧密纺由于独特的纺纱原理，避免了传统纺纱机上产生的"纺纱三角区域"，使纱线表面毛羽下降，表面光滑紧密，并且纱线结构紧密、坚固，使后续加工工序减少，轻烧毛或不烧毛，同时减少了助剂、水、电、气等的消耗。而且，可使纱线在同样成纱强力的条件下，捻度显著降低，约20%，改变了纱的内部结构和性能，织物的光泽得到改善。耐磨性和回弹性好，印花和提花图案更清晰，但欠蓬松感。

### （三）组织设计与布边设计

#### 1. 组织设计

机织物的组织中，三原组织是各类组织中最简单、最基本的组织，经变化、联合、重叠、交叉等得到变化组织。

（1）平纹类组织。平纹是最简单的组织之一，平纹组织的经纬纱交织次数最多，纱线浮长最短，所以，平纹组织的织物有平整、细洁、布身挺括、质地坚牢的特点以及平、薄的特点。薄花呢、凡立丁、派力司等均采用平纹组织。但同样的平纹组织织物，如经纬纱线粗细不同、纱线线密度不同，或纱线的捻度、捻向和颜色的不同或搭配不一样，其外观效果也会有所改变，可使织物呈现隐条、隐格、绉纹、凸条、点子、条子、格子、闪色等不同的外观效应。

平纹在棉、毛、丝、麻各类风格的织物中均有运用。平纹中重平组织的织物外观呈现凹凸条纹，经重平呈横凸条，纬重平呈纵凸条，经纬纱配置不同，其效果还会有所变化，或增强，或减弱；方平组织，其织物外观平整，手感柔软有弹性，各种花呢常用 $\frac{2}{2}$、$\frac{3}{3}$ 方平组织，如板司呢。变化重平可突出凸纹或仿麻效果；变化方平可得到颗粒花纹或透孔效应。

方平组织的织物外观平整、质地松软。如配以不同色纱和纱线原料，则织物表面可呈现色彩美丽、式样新颖的小方块花纹。中厚花呢中的板司呢采用方平组织，其他花呢和女式呢通常采用变化方平组织。方平组织常用作各种织物的边组织。

（2）斜纹类组织。斜纹组织相邻的经（纬）组织点构成斜线，使织物表面呈现连续的斜向纹路，斜纹组织的经纬纱交织次数比平纹少，浮长较长，使经纬纱间的空隙较小，纱线可排列较密，因此，斜纹组织织物比平纹组织柔软厚实，光泽好，弹性比平纹织物好，但坚牢度、耐磨性不如平纹织物。

斜纹组织表面斜纹线清晰的程度与纱线的捻向有关，可采用斜纹方向与斜纹支持面纱线相垂直。斜纹的角度与组织点飞数和织物密度有关。斜纹组织有单面斜纹与双面斜纹。单面斜纹的一面斜纹纹路清晰，反面则模糊，如单面华达呢、单面哔叽等；双面斜纹正反面的斜纹纹路都比较清晰，斜向相反，如双面华达呢、双面哔叽、啥味呢和花呢等。斜纹组织的斜纹线应平直，斜纹线之间的距离应均匀。如果在斜纹组织中缺了一根纱线，在布面上一定有一条缺线的疵点影响外观。

哗叽、啥味呢、华达呢、花呢、女式呢等都用斜纹，如加强斜纹、复合斜纹、山形斜纹、急斜纹、缓斜纹、曲线斜纹。

织物若配以较大经密，就可得到正面呈斜纹而反面呈经面缎纹的外观，即缎背，如缎背华达呢、驼丝锦等。除此以外，还有许多其他的斜纹织物，如山形斜纹的人字呢、海立蒙。在斜纹组织织物中，哗叽、华达呢比较难辨别。哗叽的原料有涤、毛、毛/涤、棉，斜纹纹路为50°左右，一般为双面的，但又有毛面和光面之分。斜纹粗且宽，手感柔软；华达呢，以毛、毛/涤、涤为原料，斜纹纹路63°左右，纹路细窄，品种有单面的、双面的、缎背的、手感较软。

（3）缎纹类组织。缎纹组织织物表面几乎完成由经浮长线或纬浮长线所构成，故布面光滑，光泽好，质地柔软，如直贡呢、横贡呢、驼丝锦、马裤呢等。缎背华达呢是缎纹变化组织织物，它们的一面或是平纹或是斜纹的特点，另一面则是缎纹的特点。

缎纹组织在棉、毛、丝等织物中都有应用，其中五枚和八枚缎应用较广。为了使缎纹织物更加柔软，常用捻度较小的纱线。经面缎纹的经纱，只要能承受织造时所受机械力的作用，力求降低其捻度。适当降低纬向缎纹的纬纱捻度，不致过多地影响织造的顺利进行。同样，纱线的捻向对织物外观效应有一定影响，经面缎纹的经纱或纬面缎纹的纬纱，捻向与纹路一致，则织物表面光泽明亮，如横贡缎，反之，则纹路光泽有所减弱，如直贡呢。变则缎纹一般用于顺毛大衣呢或女衣呢、花呢，但不如加强缎纹应用广泛。

组织不同，织物的外观效应也不同，以同样原料、同样纱线规格织制织物，就光泽而言：平纹较暗淡，斜纹较明亮，缎纹最亮；强度、耐磨度：平纹最好，斜纹次之，缎纹最差；密度：缎纹可达最大，斜纹次之，平纹最小；风格、外观：缎纹，柔软光滑；平纹，挺括有颗粒感，斜纹介于两者之间。

（4）联合组织类。联合组织类是指两种或两种以上的组织用不同的方法联合而成的一种新组织，条格组织、绉组织、蜂巢组织、透孔组织、凸条组织、网目组织等。常见的两种为条格、凸条和绉组织。

①条格组织。织物形成条格的方法包括粗细不同的纱线间隔排列、不同颜色的纱线间隔排列、凸条等。

条格组织织物是两种或两种以上的不同组织按照一定的方式排列形成，使织物表面呈现清晰的条纹外观，如果参与的组织纱线浮长差异较大，会引起织物的不平服。纵条纹用得比较多。如果参与的组织纱线浮长差异较大，会引起织物的不平服。凸条组织形成的条格，质地较厚，富有弹性，立体感强，在仿灯芯绒、花呢中利用较多。

②绉组织。绉组织以原组织或变化组织为基础，增减或调移原有组织点，或与其他组织联合而成，绉组织中利用织物中不同浮长的经纬纱线，在纵横方向交错排列，使织物表面形成分散性的小颗粒花纹，微呈凹凸起皱，这种组织较平纹组织手感柔软、厚实、弹性好，表面反光柔和，常用于女衣呢等，如树皮绉女衣呢等。

③凸条组织。以一定的方式把平纹或斜纹与平纹变化组织组合而成，使织物外观具有经向的、纬向的或倾斜的效应，又称灯芯条组织。凸条表面呈现平纹或斜纹组织，凸条之间有

细的凹槽。凸条毛花呢，由于反面的纬浮长线互相靠拢、紧缩，而使平纹组织拱起形成纵向凸条。浮长一般不少于 4 个组织点，否则凸条纹不明显，也不能太长，质地松软，缩水率太大。

（5）复杂组织。基础组织和变化组织大多是由一组经纱和一组纬纱相互交织而成的。复杂组织，则是一组经纱与两组纬纱或两组经纱与一组纬纱，或两组以上经纬纱共同交织而成。

复杂组织的结构能增加织物的厚度而表面致密，或改善织物的透气性而结构稳定，或提高织物的耐磨性而质地柔软，或得到一些简单组织无法获得的性能和花纹等。

①二重组织。它是复杂组织中最简单的组织，经纱或纬纱在织物中呈重叠状配置，不需采用高特数纱线即可增加织物厚度和重量，又可以使织物正反面获得相同或不同的外观。经二重组织在花呢中应用较多。

②双层组织。利用双层组织，可在一般织机上得到管状织物，或在窄幅织机上生产宽幅织物。用两种或两种以上的色纱分别作表里经纬纱，并按一定图案交替更换表层与里层纱线的位置，可构成配色模纹，其中以表里换的双层平纹组织用得较多，如鸟眼花呢。

另外，女衣呢中也常采用接结经或接结纬的双层组织。表里换层的双层花呢，两层的颜色、组织都不一样，给人一种神秘莫测的感觉。

这类织物的结构中有两层，表经表纬，里经里纬，此两层可在中间连接，形成织物的双面为不同组织或颜色等，即连在一起的两层具有不同颜色，或不同组织，或不同原料，可制作两面穿而没有缝头的服装，或两面性能不一、表现不一的服装。表层一般采用品质较好的纱线，以增强织物外观效果。里层有时只是为了增加织物厚度和重量，因而可用支数较低、品质较差的原料，如接结双层。

（6）组织与纱线的配合应用。

①凸条效果花呢。凸条组织配以特殊的纱线，使凹凸效果除了结构上的变化外，还与纱线的变化形式形成巧合，地和花的衬托，加以特殊的工艺可制成灯芯条似的风格，手感丰厚、立体感强，新颖而别致。

②浮线较长的几何花型。花型活跃，配色鲜明，大起大落，跌宕起伏，此种产品应注重其实用性，浮线避免过松过长，以防穿着过程中意外牵伸。

③渐进的、不规则递进的花型。纱线排列较大，朝着一个方向渐进的色纱或粗细条、凹凸条等交替排列，给人视觉上一种收放自如的凝聚与放射交替的感觉。

④精粗纺纱交织织物。经精纺、粗纺纱巧妙搭配，似一幅完美的工艺品，又犹如针织品效果。

⑤花式纱花呢。彩点呢，有彩点、有素点，有散布性的，有按一定规律排列的，都给人一种天然造就的感觉。

⑥金属丝花呢。闪烁金属光泽，熠熠生辉，浮于织物表面，织就各种意念中的花型，使人感到自信而不张扬，坚毅而不呆板。

⑦仿古木纹理的花型。利用不规则的粗节纱和经纬异色的排列，使呢面出现断断续续的

凸条，似树木纹理，自然而逼真。

**2. 布边设计**

（1）布边作用。布边具有增强织物布边强力，可防止织物宽度上过分收缩，并且保持织物平整、美观的作用。

（2）布边的要求。

①布边平直，质地结实，组织简单，纺织染整加工过程中的卷边现象。

②边组织与地组织交界处，尽量避免有过长的纬浮线，以免影响外观。

③采用比地组织经纱缩率小的毛纱作边纱，对减轻卷边现象有效果。

（3）布边组织。平纹组织是最普通的布边组织之一，适用于地组织为平纹的织物以及一般经纬密度适中的小提花织物。斜纹组织适用于地组织为各类斜纹的织物，如啥味呢。采用边、地组织反斜向可防止整理时的卷边。方平组织适用于地组织为斜纹、重平、变化、联合组织，提花组织等纬密较高的织物，布边垂直，紧密。

另外，纬重平、$\dfrac{3}{2}$变化经重平也常用于布边组织的设计中。纬重平组织的布边与平纹组织布边的性质相同，而$\dfrac{3}{2}$变化经重平用于驼丝锦织物。

（4）边字设计。布边多采用织制英文反映织物的特征、原料成分、厂名、商标等。边字分有衬底和无衬底两种。有衬底边字用于中厚花呢、华达呢、啥味呢、贡呢等中厚织物；无衬底边字用于派力司、凡立丁等薄型织物。

边字的高度取决于起字筘号、经纱根数和每筘穿入数。因为字是倒的、横的。

$$字高 = 起字经纱所占用的筘齿数 \times 10 / 筘号$$

起字经纱数可用 10~13 根，厚重织物可用 15~20 根，薄型织物可用 7~8 根，每筘穿入经纱数过多，边字变窄，厚度增厚，剪毛时会剪破组织。边宽通常取 1~1.5cm。有衬底的织字边，衬底应在字的两端各留出 0.1~0.2cm，布边穿筘密度大于布身 50% 左右。

边字宽度取决于起字纬纱根数和成品纬密。边字的高度和宽度以匀称大方为宜。

$$边字宽度 = 起字纬纱根数 / 成品纬密$$

边字配色常用黑底配白、金黄或其他色。漂白织物为防黑底泛色可配白底。

（5）常见边字。边字通常用大写英文字母表示，如边字常出现 ALL WOOL、PURE WOOL、MIXTURE（MIXED）（混纺的）、SERGA（哗叽）、GABARDING（华达呢）、QUALITY、100% ALL WOOL FANGY SUITING、WHIPCORD（马裤呢）等。

（6）边字设计实例。2/2 为地组织，当经纱排列紧度不大时，地组织与边组织可相同；如经纱排列紧度较大，可用方平、反斜纹或重平组织为边组织。

**（四）织物密度、紧度设计**

织物的密度对织物的风格、手感、外观、强力等性能以及织造加工等都有影响，是织物结构的主要因素。对于精纺毛织物的紧度来讲，通常有：

$$E = P \times d = \frac{0.043 \times P}{\sqrt{N_m}}$$

式中：$E$——织物紧度；

　　　$P$——织物密度，根/10cm；

　　　$d$——纱线直径，mm；

　　　$N_m$——纱线公制支数。

密度确定一般可根据勃利莱经验公式，计算出方形织物最大上机密度，再结合紧密程度百分率的经验值得出上机密度。织物上机最大密度是指在正常工艺条件下可能达到的最大纱线密度，取决于纱线线密度、组织结构、纤维体积质量、纤维在纱线中的压缩程度和纱线在织物中的变形情况以及织机的机械特性等。

$$P_{max} = \frac{1350 \times f^m}{\sqrt{Tt}} = 42.7\sqrt{N_m} \times f^m$$

经纬密度、线密度不相同的织物有：

$$P_w = Kf \times P_j^{\frac{-2\sqrt{N_{mw}}}{3\sqrt{N_{mj}}}} = Kf \times P_j^{\frac{-2\sqrt{Tt_j}}{3\sqrt{Tt_w}}}$$

式中：$P_j$，$P_w$——织物经纬密度，根/10cm；

　　　$P_{max}$——方形织物最大上机密度，根/10cm；

　　　$Tt_j$，$Tt_w$——经纬纱线密度；

　　　$N_{mj}$，$N_{mw}$——经纬纱线公制支数；

　　　$Kf$——方形织物的计算常数；

　　　$F$——织物组织的平均浮长；

　　　$m$——织物的组织系数。

上机紧密程度百分率计算公式如下：

$$r = \frac{Pf}{P_{max}} \times 100\%$$

式中：$Pf$——实际上机密度。

精纺毛织物的上机密度一般是理想最大密度的73.5%。工厂中常用的 $r$ 值见表6-9。

表6-9　工厂常用的 $r$ 值

| 紧密程度 | 全毛品种 | 特紧 | 紧密 | 一般 | 松 | 特松 |
|---|---|---|---|---|---|---|
| $r$（%） | 88~92 | 95以上 | 90~95 | 80~90 | 75~80 | 75以下 |

### （五）色彩设计

#### 1. 色彩概述

在人们对服装的审美过程中，最直观的感受来自衣料的色彩和质感。对于有关服装审美的所有因素而言，色彩是最复杂多变，最有表现力，同时又是最大众化的要素。除在个别情况下，织物会保留纤维材料的固有颜色，织物的色彩大多来源于染色。每种材料都有相对适合上染的染料种类和颜色范围，染色加工效果也存在许多差别。在工厂中常用色卡来衡量织物的色彩，它具体表示了各类织物所有可能的颜色和实际效果。

色彩有三个基本要素：色相、明度和纯度。任何一种具体的颜色都包含这三个属性，这实际上是人的视觉对色彩的一种度量。色相是一定波长的色光，是色彩个性的基本方面，它能够在感觉上给人造成冷、暖、远、近、面积和重量大小等不同的印象，还可以引起人的联想。色彩的明度取决于吸收或反射光线的总体比例。如白色仅吸收不足10%，黑色吸收95%以上，纯度是指色彩的鲜艳程度，事实上，它是衡量颜色分量大小和配比的尺度。对色彩的纯度的不同评价反映了人的色彩品位和敏感程度。

任何一种色彩合成都有其独特之处，但它必须遵循色彩审美的原则。

在色彩的三要素当中，色相的表现力是最强的，这是因为它决定了色彩的性格。在这方面，人们对色彩的认识相当统一，而且十分稳定。此外，它的重要作用还表现在象征性方面。之所以色彩能够对人的心理起作用，主要是由于人的联想和传统习惯使色彩与某种事物建立了相互对应的关系。

红色是血与火的颜色，最刺激、最鲜艳。它是喜庆、幸福、权威和崇高的象征，焕发着热烈、欢快的情绪。因此，红色是人们普遍喜爱的颜色；黄色，是阳光的化身，它有光明、温暖的本性。给人的印象是明朗、单纯和富于幻想的。金黄色则象征富有、高贵和文明。黄色具有很强的装饰性；绿色是植物的颜色，象征着生命之源。它既有青春的活力又含蓄而柔顺，给人一种平和、安详和宁静的感觉；蓝色来源于天空和大海，显得深远而博大。它在压抑的情感中萌动着希望。蓝色沉静、严肃、稳重、大方，是制服常用的颜色；紫色同时包含着红色的热情和蓝色的冷静，所以，它既神秘又庄重，既典雅又鲜艳，是敏感、任性的色彩。淡而柔和的紫色是很漂亮的；粉红色柔和而又亲切，浪漫当中充满了天真，象征着纯情、淡雅和梦想。因此，粉红色始终是女性的代表色。

属于无彩色系的黑、白、灰，简单、直率，意味无穷，因此，永远保持着它们的魅力。白色象征着纯洁、透明和自尊自爱，常被作为婚纱的颜色，白色就像云朵和浪花，具有外显的性格；黑色象征正直、渊博和深邃，被用于庄重的礼服和法衣。黑色是属于包容性的；灰色是黑与白结合的产物，在朴素中包含着精致、高雅和超脱。灰色是一种很中庸的颜色，象征着协调、矜持、淡漠、随意。

织物的色彩构成无论采用什么形式，它们都具有共同的审美特性，一般可以概括为以下几个方面：

（1）符号性。色彩充分体现了它应用于服装的象征作用，如红色用于喜庆场合或表现人热情、奔放的个性；标志作用，如粉红色表现为浪漫的、女性化的标志；写实作用，如水果色、金属色、泥土色等在服用面料上的应用。

（2）艺术性。织物色彩和图案的设计称为染织艺术设计，它遵循着色彩的对比、协调等造型艺术的规律，通过艺术设计人们可以从织物的色彩组合中感觉到顺序、比例和平衡；从一种色彩到另一种色彩的过渡中体会节奏；从精美的图案中欣赏到各种装饰艺术风格。总之，对服装面料色彩的选择、设计，也是人们日常生活中，面料设计人员的艺术实践。

（3）趣味性。正如美的标准无统一的尺度，对于面料的颜色，人们的爱好差异性很大。每个层次的人偏爱的色彩表示着不同的审美趣味：青春少女喜欢活泼、明朗的色彩，而成熟的女性则以庄重、高雅为美。正是由于趣味的不同，才造成了审美的层次性和多样化。对于设计人员来讲，就要根据不同的消费群体选择不同的面料色彩，迎合市场的需要。

（4）流行性。每个季节，服装都在变换着它的色彩。一方面符合自然界色彩更替的规律，另一方面反映了人们求新求异的心理特征。在服装的流行中，面料的色彩是最重要的因素之一，因此，设计者紧跟时代潮流，选用流行色进行织物设计，这样的面料具有更高的审美意义和实用价值。

**2. 精纺毛织物色彩的要求和构成**

（1）精纺毛织物要求体现庄重、高档的风格。

（2）毛条混色时不能形成明度对比强烈的毛条混色，也不能采用色相对比强烈的毛条混色，只能用色相、明度较接近的毛条混色。

（3）花式线（花线）是由两根或多根不同颜色的单纱，经过花式捻线机或其他专用设备加工而成的股线。还可采用不同原料、不同纱支、不同捻度、不同捻向、不同长度的配合和并捻，从而得到更富有艺术性的花线。

花线与单纱相比，表面光滑，色泽良好，手感较好，色彩绚丽，外观别致。又因采用不同纤维，可以发挥各种纤维的特点，扬长避短，提高织物的质量，由于花线有上述种种优点，故常在织物中用作点缀，突出格形，增强花纹的立体感。

（4）嵌条线在织物中能起到点缀和衬托底色的效应，如配合得当，就能使织物色调明快雅致，增加织物的高贵感。嵌条线的构成方式主要有以下几种。

用不同的纱线结构，例如用多股线（包括异色、异支的股线）、正反捻纱、花式纱线、丝光棉纱、涤纶长丝及一般异色毛纱等，均可作嵌条线用。

用不同的组织，例如在平纹地上织斜纹条或缎纹条，在斜纹地上织方平条，或急斜纹条，在正斜纹地上织反斜纹条等。

改变配色地纹的色纱排列顺序。由于色纱的排列改变，势必破坏了原料的配色花纹，形成另一种花纹的嵌条。

嵌条线的用量虽少，但种类繁多，加工要求也很高，使嵌条线尽可能规格化和系列化，以便统一掌握。

**3. 配色（色彩配合的一般规则）**

色彩配合是织物艺术处理的一个重要组成部分。配色的总原则是：调和、对比、统一、变化八个字。还要注意浓淡、层次、面积大小、色相纯度等条件。一般规则如下：

（1）基本色调的确定（相同色相的颜色在变淡、变深、变灰时的面貌）。基本色调的确定主要考虑五方面，深色调、中深、中、中浅、浅。根据产品用途、对象和服装款式而定。例如，夏令上衣和内衣用料，色泽以浅色、中浅色为主。又如做裤料用的，基本色调以中深、中、深色为多。同时，要有主色调，不要平均对待各色，这样更容易产生美感。

（2）注意用色比例。用色比例是指所用各色块面积的大小，即地色、陪衬色、点缀色这三者的比例要适当。主色，一般面积大、色泽纯度不宜太纯、太刺激。陪衬色：起衬托作用，要突出主色而不能压倒主色，也不能过于夺目。点缀色：用量虽少，位置却很重要，对产品起画龙点睛的作用（明度、纯度都比较高）。鲜艳明亮的色彩面积应小点。

（3）运用同种色（指同一色泽深浅不同，如蓝、中蓝、浅蓝或红、大红、浅红等）。同种色多数为渐层式处理，因而要区别色阶层次，不宜过近或过远。太近则萎暗无神，界限不清；太远又失去层次感，显得生硬脱节。在使用比例上，深色面积要小，浅色面积要大，从深到浅，既调和又清晰，效果较好。

（4）同类色（相邻色或邻近色）。如红、紫，红、橙，绿、蓝，黄、绿在一起，易于得到统一醒目的效果，但要注意色光要区别大，色泽深浅程度要有区别，才能显出层次。红和紫并置，红色偏紫，紫色偏暗；红和蓝并置，红偏蓝，蓝偏红；黄和绿并置，黄偏橙，绿偏暗。

（5）灰色。灰色与任何色泽配合都比较协调，但要注意色泽浓淡的配合，如浓艳的色彩要用深灰来衬托，淡雅的色彩要用浅灰来衬托才能恰到好处。

（6）色相使用。要防止色相过多，黑色成糊，白色分散的弊病。过于刺目的颜色要少用，以免给人不安的感觉。要做到既不火爆，又不模糊，同时，各种颜色配在一起时，必须有某一因素（色相、明度、纯度）占统领地位，有共同点。

总之，一个产品造型的明朗大方，与色彩配合的关系很大，织物的立体感，是色彩、组织、图案三方面互相结合的综合结果。

### 四、精纺毛织物规格设计与上机计算

#### （一）精纺毛织物工艺设计的依据

（1）要加强调查研究市场信息，根据市场需要设计适销对路的产品。精纺呢绒品种繁多，而消费者的爱好需求在不同地区、不同时间是有差别的，因此，设计人员必须深入调查研究，注意市场信息（包括工业生产、商品流通、消费能力等信息），及时了解国内外市场动向，掌握销售地区的气候、风俗习惯、人们生活爱好以及政治经济情况。从而设计相应的产品，使品种花型适销对路，有独特的风格，并有新颖的感觉，务求实物质量优，有高档感，并使单位重量、幅宽、原料成分（即价格）等适合市场需要，以便销售。

（2）要根据原料资源的供应情况，做到以产（产品）定料（原料）与以料定产相结合，在保证产品质量的前提下，力求物尽其用。织物的质量，包括产品规格、外观质量、服用性能等，是由所用原料、织造规格及加工工艺综合决定的。设计人员必须熟悉各种纤维的性能、针对品种的用途和风格特征等方面的品质要求，适当选配原料成分，做到以产定料。

如果可能供应的原料与某些的质量要求不相适应时，就必须考虑产品设计方案，生产与原料相适应的品种，做到以料定产。

（3）要根据生产单位的设备能力和生产技术条件来设计适当的产品规格及其工艺，如纱支、织造幅宽、花纹组织及染整工艺等。

（4）产品设计要全面考虑，综合平衡，不可偏废。产品设计与产品的产量、质量和成本之间的关系极为密切，既有共同的一面，又有若干矛盾的一面。

因此，设计人员既要具有创新的思维能力和艺术欣赏能力，了解全面生产技术，运用设计的技巧，还要掌握经济核算思想，考虑成本分析，才能全面地做好设计工作。总之，需要调查目标市场，设计做到适销对路，生产上要保证原料供应和产品质量。

### （二）精纺毛织物设计方法

#### 1. 仿样设计

设计人员必须对来样进行认真研究，仔细分析其外观特征、手感、风格，了解和掌握织物组织规格和后整理，只有这样才能使仿制出来的产品符合来样要求，达到应用的效果。有时仿制比创新难。仿制工作也应该贯彻仿制中有改进提高的精神。把改进提高部分向客户反映和说明，使仿制产品能更加符合生产单位或消费者的要求。仿样设计的步骤为：

（1）分析来样以获得必要的设计资料。正确的分析结果对制定产品的规格和纺织染工艺均有重要的指导作用。分析过程要仔细，并且该在满足分析的条件下尽量节约布样。

（2）确定产品的主要结构参数，如原料、纱支、捻度、捻向、组织。

（3）设计织物的纺、织、染工艺流程及工艺参数。

（4）小样试织，并分析数据，进行调整。

（5）先锋试样的试织。先锋试样是正式投产的依据，必须记录全部数据，与来样对比分析，不合适的须调整。

（6）仿制成功后放大样。

#### 2. 改进设计

根据客户对织物的身骨风格、花型以及内在质量等方面进行改进。它是改进产品质量和外观效应的重要途径。主要内容有：

（1）经纬密度，织物紧密程度的改进。

（2）经纬纱细度、捻度和捻向的改进，纱线结构。

（3）原料的选用和搭配。

（4）组织与花纹图案配色的改进，组织色纱排列。

（5）各种上机规格的改进，各道工艺措施的改进。

注意，外样客户的要求是改进设计的依据，参考类似的品种确定规格和工艺参数，尽量达到要求，先锋试样。

#### 3. 创新设计

为满足广大消费者的需要，常需要采用新原料、新工艺、新技术、新设备等设计生产织物，凡所设计的产品与其中一项相符合，就可视为新产品。

当采用新型纤维材料时，首先要研究原料的性能，设计纱线的结构、原料组合；当采用新型纺纱时，要想合理使用这种纱线，开发出最理想的产品，必须重点研究纱线的结构与性能，确定纱线组合方式；当织物的外观体现新的花纹图案或独特的外观效果时，研究此种花纹图案适用的对象与织物用途，特殊外观产生的原因。

创新设计的一般设计步骤：构思使用对象和用途确定织物设计的总体方案（要考虑流行

性、新奇感、美观、实用）→选择原料→确定纱线结构→织物组织结构设计→花纹图案及配色设计→织物规格设计→工艺流程和工艺参数设计→确定织物后整理工艺。

设计时应注意：

（1）选择组织时要考虑重量档次。

（2）织物风格、弹性、挺括、滑爽。

（3）后整理的特点。

**4. 定位设计**

应根据产品的用途，使用对象、市场需求、企业生产条件等进行产品设计。

**（三）精纺毛织物规格**

（1）幅宽：一般规定为144cm或149cm，外销精纺呢绒一般为149cm或154cm。

（2）匹长：按订货要求来定。一般大匹为60~70m，小匹为30~40m。轻薄织物小匹为50~60m，大匹可达90m。

（3）经纬纱纱支、密度及织物组织。

（4）单位面积重量。

（5）加工工艺特点。

**（四）织物的上机资料**

工厂生产或贸易过程中，需要制订或保存织物的上机等相关资料。主要包括：

（1）产品的品名、品号、风格要求、染整工艺等。

（2）原料构成及品质特征。

（3）纱线结构：纱线线密度、捻度、捻向、合股方式。

（4）经纬纱密度。

（5）上机筘幅、筘号和筘入数。

（6）总经根数、地经根数、边经根数。

（7）织物上机图、布边组织、经纬色纱排列循环。

（8）织物匹长和织物单位面积质量。

按既定匹长和幅宽设计产品时，应考虑原料与纺纱、织物组织与经纬密度、织造工艺与染整加工工艺等因素，来确定织物的长缩和幅缩。织物的幅宽限制较严格，而其变化又较大，应特别注意对幅缩的考虑。

织物的染整重耗是指织物在整理时重量的变化，主要包括织物含油量的减少，烧掉的部分绒毛，成品与原料间回潮率标准变化等。一般全毛条染织物4%~5%，全毛匹染、浅色重耗多，深色重耗少。化纤织物取1%~2%，毛混纺织物因含毛量多少而不同。

**（五）精纺毛织物的工艺设计及成品规格设计**

**1. 设计参数**

（1）经纬缩率。经纬缩率包括织造缩率和染缩率。不仅影响织物工艺设计中的某些重要工艺参数，如整经长度、筘幅、筘号、用纱量等，而且对成品的强力、弹性、手感和外观均有影响。与原料构成、染整加工工艺、织物组织、经纬密度、纺纱和织造工艺等有关。

（2）染整重耗。染整重耗主要是在染整过程中因拉毛、剪毛等的落毛损耗所致，也与和毛油及其他杂质的清除有关，涉及加工工艺和原料性能。其计算公式如下：

$$染整重耗 = \frac{坯布匹重 - 成品匹重}{坯布匹重} \times 100\%$$

**2. 设计内容的计算**

（1）匹长。

$$坯布匹长 = \frac{成品匹长（m）}{1 - 染长缩}$$

$$整经匹长 = \frac{坯布匹长（m）}{1 - 积长缩}$$

（2）幅宽。

$$坯布幅宽 = \frac{成品幅宽}{1 - 染幅缩}$$

$$上机幅宽 = \frac{坯布幅宽}{1 - 织幅缩}$$

坯布的上机筘幅随总净宽率的增减而变化，而总净宽率又随产品特征、品质要求、原料性能、织物密度、织物组织及缩绒与起毛的程度而异。

（3）经密。

$$上机经密 = 筘号 \times 每筘穿入数 = 坯布经密 \times（1 - 织幅缩）$$

$$坯布经密 = 成品经密 \times（1 - 染幅缩）= \frac{成品经密 \times 成品幅宽}{坯布幅宽} = \frac{总经根数 \times 10}{坯布幅宽}$$

（4）纬密。

$$坯布纬密 = 成品纬密 \times（1 - 染长缩）= \frac{上机纬密}{1 - 下机坯布长缩率}$$

$$上机纬密 = 坯布纬密 \times（1 - 下机坯布缩率）$$

注：精纺毛织物下机坯布缩率一般取 2%~3%。

（5）总经根数。

$$总经根数 = 地经根数 + 边经根数$$

$$= \frac{上机幅宽 \times 上机经密}{10} = \frac{成品幅宽 \times 成品经密}{10} + 边经纱数 \times \left(\frac{地组织每筘穿入数}{边组织每筘穿入数}\right)$$

$$= 每厘米筘齿数 \times 筘入数 \times 上机筘幅$$

（6）坯布重量。

$$每米坯布经纱重（g）= \frac{总经根数 \times 1 \times 经纱特数}{1000 \times（1 - 织长缩）} = \frac{总经根数 \times 1}{（1 - 织长缩）\times 经纱支数}$$

$$每米坯布纬纱重（g）= \frac{坯布纬密 \times 上机幅宽 \times 纬纱特数}{1000 \times 10} = \frac{坯布纬密 \times 上机幅宽}{纬纱支数 \times 10}$$

$$坯布米重（g）= 每米坯布经纱重（g）+ 每米坯布纬纱重（g）$$

$$每匹坯布经纱重（kg）=\frac{总经根数×整经匹长×经纱特数}{1000×1000}=\frac{总经根数×整经匹长}{1000×经纱支数}$$

$$每匹坯布纬纱重（kg）=\frac{坯布纬密×上机幅宽×纬纱特数×坯布匹长}{1000×10×1000}$$

$$=\frac{坯布纬密×上机幅宽×坯布匹长}{纬纱支数×1000×10}$$

每匹坯布重=每匹坯布经纱重+每匹坯布纬纱重=坯布米重×整经匹长×织造净长率/1000

（7）成品重量。

$$每米成品经纱重（g）=\frac{总经根数×1×经纱特数×(1-重耗)}{1000×(1-织长缩)}$$

$$=\frac{每米坯布经纱重×(1-重耗)}{1-染长缩}$$

$$每米成品纬纱重（g）=\frac{成品纬密×上机筘幅×纬纱特数×(1-重耗)}{1000×10}$$

$$=\frac{每米坯布纬纱重×(1-重耗)}{1-染长缩}$$

成品米重=每米成品经纱重+每米成品纬纱重

$$成品每平方米重量=\frac{每米成品重×100}{成品幅宽}$$

（8）用纱量。

$$每匹坯布经纱用量=\frac{总经根数×整经匹长}{经纱支数×1000}$$

$$每匹坯布纬纱用量=\frac{坯布纬密×上机幅宽×整经匹长×(1-织长缩)}{纬纱支数×10×1000}$$

$$=\frac{坯布纬密×上机幅宽×坯布匹长}{纬纱支数×10×1000}$$

每匹坯布用纱量=每匹成品经纱重+每匹成品纬纱重

## 五、精纺毛织物风格与后整理工艺

### （一）染整工程的特点

由于精纺毛织物的特殊风格要求，因此需要有相应的后整理工艺相匹配。其后整理工艺的特点为：

**1. 复杂性**

采用的化学助剂多，机械设备多。

**2. 灵活性**

通过调整工艺可改善产品质量、重量，使之符合要求；另外，也可以通过跳道、缩道等简化工艺流程。

**3. 重要性**

与最终制品的质量密切相关。

**（二）整理的种类、作用和质量要求**

**1. 整理的种类**

（1）光面及绒面整理。对呢绒表面进行烧毛、洗呢、缩呢、剪毛等干湿综合整理，使之获得良好的成品质量。

（2）膨软整理。毛织物通过膨软整理，达到蓬松、柔软的效果，以充分体现羊毛的特性。

（3）定形整理。织物可通过煮呢、烘呢、蒸呢、热定形、电压等工艺得以定形。

**2. 整理的作用**

毛织物经过整理加工可以充分展示羊毛特性，改善羊毛织物的身骨、手感、弹性和光泽，提高服用性能，使织物获得优良的质量和一定的外观。其主要作用如下：

（1）修除纺织疵点，如毛粒、粗节、粗纱、弓纱、草屑、油污、飞毛等。

（2）去除油污，洗净织物，为后道整理做好准备，增加光泽。

（3）消除应力，使织物中的羊毛纤维蓬松收缩而增厚，获得丰满的手感。

（4）运用缩呢、剪毛等工艺，使织物形成所需的外观风格。

（5）通过定型，保持尺寸稳定性，减少穿着变形。

（6）根据特种整理要求，使织物具有防缩、阻燃、防水、抗静电等性能。

**3. 整理的质量要求**

（1）消除外观疵点。

（2）达到物理指标，如织物规格、重量、幅宽、缩水率、色牢度等。

（3）保证织物风格质量，织物质量包括手感质量、定型质量、呢面质量、色泽质量。

**（三）后整理工艺**

**1. 车间通用工艺流程**

生修—生修二道—烧毛—单浸—双煮—洗呢—吸水—双煮—（染色）—吸水—双煮—吸水—轧浆—烘干—（二次湿整）—中检—熟修—熟修二道—刷毛—剪毛—定形—揩油—给湿—蒸呢/罐蒸—预缩连续蒸呢—给湿电压—轻蒸—成品

**2. 后整理工艺项目**

（1）烧毛工序。

①烧毛工序的任务和目的。精纺织物经过烧毛，烧去表面的绒色，使呢面光洁，纹路清晰，还可以减少涤纶的起毛起球现象。

②烧毛机的主要构造及其作用。LMB002型烧毛机主要由火口、火口冷却辊、刷毛箱、冷却辊、落布架以及其附属设备汽油汽化器构成。其中火口为狭缝内燃式，这种火口燃烧充分，火焰呈直角射向布面，可获得最强烈的烧毛效果。火口冷却辊的作用是在织物内侧形成一个冷却层，可避免火焰穿透织物，仅与织物表面及交织处烧毛，并使织物保持在相对冷的状态，减少纤维高温受损。刷毛箱由两组刷毛辊组成，能够刷起坯布绒毛，有利于烧毛，并

且还有刷去毛灰、杂物的作用。冷却辊内通过冷水循环，能将烧毛后的织物温度冷却在 50℃
以下，具有一定灭火和提高织物手感的作用。落布架能够保证呢坯落布平齐，有利于下道工
序上活。

③烧毛工序的工艺因素及对质量的影响。根据产品的风格要求、织物的厚薄及紧密程度
决定烧毛的火焰强弱、织物与火焰的距离、呢速及烧毛次数等工艺条件。

火焰强度和呢速火焰分强火焰和弱火焰两种。强火焰为光亮的蓝色火焰，竖直有力，温
度在 800~900℃；弱火焰为黄红色的软火焰，温度在 650~750℃。烧毛的呢速一般为 60~
80m/min。火焰强度和呢速应根据产品而定，一般纯毛和毛涤品种可用强火焰快速烧毛，但
应按具体产品的质量要求、设备性能和实际烧毛效果而恰当运用，避免强烧损伤纤维，使织
物板、糙或烧毛不充分、呢面不光洁。

薄型织物，如凡立丁、派力司，薄花呢等，要求呢面光洁、织纹清晰的，通常正反面都
经强火焰快速烧毛。中厚花呢要求手感丰厚柔软，由于烧毛对羊毛有损伤，影响手感柔软，
一般尽可能不经烧毛。但华达呢、贡呢类等要求织纹清晰，可弱火焰慢速烧毛或仅正面烧毛。
浅色条染和匹染织物，烧毛时通常不宜用强火焰，以防呢面色泽泛黄，产生陈旧感。火焰与
织物表面的角度也影响烧毛效果。如火焰与织物呈直角，织物组织内的绒毛易于烧掉；火焰
与呢面呈锐角，则效果与剪毛相似。

④注意事项。

a. 折幅时平整，缝头平齐。不同品种、不同幅宽坯布缝头时，将一头对齐，避免中间打
折，烧毛时产生烧毛痕。

b. 折幅时注意检查呢面是否有局部受潮，若有可暂不烧毛，呢面沾有的线头、毛球清除
干净。

c. 呢坯进机前点火调整火焰、布速，要求在引布上进行。第一匹落布后，检查有无烧毛
痕或呢面发毛，进行相应调整，以达到质量要求。

d. 火焰状态稳定后，及时巡回，注意呢匹平整度、火口变化、呢坯落布情况，烧毛结束
后，在引布上熄火。

烧毛常见疵点及分析见表 6-10。

表 6-10　烧毛常见疵点及分析

| 疵点 | 产生原因 | 防止方法 |
| --- | --- | --- |
| 横条印/<br>擦板印 | 火焰跳动<br>呢坯运行不正常，呢面抖动 | 燃烧气体与风管的调节要适当，保持鼓风机风泵<br>压力稳定，缝头正常<br>烧毛前，呢坯折幅要整齐，运行时张力要均匀 |
| 烧毛经档<br>（条痕或烧毛不匀） | 喷火口局部因毛灰纱头堵塞，火焰高低不<br>齐，合成纤维混纺织物更易发生<br>烧毛前，呢坯折叠不齐，烧毛运行不正常 | 必须经常检查并清扫火口，防止堵塞<br>烧毛前呢坯折幅要整齐，进机时保持呢面平整 |
| 烧毛洞 | 机内毛灰过多或烧毛时毛灰、纱头成球，<br>燃烧而落在呢面上，特别是黏胶织物 | 做好机内清洁工作，呢面上的纱头要在修呢时<br>修清 |

续表

| 疵点 | 产生原因 | 防止方法 |
|---|---|---|
| 烧坏呢匹 | 薄型织物烧毛时火焰太强，车速较慢<br>含涤产品生坯定型后未经散热处理即烧毛<br>缝头不牢，中途脱头<br>机械发生故障，突然停车 | 根据不同产品掌握呢速，火焰、距离等<br>生坯定型后应散热后方可烧毛<br>缝头应平整，牢固<br>注意设备维修，保持机台正常运转 |
| 局部发毛 | 火焰未调节好，呢坯就进机或停车前火焰过早熄灭<br>呢坯局部受潮 | 呢坯在进机前，应按规定工艺操作，调节好火焰，停车时，应在呢坯全部过火焰口后，再关闭燃烧气体<br>避免呢坯受潮 |

（2）煮呢工艺。

①煮呢工艺的目的。毛织物在一定的温度、湿度、时间、张力和压力的作用下，发生定形效果，使织物呢面平整，有良好的手感、光泽、弹性和尺寸稳定性。化纤产品经过煮呢，还可使织物平整，改进手感、光泽。

②煮呢设备。包括单槽煮呢机、双槽煮呢机、蒸煮联合机等。

a. 单槽煮呢机。张力、压力较大，煮后织物光滑平整、光泽足、手感滑挺，有利于消除前道工序产生的折痕；内外层温度差异较大，要翻身调头煮呢，效率较低；适用于要求手感滑、挺、爽的薄型织物，对中厚织物，要注意工艺条件的选择。

b. 双槽煮呢机。张力、压力较小，煮后织物手感丰满、厚实、活络，贡子饱满；内外层温度一致，同一匹上的质量差异较小、水印（水花）产生的机会少；适用于要求手感丰满、柔软、活络的中厚织物和部分薄型织物。

c. 蒸煮联合机。卷轴进布用针板固定，经纬向张力均匀。煮呢匀透冷却彻底，煮后织物定型效果、手感光泽及弹性较好，生产效率高；内外层温差小，操作不当易产生边深浅、水印。适用于薄型及中厚织物。

③煮呢工艺因素。

a. 温度。温度越高，定型效果越好。但高温煮呢对染料耐煮牢度较差的织物易变色和沾色、煮呢温度一般为80~95℃，匹染后复煮，按染料耐煮牢度而定，为70~90℃。

b. 时间。热煮时间长，定型效果好。但超过一定时间，定型效果的提高并不显著。一般单煮时间20~30min，2次（第二次倒头），双槽煮呢约60min（2匹来回9~11次）。

c. pH值。偏碱性煮呢定型效果好，但高温碱性煮呢易使羊毛损伤，色光泛黄，手感粗糙，强力降低。漂白及白纱套格的花色产品，不宜偏碱性煮呢，防止泛黄。微酸性煮呢，染色织物可减少掉色，使色泽鲜明。因此，也可加入适量的醋酸，在pH值6.5左右的情况下煮呢。煮呢的pH值一般为6.5~8。

d. 张力、压力。煮呢的张力和压力对产品风格有很大关系。薄型织物宜用较大的张力和压力，煮后呢面平整、光滑、薄挺、光泽好。中厚织物及斜纹组织宜用较小的张力和压力，煮后手感丰厚活络，织纹清晰，贡子饱满。张力、压力过大，织纹贡子扁平，并会产生平面光。张力、压力过小，呢面不平整，薄型平纹织物会产生鸡皮皱现象。

e. 冷却。冷却越透，定型越稳定。冷却方法，有骤然冷却、逐步冷却和自然冷却。骤然冷却的织物，手感较挺爽，适用于薄型织物。逐步冷却的织物，手感较柔软丰满。自然冷却的织物，手感柔软丰满，弹性足，光泽柔和、持久。逐步和自然冷却的方法适用于中厚织物。骤然冷却为煮后将槽内热水放光，放满冷水冷却，或边出机边加冷水冷却；逐步冷却为煮后逐步加入冷水溢水冷却；自然冷却为煮后织物不经冷却，出机后卷在轴上在空气中自然冷却8~12h。

f. 工序安排。根据产品品种和质量的要求，常用的有以下三种。

先煮后洗、洗后复煮。优点：洗前煮呢，先初步定型，洗呢染色过程中可减少织物的收缩变形，防止呢面发毛，薄型织物要在洗前充分定型；洗后复煮可提高定型效果，使呢面平整，改进手感。缺点：油污渍较多的呢坯，煮后油污渍去除较困难；纺织疵点，如稀密档、筘痕、条干不匀等疵点易暴露；白坯或浅色呢坯，如和毛油的着色较深，衣粉印的颜色较浓，经高温煮呢后不易洗除。

先洗后煮。优点：产品手感较柔软丰厚；呢坯油污易于洗除；减轻经档、筘痕等疵点的暴露。缺点：薄型平纹及松结构织物易产生呢面不平、泡泡纱和呢面发毛；条格花色织物花型易变形。

染后复煮。优点：补充在染色过程中所损失的定型效果，增进平整度，压平前道造成的条折痕。缺点：温度过高易发生褪色、沾色、变色。套染直接染料的织物不宜复煮。

④注意事项。

a. 同机煮呢的呢坯应是色泽接近的产品，防止沾色。

b. 卷绕时两边要齐。应选择幅宽接近的呢坯同机煮呢，如有差异，缝头时两边要平均调整，幅宽差异大的应分开煮呢，防止发生边深浅。

c. 织边字的产品，卷绕时布边要交叉，不宜重叠，以免影响煮呢的平整度。

⑤常见疵点分析。煮呢常见疵点及分析见表6-11。

表6-11　煮呢常见疵点及分析

| 疵点名称 | 产生原因 | 防止方法 |
|---|---|---|
| 水花 | 单槽煮呢张力过大或不匀，压力过大，温度过高 | 适当掌握压力、张力、温度 |
| 呢面不平整、鸡皮皱 | 1. 张力、压力过小或温度过低<br>2. 薄型织物先洗后煮 | 1. 易出鸡皮皱的平纹织物宜采用高温并加大压力与张力煮呢<br>2. 采用先煮后洗工艺 |
| 边深浅 | 1. 卷绕时布边两边不齐，或幅宽差异大的呢坯同机煮呢<br>2. 机槽两边温差大（升温快）<br>3. 进布水温低，卷轴后升温 | 1. 卷绕时两边要齐，幅宽差异大的分开<br>2. 两边温度要一致<br>3. 达到温度后进布，不要边进布边升温 |

续表

| 疵点名称 | 产生原因 | 防止方法 |
|---|---|---|
| 沾色 | 1. 浅色差异大的呢坯同煮呢<br>2. 未做好清洁<br>3. 染料的耐煮牢度差 | 1. 颜色差异大的分开煮呢<br>2. 煮浅色布前做好机台和包布的清洁<br>3. 加入适量醋酸，或适当降低煮呢温度 |
| 搭头印 | 1. 缝头不平整<br>2. 贴头不平整 | 1. 缝头平齐，不要重叠<br>2. 厚织物呢头稍加揉搓贴头，贴头要平 |
| 折痕 | 1. 进布不平整，有折皱<br>2. 布边松紧不匀<br>3. 进布时有气泡 | 1. 进布时随时调整，排除折皱<br>2. 布边张力一致<br>3. 排除气泡 |
| 纬斜 | 1. 两边张力不匀<br>2. 贴头不齐<br>3. 机械状态不正常 | 1. 进布时张力要均匀<br>2. 贴头平齐<br>3. 调整好机械状态 |

（3）洗呢工艺。

①洗呢工序的任务和目的。洗呢的主要任务是洗净呢坯在纺织过程中使用的和毛油、浆料、抗静电剂以及沾上的油污、灰尘和染色中的残留染料、烧毛灰等，能使织物呢面平整、光洁，有身骨，手感良好，也是保证染色均匀、色光鲜明的基础。

②洗呢设备的主要构造。目前，一般工厂使用的洗呢设备主要有 N113 型绳状洗呢机和 MB501 型螺旋洗呢机，平幅洗呢机和连续洗呢机等，目前常用的为绳状洗呢机。

N113 型绳状洗呢机主要由滚筒、剥取辊、冲洗环、污水计、出呢导辊、水槽等构成。中厚织物洗后手感丰满厚实。

MB501 型螺旋洗呢机主要包括螺旋辊、导呢辊、洗呢辊、剥呢辊、落布辊、污水计、水槽等。

平幅洗呢机在展幅下进行。机前有展幅张力辊，可以左右上下摆动，使其呢坯展幅平整。洗后织物呢面光洁织纹清晰，但洗呢效率较低，手感较差。

③洗呢工艺因素说明及对质量的影响。

a. 水质硬度。水质太硬，易产生钙皂，使呢坯发湿，洗呢效果差；水质太软，则泡沫多，冲洗困难。

b. 温度。适当增加洗呢温度，可增加洗呢效果及获得柔软的手感。但温度过高，有色织物易掉色、毡化。一般皂洗温度为 40~45℃，开始冲洗温度略高于皂洗温度 4~5℃。使用皂碱洗呢，要高于肥皂的硬脂酸凝固点（凝固点宜在 30℃以下）。

c. 时间。洗呢时间过长，织物自身疲软、弹性差，呢面发毛，易起折痕。洗呢时间应根据织物组织、呢面、手感等要求而定。组织结构较松的织物，为了防止呢面发毛，时间宜短些。厚重紧密织物，要求手感柔软丰厚，时间宜长些。匹染织物，特别要考虑洗呢的匀净问题。一般皂洗时间，粗纺织物为 30~60min，精纺毛织物为 45~90min。冲洗的时间、次数，与织物中含污、洗槽内的污浊程度及水的流量有关，一般冲洗 5~6 次，每次 10~15min。

　　d. 浴比。浴比即织物重量与洗剂重量的比值。绳状洗呢的浴比直接影响洗剂浓度和洗呢效果。浴比大，有利于减少折痕；浴比小，对洗净效果和节约洗剂有利，可改善手感。一般精纺织物的浴比为 1：（5~8）。

　　e. 压力。压力大，挤轧作用强，有利于洗净，消除织物内部应力、改善手感；但紧密织物易产生折痕。一般毛织物的洗呢压力为 550~650kg；毛混纺织物压力要小些，化纤织物可以减轻压力或不用压力。

　　f. 洗剂。不同的洗剂具有不同的净洗效果，对各种毛织物的手感会产生不同的影响。洗呢时应根据产品的风格要求，呢坯情况（含污、条染、散毛染、匹染、原料）等合理选择配用。常用洗剂有肥皂、雷米邦 A、601 洗涤剂、209 洗涤剂等。

　　g. pH 值。肥皂洗呢时的一般 pH 值为 9.5~10。合成洗涤剂洗呢时 pH 值宜为 7~9（雷米邦 A 不低于 9），如皂洗温度高，pH 值要低些，减少羊毛损伤。

　　④洗呢工序主要疵点产生原因及防止方法见表 6-12。

表 6-12　洗呢工序主要疵点产生原因及防止方法

| 疵点名称 | 产生原因 | 防止方法 |
|---|---|---|
| 条折痕 | 1. 上滚筒压力过大<br>2. 浴比过小或放水时水位过低，造成干轧<br>3. 冲洗时水温与织物温差大或出机时温度过高、堆压时间过长<br>4. 呢坯上机聚头、打结或缝头不平整 | 1. 调整好上滚筒压力<br>2. 按织物种类调整浴比<br>3. 换水时用温水，并防止水位过低<br>4. 注意上机操作 |
| 洗呢条 | 1. 加洗剂时温度过高或化料不匀直接加到呢坯上<br>2. 洗剂用量不足或时间不够<br>3. 织物色牢度低 | 1. 洗剂用温水充分化匀，温度不易太高<br>2. 加足洗剂量<br>3. 掌握洗呢温度 |
| 呢面毛 | 浴比过小，用料过浓，温度过高，时间过长 | 严格掌握洗呢工艺 |
| 油污 | 1. 机台及周围不洁<br>2. 机槽内未换水 | 1. 做好机台及四周清洁<br>2. 注意机槽换水 |
| 摩擦伤、破洞 | 1. 呢坯打结<br>2. 机槽内或滚筒表面有杂物 | 1. 注意巡回和上机操作<br>2. 上机时应先检查机槽及滚筒 |

（4）缩呢工艺。

　　①目的与任务。毛织物在缩剂、温度和压力的作用下，可发挥羊毛的缩绒性能，使织物紧密，手感丰厚柔软，表面具有绒毛，达到规定长度、宽度和单位重量，增进织物的耐用和保暖性能，美化外观。缩呢主要用于粗纺毛织物，但部分精纺毛织物也有采用轻缩呢，使手感丰厚柔软。

②设备。包括滚筒式缩呢机和洗缩联合机等。滚筒式缩呢机有轻型和重型两种。

③影响因素。

a. 缩剂。缩剂要求润滑作用好，渗透性强，净洗力高，本身容易洗除。缩剂的浓度，按织物品种和含油污程度而不同。重缩织物所用缩剂的浓度宜高些。缩剂浓度小，润滑性差，落毛增加，缩后织物绒面较差，手感松薄。但浓度过高，加料不匀，缩呢作用慢且不易均匀。

碱性缩呢，润滑性好，缩后绒面丰满，手感较软，但缩呢时间较长。碱性缩呢的 pH 值为 9~9.5，不宜超过 10。

中性缩呢，润滑性较肥皂略差，缩后织物手感较硬挺，缩呢时间较短，缩花色织物比碱性缩呢沾色少。

酸性缩呢，速度快，织物紧密，沾色少，但手感较糙。

常用缩剂包括：肥皂，润滑性及洗净力好，缩呢织物身骨厚实，绒面丰满，但遇硬水洗除较困难。使用硬皂（钠皂），使用软皂（钾皂），缩呢丰厚。合成洗剂，净洗力好，对硬水稳定。使用方便，可用作中性缩呢，沾色较少；耐酸的合成洗涤剂可用于酸性缩呢。它的润滑性能、缩呢织物的绒面及厚实丰满程度较肥皂略差。酸类，缩呢速度快，缩呢织物手感较紧密，强力高，沾色少。用硫酸缩呢手感较糙，醋酸用于一般的轻缩呢。

b. 压力。压力大，缩呢速度快，时间短，缩后织物紧密。压力小，缩呢速度慢缩后织物蓬厚。轻缩织物压力过大，缩呢时间短，绒面较差；重缩织物压力小，易落毛，难缩到预定规格。

c. 温度。缩呢温度较高，缩呢速度快，呢面均匀，条痕少。缩呢温度低，有色织物沾色少，缩呢速度较慢，易出条痕。一般碱性缩呢温度为 35~40℃，酸性缩呢温度近 50℃，速度较快。

④常见疵点。

a. 缩呢不匀。用肥皂缩呢，呢坯含酸未洗净；呢坯干湿不匀，缩剂太少、不匀或过浓等。

b. 折痕。缩呢时卷折，位置长久不变；缝头不整；呢坯经向两边张力不匀等。

c. 落毛过多。缩性差的织物，缩呢时间太久；缩剂太淡太少。

d. 幅宽不一。加料不匀。

e. 褪色、沾色。染料耐缩牢度差，缩后堆积过久。

（5）脱水。

①目的和任务。脱除织物中所含的水，便于后道加工，提高烘干效率。

②设备。离心式脱水机、真空吸水机和压力轧水机。

离心脱水机，脱水效率高，织物不伸长，但脱水不匀，装卸时劳动强度大，对精纺薄型织物、组织紧密织物及化纤织物易生皱痕。精、粗纺毛织物脱水后含湿量 30%~35%。

真空吸水机脱水均匀，吸水后织物较平整，但脱水效率较低，且易伸长。精纺织物吸水后含湿量为 35%~45%。

压力轧水机的脱水效率高，脱水均匀，轧水后织物较平整，如进布不平整或滚筒压力不匀，易发生折印及变形；黏纤织物的斜纹易被压扁。精纺织物轧水后含湿量约40%。

③常见疵点。含湿过多或含湿不匀、折痕、色渍。

（6）烘呢工序。

①目的和任务。烘干织物，保持一定的回潮率，同时根据产品规格要求及呢坯在后整理过程中幅缩情况，确定烘呢幅宽。

②烘呢设备的主要构造及作用。烘呢机主要由调幅装置、超喂装置、压呢圆刷、伸缩滚筒、排气机等构成。调幅装置、超喂装置的作用是调整织物经纬规格，以达到各项物理性能。

③烘呢工艺因素。

a. 温度。烘呢时既要烘干又要保持一定的回潮率。温度过高，回潮低，织物手感糙；温度低，回潮高，织物幅宽不稳定。烘呢温度一般精纺织物以80~90℃，粗纺织物以85~95℃为宜，烘后回潮率8%~12%。化纤产品可采用高温快速烘干，但要注意纤维和染料的性能，防止变色。

b. 张力。烘呢时，经纬向张力对成品质量和风格有密切关系。精纺涤毛、涤粘、毛涤粘等薄型织物，在烘呢时要增大上机幅宽和张力。如涤毛薄花呢，成品幅宽要求149cm，呢坯烘前幅为144~146cm，一般上机拉幅6~10cm，使烘后织物有薄、挺、爽的手感。精纺中厚织物在符合成品规格要求的原则下，拉幅宜尽量减少，要求烘前幅接近或稍大于成品标准幅宽，一般上机拉幅2~4cm。粗纺织物一般拉幅4~8cm。精纺中厚织物、松结构织物及粗花呢等经向要适当超喂5%~10%，增加丰厚感。黏纤混纺织物，如黏胶纤维含量多，超喂要增大，减少成品缩水率。

④注意事项。

a. 呢坯上机前，应先掌握上机幅宽以及张力和超喂等要求，测量实际幅宽。呢坯下机时，要复量烘后幅宽是否符合要求。

b. 烘前幅宽过窄不可硬拉，以免影响纬向缩水率或撕破呢坯。

烘呢工序主要疵点产生原因及防止方法见表6-13。

表6-13 烘呢工序主要疵点产生原因及防止方法

| 疵点名称 | 产生原因 | 防止方法 |
|---|---|---|
| 幅宽、幅窄 | 1. 未按要求掌握上机幅宽<br>2. 烘前幅宽或幅窄<br>3. 烘后回潮过高，发生回缩 | 1. 按要求掌握幅宽<br>2. 调整烘前工艺或设计规格<br>3. 掌握下机回潮 |
| 油污 | 1. 机台清洁差<br>2. 布边或布边纱线头碰到链条<br>3. 链条加油过多 | 1. 做好机台清洁，先烘深色品种，再烘浅色品种<br>2. 缝头时不要留纱线头，并注意吸边器<br>3. 加油后擦拭链条 |
| 纬斜、匹头匹尾拉弓 | 1. 上机呢头不平齐<br>2. 两边张力不一致<br>3. 进出机用引头布 | 1. 注意上机操作<br>2. 调整两边张力<br>3. 布边和中间张力不一致 |

| 疵点名称 | 产生原因 | 防止方法 |
|---|---|---|
| 脱针 | 1. 吸边失灵<br>2. 有弯、缺、断针，压针毛刷不良 | 1. 匹头匹尾注意吸边<br>2. 加强检修调换 |
| 撕破 | 1. 开幅太宽或太窄<br>2. 出机时不脱针<br>3. 脱针过多 | 1. 开幅要适当<br>2. 加强巡回<br>3. 加强检修调换 |

（7）蒸刷工序。

①任务和目的。剪毛前刷毛，可以除去附着在织物表面的纱头、浮毛或杂物，以免妨碍剪毛工作或剪伤织物。刷毛和喷蒸汽同时进行，有利于呢面毛头竖起刷顺绒毛，使绒毛顺伏，光泽柔润。

②刷毛工序主要疵点产生原因及防止方法见表 6-14。

表 6-14　刷毛工序主要疵点产生原因及防止方法

| 疵点名称 | 产生原因 | 防止方法 |
|---|---|---|
| 刷毛不净<br>沾附色毛 | 1. 刷毛滚筒沾满绒毛<br>2. 深浅色品种混杂刷毛，没有做好清洁工作 | 1. 定期清洁<br>2. 深浅色品种分开刷毛 |
| 折皱痕 | 呢坯局部折皱 | 进布要平整 |
| 水渍斑 | 开蒸汽时在蒸汽箱表面有冷凝水沾污织物 | 开车前，应先放净蒸汽管内的回汽水，清洁蒸汽箱表面，以防水滴沾湿织物成水渍 |

（8）剪毛工序。

①任务和目的。织物经过染整加工后，呢面绒毛杂乱不齐，根据产品质量要求，将绒毛剪齐或剪短，使绒毛整齐、呢面平整或表面光洁，织纹清晰。

②剪毛机主要构造及其作用。剪毛机由螺旋刀、平刀、支呢架等组成。螺旋刀由 24 片螺旋刀片固定在刀轴上。平刀为一狭长的薄刀，固定在刀架上，安装在螺旋刀下方，平刀口磨成锋利的锐角和弧度，与螺旋刀形成剪切口。支呢架起支托织物的作用，使呢面绒毛在剪口耸起，在螺旋刀高速运转下，将织物表面的绒毛剪齐。

③剪毛工序工艺因素说明及对质量的影响。

a. 隔距。隔距是支呢架上呢面到刀口的距离，按织物的风格要求掌握，用隔距片或牛皮纸校隔距时，以上下受到轻度摩擦而又能通过为宜。如隔距过大，则剪毛效果不理想，造成织物呢面发毛；隔距太小，又会剪破织物，一般以 0.15~0.2mm 为宜。

b. 次数。剪毛次数应根据产品的风格、质量要求及呢面情况掌握，剪至符合质量要求。目前精纺品种一般采用正、反面各两次或正三、反二剪法，使绒毛齐整、平顺，而又不使呢面过光或绒毛长短不齐。

c. 吸风量。需注意选择剪毛刀部位的吸风量大小，吸风除可使织物表面绒毛耸起外，还可将剪下的绒毛吸掉，以提高剪毛质量。吸风太大，支呢架下降时，张力突然放松，薄型织物易被吸起而卷在剪毛刀上；吸力小，毛灰在刀处翻滚，不利于剪毛。

④剪毛工序主要疵点产生原因及防止方法见表 6-15。

**表 6-15 剪毛工序主要疵点产生原因及防止方法**

| 疵点名称 | 产生原因 | 防止方法 |
|---|---|---|
| 剪毛痕 纬向剪毛印 | 1. 螺旋刀、平刀、支呢架不平<br>2. 张力松紧不匀<br>3. 平刀有缺口或支呢架上有高起物<br>4. 平刀、螺旋刀、支架位置没调好或螺旋刀抖动 | 1. 及时调整或修理设备<br>2. 检查坯布，防止硬杂物损伤刀口<br>3. 调整好隔距及位置 |
| 剪毛损伤 | 整个呢面或局部刀距过紧 | 调整好隔距 |
| 织物呢面发毛或局部（匹头、尾、两边）发毛 | 1. 隔距未调好或刀钝<br>2. 剪呢刀相支架不平行<br>3. 接头过刀时，抬刀过早或落刀太迟 | 1. 注意刀的保养，按要求调整刀距<br>2. 校正机械状态<br>3. 抬刀、落刀及时正确 |
| 破洞、破边 | 1. 呢坯有大毛粒或硬杂物，使呢面突起<br>2. 呢坯进机歪斜或张力过紧，坯布折皱<br>3. 呢坯有卷边、荷叶边 | 1. 修呢时修净纱结，捡净硬杂物<br>2. 呢坯进机要平直，两边张力均匀<br>3. 加强检查，卷边烫好后再剪，荷叶边要调整好张力 |
| 剪断 | 1. 过头时，抬刀不及时或落刀过早<br>2. 缝头开线 | 1. 注意操作，调整自控抬刀<br>2. 缝头要牢 |
| 油污渍 | 1. 机台清洁未做好<br>2. 毛毡加油过多<br>3. 剪毛刀轴承漏油<br>4. 吸尘吸力不够，毛屑在毛毡上落下过多而沾污 | 1. 做好机台清洁<br>2. 毛毡加油要匀，勤加少加<br>3. 注意加油操作法<br>4. 及时检测吸尘装置 |
| 色毛 | 1. 深浅色织物同一车剪毛<br>2. 深浅色品种交替剪毛时，未做好清洁 | 1. 深浅色品种分开剪毛<br>2. 做好清洁 |

（9）热定型工序。

①任务和目的。毛涤产品经过热定型，可使织物在后加工及服用过程中有良好的尺寸稳定性，增加织物的抗皱性能，有较好的平挺度和手感弹性，并可减少起毛起球。

②热定型设备的主要构造。热定型机主要由进布装置、预热区、高温区、冷却区、落布机构以及汽油汽化器组成。

③热定型的工艺因素说明及对质量的影响。

温度。温度的高低影响织物中涤纶的定型效果，一般情况下，温度高，定型效果好；实际定型温度应稍低于涤纶的软化温度。但超过一定温度，定型效果并不再继续提高，如超过 190℃ 反而对羊毛有损伤。一般纯涤纶织物的定型温度为 190~200℃。涤纶混纺织物的定型温度要考虑到其他纤维的耐高温性能，如涤毛 55/45、涤黏 65/35 等织物为 170~180℃。高温定型后要迅速降低织物的温度，通常在出热定型区时吸热或吹冷风冷却。出机时呢面温度宜在 50℃ 以下。涤纶的玻璃化温度 67~81℃，软化点温度 238~240℃，熔点 255~260℃。

时间。只有足够的时间，使纤维结构在高温下进行调整，才能达到较好的定型效果。但热定型时间过长，会损伤纤维，使强力降低、色泽变化。一般在预热区和定型区的时间为 30s 左右。根据涤纶的型号性能及织物厚薄而定。

张力。适当的经纬向张力，使呢面平挺，但张力过大，易产生布边不齐；张力小，则呢面不平。一般要求纬向拉幅 2cm 左右。

④热定型工序主要疵点产生原因及防止方法见表 6-16。加工过程中应注意，同批加工的织物幅宽要一致，上机时必须保持呢头平齐，经直纬平，不能有折皱。另外，深浅色织物要先后分开加工，先浅色后中深色。

表 6-16　热定型工序主要疵点产生原因及防止方法

| 疵点名称 | 产生原因 | 防止方法 |
|---|---|---|
| 边深浅匹头匹尾色差、沾色 | 1. 分散性染料升华影响<br>2. 机台油污<br>3. 两边及上下温差大<br>4. 纬向张力松，中间呢面下垂，受热不匀<br>5. 深浅色品种同批加工或先定深色后定中浅色 | 1. 注意染料性能<br>2. 定期做机台清洁<br>3. 升温均匀后上机<br>4. 拉幅适当，防止下垂<br>5. 先定浅色再定深色，深浅品分开上 |
| 强力损伤、呢坯泛黄 | 1. 定型温度过高或时间过长<br>2. 定型后未冷却，发生熔融 | 1. 掌握温度和时间<br>2. 透风冷却 |
| 呢面歪斜、布边波浪形 | 1. 进机歪斜<br>2. 链条不正常，开幅过窄 | 1. 上机用引头布<br>2. 加强设备维修、保养 |
| 油污渍 | 清洁工作未做好 | 定期做清洁 |

（10）给湿工序。

①任务和目的：毛织物经过烘呢、定型及蒸呢后，往往回潮率过低，影响整理质量，需要给湿，使织物达到一定的回潮率，以提高蒸呢或定型的整理效果，改善手感和光泽。

②给湿设备：给湿机有喷雾式给湿机、反射式给湿机及辊压式给湿机等。它主要由控制箱、张力杆、控制板、蒸汽箱、给湿槽、泵、储水箱、主传动辊、牵引辊、折幅架组成。

③给湿工艺因素说明及对质量的影响。

工序安排：一般在蒸呢及定型进行给湿。

回潮率：精纺全毛织物要求蒸呢前的回潮率为 13%~16%，定型前回潮率为 16%~18%。回潮率过低，手感糙，光泽差；回潮率过高，蒸呢时易出边深浅，电压易出蜡光，手感呆板，且易损坏纸板。

间歇时间：给湿后，须有一定的间歇时间，使呢面吸收均匀，并用盖布盖好，防止水分蒸发、含湿量降低或干湿不匀。间歇时间随织物厚薄松紧而定，一般中厚织物约4h。时间过短，渗透不匀，织物手感不一。

给湿工序主要疵点产生原因及防止方法见表6-17。

表6-17　给湿工序主要疵点产生原因及防止方法

| 疵点名称 | 产生原因 | 防止方法 |
|---|---|---|
| 给湿不匀 | 1. 给湿时呢速太快或时快时慢<br>2. 喷雾风扇损坏，喷出水量不匀，水珠时大时小<br>3. 织物进机时不平整 | 1. 根据品种调节水量<br>2. 注意检查给湿情况，加强设备检查维修<br>3. 注意使织物进机保持平整 |

（11）烫呢工序。

①任务和目的。织物经过烫呢可使呢面平整，有光泽，身骨坚实，但易伸长，影响缩水率，光泽不够自然持久，手感较粗糙。

②设备。使用的有回转式压光机，有单床式及双床式，常用的是单床式。

③工艺举例。烫呢一般在蒸呢前进行，使蒸后呢面平挺，光泽柔和。如采用蒸后烫呢，产品手感坚实，但光泽较强不自然。蒸汽压力约196.2kPa（2kgf/cm$^2$），滚筒温度120℃左右，滚筒和托床间的隔距和压力应根据织物的品种和质量要求而定。

④疵点成因及防止方法。

a. 光泽不足。呢坯回潮率过低，滚筒温度过低；隔距太大，压力太小。

b. 光泽不匀。呢坯回潮不匀；托板不平。

c. 皱痕。进布不平整或接头不良。

d. 纬斜。接头不平齐或进机呢坯歪斜。

（12）蒸呢工序。

①任务和目的：蒸呢是毛织物在张力、压力状态下，经过一定时间的汽蒸、冷却，获得定型效果，以增进织物的手感、光泽、弹性及尺寸稳定性。

②蒸呢设备的主要构造及其作用：N711型蒸呢机，机内装有空心的蒸呢滚筒，轴心有蒸汽管，为避免冷水喷湿织物，在滚筒内装一水槽，使冷凝水排出机外，在蒸呢机外的出呢导布辊上有很多小孔，出呢导辊与抽吸风相连，织物出机时可补充抽冷，降低呢面温度，此外还有折幅架、压辊烫板、进呢导辊、包布辊、展幅板、张力架等。

KD型蒸呢机主要由蒸辊、蒸罐、转塔、进布包卷及其加压、蒸辊移位、退卷出机进机系统、抽冷系统及自动控制系统等组成。

③蒸呢工艺因素说明及其对质量的影响。

a. 温度与时间。蒸汽温度高，蒸呢时间长，羊毛定型作用好，蒸后织物呢面平整，弹性好，光泽持久；但温度过高、时间过长，羊毛损伤大，色光泛黄，强力下降；蒸呢温度偏低、时间太短，蒸汽不易均匀穿透织物，蒸呢后呢面不平整，手感粗糙、光泽差。

b. 张力。张力与蒸呢质量有很大关系，包布和织物张力应根据产品风格加以掌握。精纺薄型织物的张力要大，包布要紧，蒸后织物呢面平整、手感薄挺；中厚织物张力要小、包布要紧，蒸后织物柔软、丰满、活络。但织物张力过大，易产生包布印；张力过小，则影响定型效果，光泽差，易产生波状横印。

c. 冷却。蒸呢后抽吸冷却，以加强稳定定型效果，抽吸程度对产品手感有一定影响，出机温度合适，定型作用好。抽吸时间过长，织物手感板；抽吸时间短，可保持一定回潮率。出机温度偏高些，手感柔软。

d. 蒸呢包布。包布有光面和绒面两种。使用光面包布，蒸后织物光泽较足，手感挺。使用绒面包布，蒸后织物光泽柔和，手感柔软。包布不宜过短，否则局部蒸汽易逸出造成蒸呢不匀，并浪费蒸汽。

④蒸呢工序主要疵点产生原因及防止方法见表6-18。

表6-18　蒸呢工序主要疵点产生原因和防止方法

| 疵点名称 | 产生原因 | 防止方法 |
|---|---|---|
| 搭头印 | 1. 织物呢头卷折毡化，或织造时所用隔码纱较粗硬，未剪除<br>2. 开车时张力过紧<br>3. 呢坯两头包布空绕圈数少 | 1. 进布时剪去呢头及两头隔码线<br>2. 张力适当<br>3. 增加呢坯两头包布空绕圈数 |
| 横档印 | 包布张力太松，蒸汽开得过大 | 张力松紧适当，开始时蒸汽不可过大 |
| 包布印 | 1. 包布张力过大，呢坯卷绕过紧<br>2. 包布装反 | 1. 进布时呢坯、包布张力不要太紧<br>2. 呢面正面上机，包布正面向下 |
| 折皱 | 进布不平整 | 进布要平整，如有折皱随时纠正 |
| 水渍 | 进机时一面卷呢一面开汽，开得过快，水汽分离器内剩水一同随蒸汽喷出，使织物和包布受潮 | 呢坯必须卷绕完毕后方可开汽，蒸汽不能开得过快，防止水汽分离器积水过多 |
| 边深浅 | 1. 包布装得不齐或呢坯卷绕不良<br>2. 幅宽差异大的呢坯同机蒸呢 | 1. 包布和呢坯布要卷绕整齐，防止歪斜<br>2. 同机蒸呢幅宽要一致 |
| 纬斜 | 呢坯两边张力不匀 | 进布时两边张力一致，随时纠正纬斜 |

（13）电压工序。

①任务和目的。电压是将毛精纺织物平幅折叠并夹在各层纸板与电热板之间，在一定的温度、时间、回潮率、压力作用下，使呢面平整，光泽好，手感滑爽柔软，并有身骨。

②电压设备的主要构造。电压主要由夹呢车、油泵、电热板、纸板、控制箱等组成。

③电压工艺因素说明及对质量的影响：一般在蒸呢、给湿后电压，或蒸呢后电压。有些产品，根据需要采用电压后再轻度蒸呢，消除电压蜡光。

a. 压力。织物受压大小根据产品而定，一般薄型织物组织较紧密，要求手感平滑挺括，中厚织物要求手感柔软丰满，压力均应小些。

b. 温度。需要光泽足的产品，温度宜高些，为 60~70℃；但温度过高易产生平面蜡光和电压印；需要光泽柔和的产品，温度宜低些，为 50~60℃。温度要均匀，插电后要有一定的保温时间，一般为 20min。如电板和纸板的间隔张数多，时间应适当延长。

c. 次数。采用两次电压，第二次应变换织物位置，使呢面受压均匀。

d. 回潮率。纯毛织物回潮率一般以 14%~16% 为宜，回潮率过大，会损伤纸板。

e. 冷压时间。热压后要有一定的冷压时间，使逐渐冷却，可使织物手感滑润、光泽足。如冷压时间短，织物尚未冷却即卸车，光泽差且易消失，每次冷压以 6~8h 为宜。

④电压工序主要疵点产生原因及防止方法见表 6-19。

表 6-19 电压工序主要疵点产生原因及防止方法

| 疵点名称 | 产生原因 | 防止方法 |
|---|---|---|
| 折痕、皱痕 | 1. 织物进机不平整<br>2. 纸板使用太久，破裂折皱 | 1. 进布要平整<br>2. 不要用破纸板 |
| 蜡光、边蜡光 | 1. 温度过高、压力过大或织物回潮过大<br>2. 边字织物边字太厚 | 1. 按产品掌握温度、压力、回潮率<br>2. 改进边字设计 |
| 电压纸板印 | 1. 呢坯回潮过大，电压温度高，压力过大<br>2. 织物只压一次，未调换位置再压一次<br>3. 折幅处暴露在外的织物和内层织物温差大或电热板上下衬贴纸板少<br>4. 操作不当，进布张力大 | 1. 按产品控制回潮率、温度、压力<br>2. 反身、调头再压一次<br>3. 注意季节性气温，控制室内外温差，冬季采用保暖，每张电热板上下衬贴纸板 2~3 张<br>4. 进布张力均匀适当 |
| 光泽不匀 | 压前给湿不匀，间歇时间短，夹呢车压板附近与中间温差大 | 给湿均匀，要有一定间歇时间，适当延长通电时间 |
| 呢面泛黄 | 温度过高 | 严格控制通电时间、温度 |

## (四) 精纺毛织物工艺流程

### 1. 全毛中厚花呢

重量 230g/m²，毛纱 26.3tex×2（38/2 公支），平纹组织。

①工艺流程：

生修→烧毛→初洗→单煮→洗呢→双煮→吸水→烘呢→中检→熟修→刷毛→剪毛→蒸呢→给湿→电压

②工艺条件：

烧毛：弱火焰，正、反面各一次。

煮呢：单煮，第一次，95℃、20min，小张力；上滚筒压力，进布后抬起，逐步冷却到 45℃，调头翻身进行第二次洗呢，工艺同第一次。

双煮：95℃，来回 10 次，60~70min。前六次加压，每槽加醋酸 98%100mL，小张力，蒸毕出机，趁热卷轴，自然冷却 8h。

剪毛：正面 2 次，反面 1 次。

蒸呢：第一次汽蒸 10min，抽冷 10min，第二次汽蒸 15min，抽冷 20min。

**2. 全毛薄花呢**

重量 157~178g/m²，毛纱 16.7tex×（60/2 公支），平纹组织。

①工艺流程：生修→烧毛→单煮→洗呢→单煮→吸水→烘呢→中检→熟修→刷毛→剪毛→蒸呢→给湿→电压

②工艺条件：

烧毛：弱火焰，正、反面各 1 次。

煮呢：单煮，洗前，第一次，95℃、20min，大压力，张力略紧，一次冷却；调头翻身进行第二次煮呢，工艺同第一次。洗后，煮呢二次，工艺同洗前煮呢。

剪毛：正、反面各 2 次。

蒸呢：汽蒸 15min，抽冷 20min，蒸 2 次。

电压：45℃，冷压 4h，压 2 次。

**3. 涤/毛（55/44）薄花呢**

重量 136~178g/m²，毛纱 13.2tex×2~16.7tex×2（60/2~76/2 公支），平纹组织

①工艺流程：

生修→烧毛→初洗→单煮→洗呢→双煮→吸水→柔软处理→烘呢→中检→熟修→剪毛→热定型→蒸呢→给湿→电压

②工艺条件：

烧毛：强火焰，正、反面各 1 次。

煮呢：单槽，第一次，95℃、20min，大张力，上滚筒压力，一次冷却 20~30min 调头翻身进行第二次煮呢，工艺同第一次。

双槽：95℃，来回 6 次，60min，冷却来回一次后加上滚筒压力。

剪毛：正面 2 次、反面 1 次。

柔软处理：柔软剂 VS 20g/L。

热定型：170℃，30s。

蒸呢：汽蒸 7~8min，抽冷 25min，蒸 2min。

电压：60℃，冷压 6~8h，压 2 次。

# 第三节　粗纺毛织物设计

## 一、粗纺毛织物大类品种及风格特征

### (一) 粗纺毛织物的特点

**1. 原料复杂**

粗纺毛织物使用原料极为广泛，所有棉、毛、丝、麻、化纤等纺织纤维，几乎都能供粗

纺使用。更突出的是粗纺毛织物不仅使用新原料，还可利用再生纤维（包括生产过程中的回丝、落毛、下脚以及旧织物弹毛等），从而充分利用原料资源。

一般来讲，精纺毛较长，粗纺毛较短。澳大利亚将 40mm 作为精、粗分界。我国是 50mm。实际中，精纺在 65mm 以上，粗纺在 20~65mm 之间。精纺用纱较细，35~40 根，粗纺 120~134 根。粗纺产品多经过缩绒或起毛工艺，做成呢面或绒面织物。

### 2. 品种繁多

质地、风格、花型、色泽变化多端。

### 3. 织坯疏松

粗纺呢绒一般用纱较粗，经纬密度较稀，织坯疏松，织纹清晰，经纬纱很容易分开，外观较差，但一经加工整理，面目全非，织坯与成品的形状差异较大，不像精纺织物的坯布与成品较为接近。

### 4. 整理多变

粗纺织物的质量，个是粗纺坯布所能单独具备的，还要依靠整理加工来完成，通过缩绒、剪毛和起毛等工艺整理，以发挥羊毛纤维天然的光泽、弹性、缩绒性等优良性能。同一呢坯不同整理工艺可能外观风格不同，不同呢坯，同一整理工艺，可获得相似的外观效果。

### 5. 风格特殊

手感柔软，蓬松丰厚；身骨紧密，呢面丰满，但也可做成质地疏松的松结构产品。

### （二）粗纺毛织物的分类

### 1. 按原料分类

粗纺毛织物按原料不同，可以分为纯毛、交织、混纺及纯化纤织物。

纯毛织物不一定全由 100%羊毛构成，例如某些用其他纤维做嵌条线的毛织物或含有其他纤维不超过 10%的，也往往作为纯毛织物。欧洲国家一般规定掺用其他动物毛纤维的不能作为"全毛"产品，但在美国、加拿大、澳大利亚、新西兰等国则除兔毛外，允许掺入其他毛纤维，也可作为"全毛"。

### 2. 按平方米重量分类

按平方米重量不同，$300g/m^2$ 以下为薄型织物，$301~400g/m^2$ 为中型，$401~500g/m^2$ 为厚型。对于大衣呢来讲，标准稍有不同：$450g/m^2$ 以下为薄型，$451~550g/m^2$ 为中型，$551~700g/m^2$ 为厚型。

### 3. 按呢面风格和后整理分类

（1）纹面织物。指未经缩呢或轻缩绒的露纹织物，在织物表面有清晰的织纹，呢面匀净，细洁平整，色彩鲜艳，具有一定的身骨和弹性。如人字型花呢、提花织物等。

（2）呢面织物。指经过缩呢或缩绒后轻起毛的呢面比较丰满的织物。在织物表面覆盖了一层密致的短绒，织纹模糊，呢面平整丰满，手感厚实。如麦尔登、女衣呢等。

（3）绒面织物。指经过缩呢并经钢丝或刺果起毛的绒面丰满的织物。

在织物表面耸立着整齐的绒毛——立绒织物；在织物表面顺伏着长短不一的绒毛——顺

毛织物；采用双面组织，正面具有若隐若现的人字型呢面效果，手感丰厚弹性好，反面没有花纹。

（4）松结构织物。与一般产品相比较紧度小、浮长线较长显得更加松软，纱线之间会彼此相互靠拢，能够形成柔软的松结构，产品大方、休闲、松软。如麦尔登、大衣呢等为偏深色或中色含灰的素色织物，呢面平整、厚重、富于弹性。中深色泽艳丽、大方，浅色泽柔软、淡雅。

**4. 按商品名及织物风格的分类**

按商品名称不同，可分作九类，这是应牢固掌握的分类方法。

（1）麦尔登。呢面丰满，细洁平整，身骨紧密而挺实，抗起球，不露底，富有弹性。

（2）大衣呢。质地丰厚，保暖性强，组织变化较复杂，有平厚、花式、顺毛、立绒、拷花等不同风格。

（3）海军呢。呢面丰满平整，基本不露底，手感挺实，有弹性。

（4）制服呢。使用原料较粗，呢面基本平整，质地中厚，坚实不板，可有不明显的露纹。

（5）女式呢。色泽鲜艳，质地柔软，适用于女装。

（6）法兰绒。多为混色的轻缩绒织物，质地轻薄，织纹隐约可见，呢面细洁平整，要求混色均匀，手感柔软，富有弹性。

（7）粗花呢。采用色纱、花线等并以各种织纹组织和经纬排列方式配合织成的混色织物，包括人字、条格、圈点及提花等。

（8）大众呢。以低线密度再生纤维为主要原料所制成的混纺缩绒织物，要求呢面细洁平整，基本不露底，质地较紧密。

（9）其他凡不属于以上八类的粗纺产品，均列入第九类。

**（三）粗纺毛织物大类品种**

**1. 麦尔登类**

麦尔登类包括麦尔登、平厚呢，大部分是$\frac{2}{2}$斜纹组织，采用16.7tex（60公支）以上支数毛或一级国毛，混以少量精梳短毛或25%～30%的黏胶纤维，纺成62.5～83.3tex（12～16公支）粗梳毛纱作经纬，织物重量400～600g/m²。麦尔登经重缩绒整理，织物正反面都有一层细密的绒毛覆盖，呢面丰满、平整，不起球，不露底纹。质地紧密，身骨结实，富有弹性。成衣挺括而不易皱折，耐磨耐穿，主要用于冬季大衣、制服、西裤、帽子等。常见品种有全毛麦尔登、毛黏麦尔登和毛锦黏麦尔登。以深色为主，有藏青、元色、咖啡、深灰等。近几年鲜艳色也较为多见，如红、蓝、绿等。

麦尔登类还包括平厚呢，风格与麦尔登相似。

**2. 大衣呢类**

大衣呢可使用60%以上支数毛。顺毛大衣呢多用纬向拉毛，可加入30%～50%的马海毛。立绒、顺毛及圈形大衣呢等常用纤维粗而亮的马海毛，起白色闪光点缀作用。短立绒和顺毛高级大衣呢可加入细度细，富有光泽的驼绒。名贵的双层大衣呢，一般用80%~90%的牦牛绒与15.2tex（66公支）羊毛混纺织成。

大衣呢是粗纺呢绒中规格较多的一类，为厚型织物，保暖性强，适宜做冬季大衣。大衣呢的原料以羊毛为主，可配用部分特种动物毛。根据织物外观和结构，大衣呢可分为平厚、立绒、顺毛、拷花和花式五种。

（1）平厚大衣呢。采用$\frac{1}{3}$破斜纬二重组织加强斜纹组织织制，经洗呢、缩绒、拉毛、剪毛等工艺整理而成，紧密度较高。呢面有致密的绒毛，平整匀净，不露底纹。手感丰厚而不板硬，有素色和混色两种。雪花大衣呢就是混色类，又称白枪平厚大衣呢，以散纤维染成元色后再加5%~10%本白羊毛混合纺成毛纱织制。白枪毛均匀分布于呢面，犹如雪花洒落而得名。

（2）立绒大衣呢。采用弹性较好的羊毛，以破斜纹和五枚二飞纬面缎纹组织织制，经洗呢、缩绒后反复拉毛、修剪，使表面纤维逐渐竖立、加密，剪平而成。织物绒面丰满，绒毛密而平齐，手感柔软，弹性好且耐磨，不易起球，光泽自然柔和。大多匹染成中色和深色。

（3）顺毛大衣呢。以斜纹和缎纹组织织制，经洗呢、缩绒、拉毛、剪毛，再经刺果湿拉毛工艺而成。表面绒毛较长，向一个方向倒伏，紧贴呢面，均匀平整，手感轻柔顺滑。原料除羊毛外，常采用山羊绒、兔毛、驼绒、牦牛绒等特种动物毛纤维与羊毛混纺，制成各种高档顺毛大衣呢，如羊绒顺毛大衣呢、兔毛顺毛大衣呢等。绒面平伏滑糯，膘光足，颇具天然兽皮风格，主要用作男女大衣。

银枪大衣呢是一种花式顺毛大衣呢，属高档品种。它的特点是：原料中混入10%左右的粗号本色马海毛，其余为羊毛、羊绒或其他动物毛。由于马海毛光泽好，较挺直，在染色绒面中均匀挺立并闪烁银色光泽，十分美观、富丽。

（4）拷花大衣呢。拷花大衣呢是一种呢面呈现本色花纹的立绒型、顺毛型大衣呢。采用纬二重组织或纬起毛的异面经纬双层组织。织物表面配置起毛纬纱，经洗、缩、拉、剪，尤其是多次刺果湿拉毛和反复剪毛，将表面纬纱中的纤维拉出，断裂开花，再经搓呢、刷毛、拷（捶）打，剪毛等一系列拷花过程，使组织回松，绒毛整齐竖立或顺齐，从而显现出人字纹、斜纹、水波纹或不同形状的凹凸立体花纹。手感柔软丰厚，有弹性，耐磨不起球，不仅外美观，保暖性也很好。特别适合于制作高寒地区和严冬时节穿着的男女大衣。颜色大多较深。

根据呢面绒毛特征，有立绒拷花大衣呢和顺毛拷花大衣呢两种，前者纹路清晰，质地丰厚；后者绒毛较长，纹路隐掩，较柔软。拷花大衣呢的原料以羊毛为主，也可以混入羊绒、驼绒、马海毛等，如羊绒银枪拷花大衣呢，品质更佳，档次更高。

（5）花式大衣呢。花式大衣呢是大衣呢中变化最多的品种之一。采用色纱和花式线，以平纹、斜纹、小花纹及纬二重或双层组织织制。按照呢面外观可分为两类。一类是花式纹面大衣呢，呢面光洁，利用色纱与组织相结合，有人字型、圈圈型、条格型等配色花纹，部分产品采用花式纱线，机理丰富，装饰感强；另一类是花式绒面大衣呢，经缩绒起毛，呢面有丰满平整的立绒或顺毛，手感较纹面柔软、丰厚。

### 3. 海军呢

海军呢呢面不如麦尔登细洁，一般选用一、二级毛，允许有少量死腔毛。为增加呢面丰满度，一般加入 10%～20% 的精梳短毛。为增加耐磨性，加入少于 10% 的锦纶。混纺织物可加入 25%～30% 的黏胶。

海军呢是海军制服呢的简称，多用作海军制服。故得名，海军呢所用原料较好，纺成 83.3～100tex（10～12 公支）的粗梳毛纱，用 $\frac{2}{2}$ 加强斜纹组织织制，经缩绒、起毛、剪毛等整理工艺。成品紧密厚实，呢面丰满，基本不露底纹，手感挺括，有弹性。以藏青色为主，少数为军绿、米色、灰色、驼色等。除用作军服外，还可做制服、春秋外套、中短大衣等。主要品种有全毛海军呢、20%～30% 的黏胶与羊毛混纺的毛粘海军呢及毛黏锦海军呢。重量为 36～490g/m$^2$。

海军呢的外观与麦尔登无多大区别，只是原料选用及染整工艺不同，品质稍次于麦尔登，身骨不及麦尔登。

### 4. 制服呢类

制服呢呢面紧密，一般选用三、四级毛，表面有少许粗腔毛，采用缩绒。剪毛工艺，不能过多拉毛而影响身骨、牢度。加精梳短毛与细支回丝、弹毛等，能增加绒面丰满度。加 10% 以内的锦纶，可增加强力和耐磨，混纺制服呢可加入 30% 左右的黏纤。

制服呢是粗纺呢绒中的大路品种，原料品质较低。经纬纱细度为 111.1～166.7tex（6～9 公支），重量为 450～520g/m$^2$，用 $\frac{2}{2}$ 斜纹或破斜纹组织织制，经缩绒、起毛、剪毛等整理工艺，呢面有均匀的毛绒，但不及麦尔登和海军呢丰满，稍露纹底。由于所用羊毛品级较低，且纱号粗，呢面较粗糙，色光较弱，手感不够柔和。经常摩擦易落毛露底，影响外观，但价格便宜。

主要品种有全毛、毛黏、毛黏锦和腈毛黏制服呢等。匹染为藏青、元色等。可制作秋冬制服、外套、夹克及劳保服装。

### 5. 女式呢类

女式呢呢面细洁柔软，主要选用细支羊毛，混纺加黏纤 30%～50%。高档女式呢可加入兔毛、羊绒等，一般以 40%～80% 羊绒与细混纺较多。羊绒可用本色生产，或以紫绒染深色、青绒染棕色、白绒染浅色。

女式呢又称女装呢、女服呢，主要用于女装，质地较轻薄，180～400g/m$^2$，常采用变化原料、纱号、组织等手段来适应女装多变的需要。原料有羊毛、黏胶、腈纶、涤纶以及羊绒、兔毛等特种动物毛纤维。纱变化范围较大，55.6～100tex（10～18 公支），组织有 $\frac{1}{2}$、$\frac{2}{2}$ 斜纹，$\frac{1}{3}$、$\frac{3}{1}$ 破斜纹组织，小提花组织，大提花组织和变化组织。经缩绒、起毛，使织物正反面具有均匀的绒毛，但不浓密，纹底隐约可见，身骨柔软松薄。色泽大多鲜艳明快。女式呢按外观风格可分为：平素女式呢，表面绒毛较细密，不露底纹；立绒女式呢，有短而直立的绒毛；顺毛女式呢，表面绒毛朝一个方向倒伏；松结构女式呢，不经缩绒或轻缩绒，质地疏松轻盈。

### 6. 法兰绒类

混色法兰绒呢面丰满，细洁平整，混色均匀，手感柔软，富有弹性，不易起球。花色法兰绒则质地松厚。

法兰绒羊仔毛织物选用羊仔毛为原料，柔软、细腻、轻薄，在湿整理时湿起毛，再烘干、剪毛，织物细腻、平整。传统条格法兰绒可采用93%羊毛、7%锦纶。62.5～100tex（10～16公支）的纱，用平纹，$\frac{1}{2}$、$\frac{2}{1}$、$\frac{2}{2}$斜纹织制，经缩绒、拉毛整理而成。呢面绒毛细洁，丰满，混色均匀，不露或稍露底纹。手感柔软而有弹性。颜色柔和，以中、浅、深灰色为主。重量为260～320g/m²。

法兰绒有薄型和厚型之分。薄型法兰绒，重量仅为200g/m²左右，可制作春秋衬衫、连衣裙和单裙。法兰绒以素色为多，也有条子及格子型。法兰绒适用范围较广。可用于西装、夹克、大衣、西裤、裙子、童装等。

### 7. 粗花呢类

粗纺呢又称粗纺花呢，是粗纺呢绒中独具风格的品种。原料为中低档羊毛，并加入精纺短毛20%～40%，或混入30%～35%的黏胶纤维，部分产品采用棉纱、化纤长丝、涤纶、腈纶短纤维。粗花呢品种多，每一类均分为高、中、低档，原料的选用与配比也各不相同。

粗花呢常采用散纤维染色。以单色纱、混色纱、股纱、花式线作经纬，采用平纹、斜纹、变化组织、联合组织等，织成人字、条格、圈圈、点子或上述形式相结合的各种花纹，以及小花纹、提花、凹凸等花式织物。常用71.4～200tex（5～14公支）纱，重量250～420g/m²。粗花呢按外观特点可分为纹面、呢面和绒面三种风格。

（1）钢花呢。钢花呢，又称火姆司本，是英文Home Spun的音译，起源于英国早期用手工纺织的一种粗呢。其表面除一般花纹外，还均匀分布着红绿、黄、蓝等彩点，似钢花四溅。钢花呢多采用平纹或山形斜纹，多为纹面型，结构疏松，质地较好。多用于制作男女西装。

（2）海力斯。海力斯所用羊毛品级较低，纱支较粗，结构疏松，采用$\frac{2}{2}$斜纹或破斜纹织制，呈人字或格子花型，可单色也可混色，不缩绒或轻缩绒，织纹清晰，手感挺实，较粗犷。以棕色、灰色为主，适合做各类上衣。

毛、毛涤海力斯，身骨轻挺、有弹性，呢面混色均匀。人字呢面花纹清晰，纹面匀净，富有弹性和身骨。

海力斯手感要挺实、紧密有弹性。一般多用3～4级国毛，可加少许精梳短毛。混纺时可加入30%～50%黏纤，弹性、身骨挺实程度不如纯毛好。

### 8. 大众呢类

大众呢、学生呢呢面细洁，一般多用精梳短毛或回丝弹毛等。若精梳毛长度较短，加入 20% 左右的改良毛，可保证成品弹性。混纺时可加入 25%～30% 黏纤。常用 100～111.1tex（9～10 公支）纱，用 $\frac{2}{2}$ 破斜纹织制，呢面较粗糙，色泽不够匀净，半露底纹，重量 400～500g/m²，穿着中易起球、落毛、露底，价格便宜，主要用作学生制服和秋冬季外衣。

**9. 其他类**

其他类面料包括粗服呢、劳动呢、制帽呢等，属低档粗纺织物，质地粗糙，价格便宜。

粗服呢一般采用棉经、毛纬，纬纱用粗支下脚毛。为增加绒面，可用弹毛、回丝等细支再生毛。加入 20%～30% 三、四级毛可增加强力，再混入 20%～30% 黏纤，可提高面料服用和纺纱性能。

## 二、粗纺毛织物主要结构参数设计

### （一）原料运用

原料的选择与合理搭配是产品设计极为重要的环节，原料选择时应考虑原料特性、产品风格、纺织染加工工艺等多方面的因素。

**1. 选择原料的依据**

确定粗梳混料成分主要依据以下几点：

①根据织物的风格特征和品质要求。

②根据经纬纱的不同要求。

③满足加工工艺过程顺利进行。

④在保证产品质量前提下，要降低成本。

常用粗纺原料类别及品质见表 6-20。

**表 6-20　粗纺原料类别及品质**

| 纤维类别 | 纤维品质或质量 |
| --- | --- |
| 高档羊毛纤维 | 15.6tex（64 公支）、16.7tex（60 公支）及 16.7tex（60 公支）以上散毛，一级改良毛 |
| 中档羊毛纤维 | 17.2～20.8tex（48～58 公支）散毛，二、三级改良毛，细支精梳短毛，精纺软回丝等 |
| 低档羊毛纤维 | 四级改良及土种毛，粗支精短毛，混短毛，粗梳回毛、回丝弹毛、再生毛及小脚毛等 |
| 其他动物毛 | 山羊绒、骆驼绒、兔毛、马海毛及牦牛绒等 |
| 化学纤维 | 黏胶纤维、锦纶、涤纶、腈纶等 |

**2. 按羊毛纤维的性能和分级来选择**

（1）高档产品。麦尔登、女式呢、大衣呢、薄型法兰绒：原料选用 15.2～16.7tex（60～66 公支）改良羊毛或一级毛。形成的织物呢面细腻；17.8～20.8tex（48～56 公支）改良羊毛，用于起毛大衣呢或部分花式产品。

（2）中档产品。海军呢、制服呢、粗花呢，原料选用 2～3 级羊毛。

（3）毛毯类。原料选用 3～4 级羊毛。

（4）法兰绒、大众呢、粗花呢等多用副次原料，用精梳短毛制织粗纺呢绒，绒面比正常散毛好。

粗纺产品一般采用平均长度在 20~65mm 的羊毛纤维，适当掺用 20mm 左右的短纤维，混纺化纤长度一般选用 50~75mm。

一般来说，顺毛大衣呢等拉毛产品采用长、粗纤维；缩绒产品使用短、细纤维。漂白、浅色和鲜艳度要求高的织物，选用白度和光泽好的原料。细腰毛、弱节毛、黄残毛等，只能在一般产品中搭配使用，细支、薄型、深色匹染织物的炭化毛，要求除净草杂，草屑含量控制在 0.1% 以下。毡并毛一般控制在 3% 以下，细支、点子纱及三合一混纺纱的羊毛，应力求松散。

**3. 粗纺产品原料选择原则**

（1）正确使用化纤，其优点是可提高纺纱支数，取长补短，降低成本。黏胶混纺产品吸湿性好，柔软，湿强大于干强，可降低成本，改善织物细洁程度，但织物外观易产生折皱，含量应控制。

黏胶纤维缩绒性能差，重缩绒产品一般掺用 25%~30%，不缩绒或轻缩绒产品，则可掺用 35%~40%，在不影响织物外观的情况下，可达 50% 左右。

麦尔登、海军呢、制服呢等产品中常加入 7%~15% 的锦纶，粗纺花呢及法兰绒中常混用 30%~50% 的涤纶。有时采用羊毛、涤纶、黏胶三合一混纺。

腈纶适宜用于如大衣呢等起毛产品中。

采用异形纤维混纺，能改善织物的弹性、毛型感、保暖、抗起球等性能。各种花呢、大衣呢、女式呢等产品中常混用 10%~20% 的异形纤维。

（2）使用副次原料。

回料：指已被使用过的、经加工后再次使用的原料，包括精梳短毛、回丝、落毛、下脚料以及旧织物或呢面碎片。生产回用毛，使用前必须拣选、分色、选色（白色与杂色）；强捻与弱捻混合使用，同时要开松。

旧织物再生毛，质量较差，粗纺毛织物开松后纤维长度一般为 20~25mm，针织产品开松后纤维长度一般为 40~60mm。

（3）根据不同的风格选择原料。

①高缩绒产品。如麦尔登、女式呢，织纹完全覆盖，一般选 15.6tex（64 公支）羊毛 70%~80%，可适当掺入 20% 左右的精梳短毛，绒面丰满细腻。

②高档缩绒产品。如平厚大衣呢，一般为 16.7tex（60 公支）羊毛 70%~80%，可适当掺入 20%~30% 的精梳短毛。

③纹面织产品。要求粗犷、厚实、织纹清晰，多不需要缩绒，选择细度、长度较好的原料。

④立绒产品。选用长度较长，强度好，色泽洁白，具有较好的光泽和弹性的羊毛纤维。

⑤浅色或漂白产品。选用原料白度、光泽较好，控制湿毛含量及草杂含量。

**4. 注意事项**

（1）加工生产过程中，注意原料落毛变化和回潮率变化。

（2）缩呢、洗呢加工过程中，注意纱线结构与织物色泽变化。

（3）结合纤维细度、强力、耐磨和染色等性能进行纤维原料的混合。

### （二）纺纱设计

#### 1. 纱线细度设计

（1）粗纺纱与精纺纱比较。粗纺纱中存在大量各种品质支数的单纤维，表面呈现起伏的波状，有许多自由端纤维，缩呢过程中易起绒。而精纺纱条干均匀，表面光洁，限制了洗呢、缩呢中的毡化。因此，经过同样的后整理加工，粗纺、精纺毛织物所体现的特点是相差较大的。

（2）可纺线密度。混纺原料可纺特数等于每一种单一的原料可纺特数与其原料的百分含量乘积之和。

精纺毛纱要求毛纱断面内含有 35～40 根纤维，粗纺毛纱要求毛纱断面内含有 120～134 根纤维，此时纺得的纱线细度为经济纺纱细度。

当把断面内含有 120 根纤维作为经济可纺特数时：

$$Tt_1 = 0.124 \times d^2$$

当把断面内含有 134 根纤维作为经济可纺特数时：

$$Tt_2 = 0.139 \times d^2$$

式中：$d$——羊毛纤维细度，$\mu m$。

（3）纱线结构。单纱可增强织物的缩绒性能；股线，纱线紧密，增加了起绒的阻力。

#### 2. 捻度、捻系数设计

确定捻度、捻系数的因素有临界捻度、纤维的规格、产品类别、纱线类别和混纺比。

临界捻度：临界捻度以内，捻度越大织物越厚实，捻度减小，织物变松软。

纤维的规格：细而长的纤维捻度应适当减小，粗而短的纤维捻度应适当增加。

产品类别：重缩绒、起毛产品捻度小，轻缩绒、纹面产品捻度大。

纱线类别：经纱捻度大些，纬纱捻度小些；细支纱大于粗支纱；纯毛纱大于混纺纱；混纺纱大于纯化纤纱。

一般纬纱采用松捻纱，使其具有良好的缩绒性；经纱常用双股纱或紧捻纱。若合股时减小单纱捻度可使股线具有柔软的结构。

混纺比：化纤含量增加，捻度应减小。

纯毛起毛织物纬纱捻系数 363～427；纯毛呢面织物捻系数 411～474；毛/黏混纺（黏胶<35%），捻系数 395～458；羊毛/羊绒捻系数 442～337。

#### 3. 捻向

利用纱线捻向的配置可以生产出不同风格的织物，纱线的捻向对织物的手感、光泽及表面绒毛情况有很大的影响。

经、纬纱捻向不同时，经纬纱表面斜向一致，但在经纬交织处纤维相互交叉，捻向相反，因此，经纬间缠合性较差，容易滑移，因而织物质地松厚柔软，易于缩绒。且染色过程中吸色较好，染色均匀。织物起出绒毛平顺均匀，织物松厚柔软（顺毛产品）。

经、纬纱捻向相同时，在经纬直接接触处，由于捻向系同一方向，因而能充分地相互吻合，织物质地紧密而有坚实感，此种织物的厚度比经纬纱捻向相异的厚度要薄，染色效果也与上述情况相反。对于起毛织物，起出绒毛厚而不顺，织物丰满，质地坚实紧密（立绒产品）。

合股的单纱与股线捻向相同，捻度大，则缩绒性差；单纱与股线捻向相反，捻度小，易于缩绒。

### （三）织物组织

**1. 平纹组织**

平纹组织的经纬浮长接近，呢面平整细洁，经纬起毛效果等同，可使织物表面绒毛平整，适用于薄型女式呢、薄型法兰绒、粗花呢以及松结构织物。

**2. 斜纹组织**

斜纹组织在粗纺产品中应用极广，如 $\frac{2}{1}$、$\frac{2}{2}$、$\frac{3}{3}$ 斜纹，$\frac{3}{1}$ 破斜纹等，斜纹织物较细密柔软，有利于缩绒。

$\frac{2}{2}$ 斜纹组织常用于麦尔登、大众呢、海军呢、制服呢、女式呢、海力斯、粗花呢及粗服呢等。其次是 $\frac{2}{1}$ 斜纹与 $\frac{3}{3}$ 斜纹。女式呢、大衣呢等常采用 $\frac{3}{1}$ 破斜纹。

$\frac{2}{2}$ 破斜纹在纹面、绒面均有应用。匹染或混色的顺毛、立绒大衣呢采用 $\frac{2}{2}$ 破斜纹。

厚重大衣呢可采用如 $\frac{3}{3}$、$\frac{4}{4}$、$\frac{1}{3}$、$\frac{1}{2}$ 斜纹等织物组织。

**3. 缎纹组织**

缎纹组织可具有较高的经纬密度，织物表面的浮线较易起毛，一般用于起毛大衣呢及粗花呢等。纬面缎纹，起毛接触点和交织点接触，阻碍拉毛，在生产丰满和紧密绒毛或起毛作用剧烈时，易拉掉纤维。经面缎纹起毛容易，使纤维平伏顺直，绒毛表面平整。

**4. 变化组织、联合组织**

变化组织及条格组织、凸条组织、绉组织、蜂巢组织等联合组织，点缀织物的表面，使织物具有各种形式的外观。一般用于纹面女式呢、粗花呢、粗服呢等结构织物。

**5. 复杂组织**

复杂组织包括二重组织、双层组织、多层组织等，常用于各种大衣呢。厚织物选用较高纱支的二重、多层织物等。如拷花大衣呢采用纬起毛组织。起毛中等的纬二重组织要避免落毛或露底。双层组织织物，表、里层可采用不同的原料、纱支。厚实双层织物接结点宜多，松散织物接结点较少；轻缩绒织物接结点宜稀少，重缩呢织物接结点宜多。

**6. 提花组织**

提花织物一般以平纹、$\frac{2}{2}$ 斜纹及 $\frac{2}{2}$ 方平组织为基础，作表里换双层组织，多用于提花女式呢等产品。

**7. 边组织设计**

（1）平纹的边组织采用 $\frac{2}{2}$ 纬重平组织。如果仍用平纹做边，牢度虽好，但交织点多，制织困难。

（2）斜纹的边组织常采用 $\frac{2}{2}$ 右斜纹，经纬密度较大时，采用反斜纹、方平、纬重平。

（3） $\frac{2}{2}$ 人字呢的边组织常采用 $\frac{2}{2}$ 方平组织。

（4） $\frac{3}{1}$ 、 $\frac{2}{1}$ 斜纹的边组织常采用方平组织，也可采用反斜纹，因正反面不是同面组织，易卷边。

（5）五枚缎纹的边组织常采用方平或重平组织，使边经纱与地经纱的缩率不致相差太大。

**（四）织物密度、紧度及上机密度充实率**

**1. 织物的密度和紧度**

织物密度影响外观、手感，如纹面织物，经密大，则身骨较好；绒面织物，纬密大，则绒面较好。密度大，不易缩绒。长缩过大，手感板硬。羊绒大衣呢要求绒面丰满，整理时采用缩绒后反复起毛、剪毛，绒毛较为丰满，采用较大的纬密使产品绒面平整细密。

当组织相同而经纬纱支不同时，密度不能真正地反映织物的紧密程度，而应采用织物的相对密度即织物的紧度来评定。生产中常利用同类产品中的紧密的经验数据来推得织物的密度。

**2. 呢坯最大上机密度**

$$P_{\max} = \frac{1296 \times f^m}{\sqrt{Tt}} = 41\sqrt{N_m} \times f^m$$

**3. 呢坯上机密度充实率**

常用品种的呢坯上机密度充实率见表6-21。

表6-21　常用品种的呢坯上机密度充实率

| 织物紧密程度 | | 充实率（%） | 常用品种 |
| --- | --- | --- | --- |
| 特密 | | 95以上 | 平纹合股花呢、棉经毛纬产品、精经粗纬产品 |
| 紧密 | | 85.1~95 | 麦尔登、紧密海军呢、大众呢、大衣呢、平纹法兰绒、细花呢、细特女式呢 |
| 适中 | 偏紧 | 80.1~85 | 制服呢、学生呢、海军呢、大众呢、大衣呢、法兰绒、海力斯、粗花呢、女式呢 |
| | 偏松 | 75.1~80 | |
| 较松 | | 65.1~75 | 花式女式呢、花式大衣呢、较松粗花呢、粗支花呢 |
| 特松 | | 65以下 | 松结构女式呢、特松织物 |

呢坯实际上机密度与呢坯最大上机密度比值的百分率称为充实率。它用来反映纱线在呢坯中的充实程度，可比较不同组织织物的织造难易程度和紧密程度。由于粗纺呢坯在染整加工过程中，伸缩变化较大，因此，呢坯的紧密程度并不等于成品的紧密程度。粗纺产品织物密度相差较大，有缩绒与不缩绒的差别，故将呢坯上机密度分为特密、紧密、适中（偏紧、偏松）、较松及特松六种，其呢坯上机密度充实率可参考实际范围而选用。

选择充实率时，应注意：

（1）大部分缩呢产品的呢坯上机密度在"适中"范围，海军呢、大众呢、学生呢、大衣呢，可取"适中、偏紧"；法兰绒、粗花呢及深色织物"偏紧"；海力斯、女式呢及中浅色织物可取"偏松"。

（2）一般缩呢产品的经充实率大于纬充实率 1%~15%，以 5%~10% 较多。轻缩绒急斜纹露纹织物，经充实率大于纬充实率 20% 左右。单层起毛产品，纬充实率大于经充实率 5% 左右为宜。经纬向充实率选择时，可先选定经纬平均充实率，再分别确定经纬向充实率。

**4. 呢坯上机密度**

缩绒及拉毛程度对成品密度的影响很大。大多数产品用单股经纬纱，断头率较高，因此要合理选择上机密度。确定上机密度时，不仅要考虑包括整理工艺在内的织物紧密程度，还应考虑呢坯上机的最大密度。

呢坯（实际）上机密度＝呢坯最大上机密度×呢坯上机密度充实率

经、纬二重与双层组织织物，根据产品特征和织造要求比例，利用充实率计算呢坯上机密度。一般经二重组织经纬比例为 (1.2~1.5):1；纬二重组织经纬比例为 1:(1.3~2)，1:1.5 左右较普遍；双层组织经纬比例比较接近，在 1:(0.9~1) 左右较为适宜。

例 6-1：3/3 斜纹女大衣呢，经纬纱均为 111tex（9 支）毛纱，呢坯上机经密为 150 根/10cm，纬密为 145 根/10cm。现改为五枚二飞缎纹，纱线细度、织物紧密程度不变，求经纬上机密度。

$$原呢坯最大上机密度 = 41 \times \sqrt{9} \times (6/2)^{0.39} = 189（根/10cm）$$

$$经向充实率 = \frac{150}{189} = 79.4\%，纬向充实率 = \frac{145}{189} = 76.7\%$$

更改组织后，呢坯最大上机密度 $= 41 \times \sqrt{9} \times (5/2)^{0.42} = 181$（根/10cm）

$$呢坯上机经密 = 181 \times 79.4\% = 144（根/10cm）$$

$$呢坯上机纬密 = 181 \times 76.7\% = 139（根/10cm）$$

例 6-2：经纬 125tex（8 公支）毛纱，2/2 斜纹粗花呢，呢坯上机经密 118 根/10cm，纬密为 113 根/10cm。现改为 167tex（6 公支）毛纱，平纹组织。织物紧密程度不变，求经纬上机密度。

$$原粗花呢呢坯最大上机密度 = 41 \times \sqrt{8} \times (4/2)^{0.39} = 151（根/10cm）$$

$$经向充实率 = \frac{118}{151} = 78\%，纬向充实率 = \frac{113}{151} = 75\%$$

$$现粗花呢呢坯最大上机密度 = 41 \times \sqrt{6} \times (2/2)^0 = 100 （根/10cm）$$

所以，呢坯上机经密 = 100×78% = 78 （根/10cm）；呢坯上机纬密 = 100×75% = 75 （根/10cm）。

### （五）色彩花型设计

色彩在毛织物中占有重要的地位，它是构成织物外观的主要因素之一。粗纺呢绒多作为外衣面料，首先引起人们注意的是色泽，其后是花型。

粗纺呢绒的花型主要有三大类：一是各种条型；二是格型，包括规则格、不规则格、大小格相互套合等；三是各种配色模纹，如阶梯、犬牙等花型。

色纱的应用及搭配，一方面取决于使用的对象，另一方面要适应流行色。

对于素色匹染织物的颜色，一方面继续采用传统的深黑、藏蓝、驼色等颜色，另一方面，随着各种新型染料的使用及染色技术的提高，各种艳丽的色彩，如血红、墨绿、紫红等大量运用，其色彩的变化符合每年国际流行色的发布。

### 三、粗纺毛织物规格设计与上机计算

#### （一）粗纺毛织物规格设计

匹长：成品的匹长，主要根据订货部门的要求以及织物厚度、每匹重量、织机的卷装容量等因素来确定。目前较普遍的成品匹长是 40~60m，或大匹 60~70m，小匹 30~40m。

幅宽：主要根据订货部门要求以及设备条件（织机筘幅、拉、剪、烫、蒸的机幅）等来确定。粗纺毛织物的成品幅宽一般为 143cm、145cm 及 150cm 三种。

密度：包括成品的经密和纬密。

细度：包括经纱细度和纬纱细度两部分。

成品单位质量：有"每平方米重量"和"每米重量"两种规格。

#### （二）粗纺毛织物设计参数

缩率与重耗是规格设计中的主要工艺参数。粗纺毛织物的缩率与重耗较大，这也是与其他织物的一个重要区别。影响缩率和重耗的因素很多，应从产品风格要求、加工工艺等综合加以考虑。一般参照类似产品选择，并在试织中加以修正。

**1. 缩率**

缩率包括织造、染整缩率，它不仅是工艺设计中的重要工艺数据，而且对成品的强力、弹性、手感和外观均有很大影响。缩率大小与纺织、染整工艺条件、织物组织和密度、纱支、捻度及原料等因素有关。

（1）织造缩率。织造缩率包括织长缩、织幅缩、织造净长率、织造净宽率。

（2）下机呢坯缩率。

$$下机呢坯缩率 = \frac{机上呢坯长度（m）- 机下呢坯长度（m）}{机上呢坯长度（m）} \times 100\%$$

$$= \frac{机下呢坯纬密 - 机上呢坯纬密}{机下呢坯纬密} \times 100\%$$

（3）染整缩率。包括染长缩、染幅缩、染整净长率、染整净宽率、总净长率、总净宽率。

**2. 染整重耗**

与加工工艺和原料性能等因素。在染整过程中，拉毛、剪毛等落毛损耗即为染整重耗，并与和毛油及其他杂质的清除有关。

$$染整重耗 = \frac{坯布匹重（kg）-成品匹重（kg）}{坯布匹重（kg）} \times 100\%$$

$$染整净重率 = \frac{成品匹重（kg）}{坯布匹重（kg）} \times 100\% = \frac{成品米重（g）\times染整净长率}{坯布米重（g）} \times 100\% = 1 - 重耗（\%）$$

加工工艺和原料性能是影响染整重耗的主要因素。匹染比条染损耗大，深色匹染重耗少，浅色重耗多，化纤比纯毛织物损耗少。缩而不拉毛织物一般 5%~6%；重拉毛而轻剪毛织物 12%~16%；重拉毛、重剪毛织物高达 20% 左右。棉经毛纬粗服呢长度不缩而伸长 0~5%。缩绒后重起毛拷花大衣呢产品，染整重耗最大，达 17%~23%；不缩绒的粗花呢重耗 1%~5%。粗纺产品的缩率与重耗可参考经验数据或相关资料。

**(三) 织物上机计算**

**1. 匹长**

$$呢坯匹长 = \frac{成品匹长（m）}{1-染长缩}；整经匹长 = \frac{呢坯匹长（m）}{1-织长缩}$$

**2. 幅宽**

粗纺产品成品幅宽一般为 143cm、145cm 及 150cm 三种。

$$成品幅宽 = 坯布幅宽 \times 染整净宽率 = 上机幅宽 \times 织整总净宽率$$

$$呢坯幅宽 = \frac{成品幅宽}{1-染幅缩} = \frac{成品幅宽}{染整净宽率}$$

$$上机筘幅 = \frac{成品幅宽}{总净宽率} = \frac{坯布幅宽}{织造净宽率} = \frac{坯布幅宽}{1-织幅缩}$$

坯布的上机筘幅随总净宽率的增减而变化，而总净宽率又随产品特征、品质要求、原料性能、织物密度、织物组织及缩绒与起毛的程度而异。

**3. 经密**

$$上机经密 = 计算最大密度 \times 经向充实率 = 筘号 \times 每筘穿入数 = 坯布经密 \times (1-织幅缩)$$

$$坯布经密 = 成品经密 \times (1-染幅缩) = \frac{成品经密 \times 成品幅宽}{坯布幅宽} = \frac{总经根数 \times 10}{坯布幅宽}$$

**4. 纬密**

$$上机纬密 = 计算最大密度 \times 纬向充实率 = 坯布纬密 \times (1-下机坯布长缩)$$

$$坯布纬密 = 成品纬密 \times 染整净长率 = \frac{坯布每米纬纱重 \times 1000 \times 10}{上机筘幅 \times 纬纱号数} = \frac{上机纬密}{1-下机坯布长缩率}$$

**5. 总经根数**

$$总经根数 = \frac{上机幅宽×上机经密}{10} = \frac{成品幅宽×成品经密}{10}$$

$$= \frac{坯布每米经纱重（g）×1000×织造净长率}{经纱号数}$$

$$= 坯布每米经纱重（g）×织造净长率×经纱支数$$

$$= 每厘米筘齿数×筘入数×上机筘幅$$

**6. 坯布重量**

（1）每米坯布经纱重（g）$= \dfrac{总经根数×经纱特数}{1000×织造净长率} = \dfrac{总经根数}{织造净长率×经纱支数}$

$$= \frac{每匹坯布经纱重（kg）×1000}{坯布匹长（m）}$$

（2）每米坯布纬纱重（g）$= \dfrac{坯布纬密×上机幅宽×纬纱特数}{1000×10} = \dfrac{坯布纬密×上机幅宽}{纬纱支数×10}$

$$= \frac{每匹坯布纬纱重（kg）×1000}{坯布匹长（m）}$$

（3）坯布米重 = 每米坯布经纱重（g）+ 每米坯布纬纱重（g）

$$= \frac{坯布匹重（kg）×1000}{坯布匹长（m）} = \frac{成品米重（g）×染整净长率}{染整净重率}$$

（4）每匹坯布经纱重（kg）$= \dfrac{总经根数×整经匹长×经纱特数}{1000×1000} = \dfrac{总经根数×整经匹长}{1000×经纱支数}$

（5）每匹坯布纬纱重（kg）$= \dfrac{坯布纬密×上机幅宽×纬纱特数×坯布匹长}{1000×10×1000}$

$$= \frac{坯布纬密×上机幅宽×坯布匹长}{纬纱支数×1000×10}$$

（6）每匹坯布重 = 每匹坯布经纱重 + 每匹坯布纬纱重 = 坯布米重×整经匹长×织造净长率/1000

**7. 成品重量**

（1）每米成品经纱重（g）$= \dfrac{总经根数×1×经纱特数×(1-重耗)}{1000×织造净长率}$

$$= \frac{每米坯布经纱重×(1-重耗)}{染整净长率}$$

（2）每米成品纬纱重（g）$= \dfrac{成品纬密×上机筘幅×纬纱特数×(1-重耗)}{1000×10}$

$$= \frac{每米坯布纬纱重×(1-重耗)}{染整净长率}$$

（3）成品米重 = 每米成品经纱重 + 每米成品纬纱重

（4）每匹成品经纱重 $= \dfrac{总经根数×整经匹长}{经纱支数×1000}$

(5) 每匹成品纬纱重 $=\dfrac{坯布纬密×上机幅宽×整经匹长×织造净长率}{纬纱支数×10×1000}$

(6) 成品匹重 $=\dfrac{每米成品重×成品匹长}{1000}$

$=每匹坯布重量×(1-重耗)=每匹成品经纱重+每匹成品纬纱重$

(7) 成品每平方米重量 $=\dfrac{每米成品重×100}{成品幅宽}$

**（四）典型织物品种设计**

例6-3：50%的一级毛、50%的黏纤纺成125tex（8公支）纱的制作花式大衣呢，捻度39捻/cm，经、纬纱分别为Z、S捻，成品幅宽143cm，2/2斜纹组织，试进行规格设计与工艺计算。

解：根据织物特点，取成品匹长45m，织造净长率93.2%，染整净长率88%，下机坯布缩率3%，总净宽率77.7%，织造净宽率94.8%，染整净宽率82%，染整重耗7.2%，经向充实率72%，纬向充实率70%。

(1) 坯布幅宽 $=\dfrac{143}{82\%}=174.4$（cm）

(2) 上机筘幅 $=\dfrac{174.4}{94.8\%}=184$（cm）

(3) 呢坯匹长 $=\dfrac{45}{88\%}=51.13$（m）

(4) 整经匹长 $=\dfrac{51.13}{93.2\%}=54.9$（m），取55m

(5) 呢坯上机最大密度 $=41\sqrt{8}×2^{0.39}=152$（根/10cm）

(6) 上机经密 $=152×72\%=109$（根/10cm），取4入/筘，筘号27#

(7) 上机纬密 $=152×70\%=106$（根/10cm）

(8) 总经根数 $=\dfrac{27×4×184}{10}=1987$（根），取1988根

(9) 呢坯经密 $=\dfrac{109}{94.8\%}=114$（根/10cm）

(10) 呢坯纬密 $=\dfrac{106}{1-3\%}=109$（根/10cm）

(11) 呢坯每米经纱重 $=\dfrac{1988×1}{93.2\%×8}=266.6$（g）

(12) 呢坯每米纬纱重 $=\dfrac{109×184}{8×10}=250.7$（g）

(13) 成品米重 $=\dfrac{517.3×92.8\%}{88\%}=545.5$（g）

例6-4：纯毛女式呢的成品米重317g，幅宽145cm，质地经密适中，进行规格设计和上

机计算。

解：根据该女式呢的产品特征、品质要求及原料细度范围，选用 15.6tex（64 公支）羊毛，纺 62.5tex（16 公支）纱，经纬纱捻度均为 58.3 捻/cm，Z 捻，组织为 1/1 平纹，利于缩绒后呢面平整。

（1）成品要求质地紧密适中，选定上机密度经向充实率 81%，纬向充实率 74%，呢坯上机最大密度 $= 41\sqrt{16×1} = 164$（根/10cm），上机经密 $= 164×81\% = 133$（根/10cm），选用 66.5 号筘，每筘穿入 2 根，上机纬密 $= 164×74\% = 121$（根/10cm）。

（2）选定织造净长率为 94%，机上呢坯至下机呢坯间净长率为 97%，染整净重率 93%，织造净宽率 97%，染整净宽率 82%，染整净长率 75%~95%，拟定染整净长率 88%~92%。

（3）上机筘幅 $= \dfrac{145}{97\%×82\%} = 182.3$（cm）

（4）总经根数 $= \dfrac{66.5×2×182.3}{10} = 2424$（根）

（5）呢坯每米经纱重 $= \dfrac{2424×1}{94\%×16} = 161.17$（g）

（6）呢坯纬密 $= \dfrac{121}{97\%} = 124$（根/10cm）

（7）呢坯经密 $= \dfrac{133}{82\%} = 162$（根/10cm）

（8）呢坯每米纬纱重 $= \dfrac{124×182.3}{16×10} = 141.28$（g）

（9）呢坯每米经纱重 $= \dfrac{2424×1}{16×94\%} = 161.17$（g）

（10）呢坯每米重量 $= 161.17+141.28 = 302$（g）

（11）染整净长率 $= \dfrac{302×93\%}{317} = 89\%$，染整净长率在 88%~92% 范围内

（12）成品经密 $= \dfrac{2424×10}{145} = 167$（根/10cm）

（13）成品纬密 $= \dfrac{124}{89\%} = 139$（根/10cm）

（14）织整总净宽率 $= \dfrac{145}{182.3} = 79.5\%$

（15）总净长率 $= 94\%×89\% = 83.7\%$

## 四、粗纺产品后整理工艺分析

染整加工是成品质量的关键，粗纺产品有别于精纺产品的主要工艺特征是缩绒和起毛。通过缩绒、起毛，使产品呢面丰满，质地紧密，手感厚实。同时，缩绒和起毛使呢坯的长缩、幅缩增大，重耗变大，且单位成品重量较难控制。

染整工艺因风格各异而各不相同。如纹面织物可不经缩绒和起毛，重点是洗呢、蒸呢；呢面织物必须经过缩绒或重缩绒，然后烫蒸定型；绒面织物则需经过缩绒与起毛，并要反复拉、剪多次，设计时必须选用合理的染整工艺。

从织机下来的呢坯，虽已形成织物，但产品的柔软、丰厚、弹性、色泽鲜明以及呢面的丰满程度和滑润光泽等品质，尚不能充分表述出来，只有通过染整加工，各种产品才能具有独特风格和优良品质。不同的染整工艺，往往能使成品的风格截然不同，尤其是粗纺呢绒的质量与染整工艺的关系更为密切，染整工艺是粗纺呢绒设计的一个重要内容。

## (一) 呢坯准备

### 1. 生匹修剪

物理指标包括匹长、幅宽、匹重等；外观疵点包括油渍、纱疵、织疵等。

### 2. 编号

分清织物的品号和匹号。

### 3. 修补

双纱、带毛纱、缺经、梭子洞、弓纱等须进行修补。

### 4. 揩油

呢坯上的油渍应轻擦轻洗。防止织物表面发光，防止油渍扩散。

## (二) 洗呢工艺

将呢坯中含有的和毛油及其他油污杂质，经过洗剂溶液的浸透和机械外力的挤压，将油污杂质去除。

### 1. 目的和要求

(1) 目的。去除油污杂质，将呢坯冲洗匀净，增加产品色光鲜艳度，提高染色牢度；发挥羊毛纤维固有的光泽、手感、弹性，使织物具有良好的身骨。

(2) 要求。

①洗净，洗后织物含油脂率<0.8%，含皂率<1%。

②洗匀，防止产生水印、条花、色花等疵点。

③对纹面织物，挤压力要小，尽量减少摩擦，防止花纹模糊，沾色；易褪色产品应采用中性洗呢、酸性洗呢。

④合理制订洗呢工艺条件，防止呢坯在洗呢时经常处于固定位置，洗后呢坯应及时进入下道工序，对卷边的产品应使用袋状洗呢，对厚薄不同的产品，应及时调整压辊压力。

### 2. 工艺条件产品质量关系

洗呢的工艺条件必须掌握适当，否则将使产品质量受到危害。影响洗呢效果的主要因素有以下七个方面。

(1) 洗呢温度。提高洗呢温度，可促进洗液对织物的润湿渗透，削弱污垢和织物的结合力，但在碱性溶液中，如洗涤温度高，常会损伤羊毛纤维，使织物手感粗糙和失去光泽。因此，在保证洗涤效果能达到要求的条件下，以采用低温为宜，但温度不得低于肥皂的凝固点。一般纯毛织物和混纺织物的洗呢温度在40℃左右，对纯化纤织物可提高到50℃左右，以防止产生条折痕及改进毛型感，并要注意有色织物的褪色问题。

（2）浴比。浴比就是织物重量与水的重量之比。因洗液要保持一定的浓度，如浴比大，需用较多的洗剂；浴比过小，织物润湿不均匀，易产生折痕。因此合适的液量以浸没织物为宜，一般呢绒浴比为（1∶5）~（1∶6），化纤可稍大些。

（3）洗呢时间。洗呢时间根据原料的含杂情况，坯布的组织规格和风格要求而定。粗纺呢绒洗呢时间较短，一般为30~60min。对组织结构较松的织物，为了防止呢面发毛，时间应短些；对厚重紧密织物要求手感柔软丰厚的，时间宜长些。

（4）洗液的pH值。pH值高容易洗净织物，但羊毛纤维在温度高、碱性强的情况下宜受损伤，影响成品的手感、光泽和强度，因此要严格控制。在用皂碱法洗涤油污较多的毛织物时，pH值为9.5~10；当织物上油污较少，且使用合成洗涤剂洗呢时，洗液pH值一般掌握在7~9.5。

（5）压力。压力大，易使污垢脱离织物表面，但对黏胶或腈纶混纺产品，因纤维的抗皱性差，压力过大，会使织物产生折痕，故洗呢压力要比纯毛织物小些。

（6）冲洗。冲洗主要掌握水的流量、温度和冲洗次数，为了防止肥皂水解并节约水、汽，采用小流量多次冲洗的方法较好。一般是前三次冲洗用水量要小些，水温稍高些（第一次冲洗水温比皂洗温度高3~5℃），以后水量逐渐增加，水温逐渐降低，一般冲洗5~6次，直至洗净织物。呢坯出机时pH值接近中性，呢坯温度和车间温度接近。冲洗时不能发生骤冷骤热情况，以免产生条折痕。如用合成洗涤剂时，冲洗的水量可大些，冲洗次数也较少。黏胶混纺织物的出机温度要高些，可在40~45℃，并立即拉平，送入下工序整理，防止产生折痕。

（7）洗涤剂的性能。羊毛纤维的等电点为pH值为4.5时没有电荷，呈中性。当pH值低于4.5时，就带正电；当pH值高于4.5时，就带负电。而一般污垢在洗液中呈负电荷状态，如洗液中增加负电荷，可以阻滞污垢的重新下沉，增进除垢效果，也就是说洗剂的离子型要与污垢微粒电荷相同，故洗呢常用阴离子和非离子型洗剂洗呢。

如洗呢的工艺和操作掌握不当，会造成各种洗呢疵病，尤以用皂碱洗毛织物时更为突出。如果呢坯在洗呢机中运行变位不良，或受到冷热刺激定型，活呢坯经常处于固定位置挤轧，再加上意外摩擦因素，结果先产生折痕，继续受摩擦，发展为条痕，条痕在呢面的反光不同，便出现假条花。这种条花，斜视看得清楚，正视就可能不太明显，如果染色后不论正视或斜视，都能看清楚，那就是真条花了。

条折痕、条花是洗呢的主要疵病，除上述原因外，还有季节性因素。一般在冬季及春初，即12~2月间最易产生，这是由于气温急剧下降，车间温度显著下降，而又无适当保温措施，使刚出机的呢坯在绳状下堆积时间稍久，就会产生不同程度的定型而产生条折痕。因此，车间应适当保温，一般夏季以28~32℃，冬季以20~25℃为宜。

水质硬度高，也易产生条折痕，尤以使用皂碱洗呢时更为严重。

**（三）缩呢工艺与织物质量的关系**

在湿、热及机械外力作用下，纤维相互交叉纠缠使织物收缩。毛织物在缩剂和机械外力作用下使羊毛纤维产生交错、毡化，使织物表面起出一层细密的绒毛，从而增加织物的厚度和密度，同时织物在长度、宽度方向收缩。

缩呢是粗纺呢绒染整工程中的一个重要工艺，有关缩呢的目的及方法，已有所介绍。而毛织物的品种繁多，如何针对各种品种的风格特点，选用适当的缩呢工艺，从而提高织物的使用价值。这是在产品工艺设计中一个需要慎重考虑的问题。

**1. 产品风格与缩呢工艺**

粗纺呢绒按照缩呢性质分为三类：一为不缩或轻缩织物，二为重缩织物，三为偏重纬缩的织物，见表 6-22。

表 6-22　缩呢分类及其特征

| 缩呢分类 | 不缩或轻缩织物 | | 重缩织物 | 偏重纬缩织物 | |
|---|---|---|---|---|---|
| 代表性织物 | 粗花呢、海力斯 | 法兰绒、条格绒 | 麦尔登、海军呢 | 平厚大衣呢 | 立绒大衣呢、顺毛大衣呢、拷花大衣呢 |
| 织物外观、手感 | 织纹明显（露底）、有弹性 | 织纹隐约可见，柔软，稍紧密 | 织纹隐藏、结构紧密 | 织纹隐藏、蓬松、厚实 | 蓬松、厚实、柔软、光泽好 |

呢面织物中的麦尔登、海军呢类，要缩得紧密，使绒毛短密地覆盖在呢面，就应采用重缩。至于立绒、顺毛、拷花等起毛绒面织物，为了有利于起毛加工，就不宜采用重缩，并偏重于纬向缩呢。纹面织物中的粗花呢等品种，要防止花纹和色泽模糊，要适当轻缩，不宜重缩。

重缩织物所用缩剂的浓度宜高些，否则润滑性差，落毛增加，缩后织物绒面较差，手感松薄。但浓度过高，缩呢不易均匀。一般肥皂浓度，以干坯缩呢 30~60g/L，湿坯缩呢 80~150g/L 为宜。

**2. 缩呢方法的分类**

（1）按呢坯状态及缩剂分类。

①碱缩呢。先将干坯浸入纯碱中，再轧去多余碱液，上机缩呢加肥皂液（润滑作用）。

缩剂：纯碱（3%），肥皂液合成剂（3%~6%）。

用量：织物干重的 80%~100%（用量过多，易产生落毛；用量过少，影响缩呢速度）。

pH 值：9~10

特点：织物缩呢后较紧密，色泽不够鲜艳，成本较低，手感较硬，适合于中低档产品以及深色轻薄织物。

②皂缩呢。将呢坯先用纯碱和肥皂洗净，脱水后，用肥皂液缩绒。

缩剂：皂液（肥皂加合成洗剂，3%）。

用量：织物干重的 45%~50%。

特点：织物手感柔软，呢面细洁平整，色泽鲜艳，成本较高，适合于高档粗纺呢绒产品。厚织物，色泽要求较鲜艳，一般产品用钠皂，重缩绒产品用硬皂（质地、手感、紧密）；轻缩绒产品用油酸皂（手感蓬厚、柔软）。

③酸缩呢。用硫酸或醋酸缩呢。

缩剂：硫酸4%～5%（洗净织物干重的90%～100%）；醋酸2%～3%（洗净织物干重的90%～100%）。

特点：缩呢速度快，缩得多，整理重耗较少，纤维之间抱合紧密，适合于轻薄型产品（如海军呢、制服呢）及一些耐磨要求较高的产品。手感较硬，光泽较差。

④中性缩呢。呢坯用清水洗呢，中性表面活性剂缩呢，缩后织物手感硬板，适合轻缩绒产品。混纺：再生毛+精短毛+黏胶纤维

⑤碱酸缩呢。先用碱性缩呢法将织物缩至2/3程度，再洗去缩剂；然后用稀硫酸缩呢，缩至规定规格，最后中和酸液。

特点：织物具有酸缩呢的紧密身骨，同时又具有碱缩呢的呢面和手感，在两次缩呢中间加入洗呢工艺，增加了织物色泽鲜艳度，适合于混纺产品，原料低档的产品。

（2）呢坯干湿状态分类。

①湿缩法。先洗后缩（皂缩）。

优点：缩剂吸收均匀，呢面平整，色光鲜艳；缺点：缩呢效率低，操作过程繁多，用料多。

②干缩法。干坯直接缩呢，不经初洗（碱缩）。

优点：缩呢效率高，节省工时、用料，成本低；缺点：缩剂吸收不均匀，色泽不鲜艳，造成单位重量偏重、窄幅。

### 3. 影响缩呢的工艺因素

只有掌握了缩呢的工艺条件，才能发挥相应的缩呢效果。影响缩呢的工艺因素较多，掌握适当，过量或不足都对产品质量有影响。

（1）水分。完全干燥的羊毛，因具有刚性，不易压缩，羊毛浸湿以后，刚性降低，其定向摩擦效应要比干羊毛大。羊毛的润湿与膨胀，使其容易产生相对运动，有利于缩绒的进行。缩液用量过小，会使呢坯润湿不匀，产生缩呢斑，且会延长缩呢时间，造成落毛的增加，但如水分过多，使纤维之间的摩擦减少，缩绒作用反而减退。所以缩绒的湿度要适当。一般缩液用量对于干缩法的呢坯为坯重的100%～125%，对于湿缩法的呢坯为干坯重的50%～60%，或用手指掐呢坯，刚刚挤出缩液为宜。

（2）温度。提高缩呢的温度，可以促进毛织物的润湿、渗透，使纤维膨胀，加快缩绒。但在碱性缩绒中，高温易使羊毛受到化学损伤，降低弹性，容易伸长，不易回缩。而在酸性液中，羊毛比较稳定，可保持原来的弹性，温度增加在一定范围以内时，较易伸长而又不影响其回缩力，可以随温度的适当提高而增加缩率。因此碱性缩呢宜用35～40℃，中性缩呢为35～45℃，酸性缩呢可在50～70℃进行。

（3）pH值。羊毛织物在pH值小于4或大于8的介质中进行缩呢时，羊毛的膨润性较好，拉伸变形较大，回缩能力也较强，有利于纤维之间发生相对移动，定向摩擦效应大，其面积收缩率较大，缩绒效果较好。但当pH值超过10时，羊毛将受到损伤。

当溶液的 pH 值为 4~8 时，羊毛的膨润性最小，鳞片的定向摩擦效应较差，其面积收缩率较小。在酸性范围，缩率随 pH 值的减少而增加，碱性缩绒适宜的 pH 值为 9~10，酸性缩绒的适宜 pH 值为 2~3。

（4）压力。羊毛纤维的移动是借助外力促成的，缩绒机的作用是推、压、挤、擦，促使羊毛纤维移动并收缩的。如压力大，缩绒快，纤维缠结也较紧。但压力的大小应均匀适当，根据织物的规格和呢面质量要求掌握，以羊毛不受损伤为原则。

（5）原料。羊毛纤维有缩绒性，但由于羊种不同及加工处理不同，其缩绒性就有差异。一般来说，羊毛越细，鳞片和卷曲数越多，其缩绒性越强；粗毛的鳞片和卷曲数少，缩绒性就较差。在羊毛细度相接近的情况下，各种羊毛的缩绒性并不一致，一般是进口羊毛大于国产羊毛，改良毛大于土种毛，短毛大于长毛，新羊毛大于再生毛。由于再生毛的来源不同，缩绒性也有差别，如从针织物上得来的再生毛比精纺呢片再生毛好，精纺呢片再生毛又比粗纺呢片再生毛好。经过炭化处理的羊毛因为纤维已受损伤，因此炭化毛的缩绒性不如原毛。同理，染色毛的缩绒性不如本色毛（指同种毛），而各种染色毛的缩绒性也不完全相同，如酸性染料染的色毛，因染色时间较短，比酸性媒介染料染的色毛缩绒性略强。

（6）毛纱与织物的性状。一般是纱特数高的、捻度小的好缩；纱特数低、捻度大的难缩。纤维排列平行紧密的精纺毛纱较纤维短、排列较乱的粗纺毛纱难缩。合股纱与单纱相比，如合股纱的捻向与单纱的捻向相同，则捻度增加，缩绒性就差。如合股纱捻向与单纱捻向相反，则捻度减小，缩绒性增强。

在织物的性状方面，如经纬纱特数相同，其经纬密度大的较密度小的难缩。织物的组织与缩绒性密切相关，如经纬交错次数多，则经纬浮线短，就比较难缩（如平纹比斜纹难缩）。又如 $\frac{2}{2}$ 斜纹与 $\frac{1}{3}$ 破斜纹的经纬交错数相同，但 $\frac{1}{3}$ 破斜纹的排列较乱，浮线较长，其缩率较大。

由于呢坯在缩呢之前的加工条件不同，对缩绒就有一定影响。例如，呢坯在缩绒前经过起毛，则纤维松开，就易于缩绒。如果经过染色或煮呢定型等工序，纤维受到损伤，缩绒性势必有所减弱。

影响缩呢的因素很多，在设计产品时必须全面细致地考虑。

**（四）起毛工艺**

利用钢针刺辊将织物表面起出一层绒毛，可以隐蔽织纹，使织物松厚柔软，提高起保暖性。起出的绒毛可形成立绒、顺毛、波浪型等。

**1. 起毛方法**

（1）按起毛机类型分类。

刺辊：立绒产品，可起出耸立蓬松的绒毛，但较乱。

刺果：起毛作用力缓和，起出的绒毛卧伏、长顺，适合于顺毛织物。

（2）按呢坯干湿状态分类。

干起法：干坯起毛，针辊起毛。

湿起法：缩呢-起毛（刺果），落毛少，对织物损伤小，光泽好。

水起法：缩呢，水槽中刺果起毛，呈水波纹状。

（3）按工序分类。

洗前起毛：生坯，可去除一部分草刺，使呢坯表面起出一层绒毛，利用洗缩作用。

洗后起毛：起出的绒毛柔软，不至于使织物手感发硬。

缩后起毛：适合于高档的顺毛大衣呢，绒毛顺伏紧密，且不易脱落。

染后起毛：染色后干坯起毛，一般粗纺产品，为了简化工序，提高生产效率，降低成本，多数采用染后干坯起毛。

**2. 起毛工艺与织物质量**

为了获得较好的起毛效果，要注意掌握以下几个方面。

（1）原料品质。羊毛细而短，起出的绒毛浓密；羊毛粗而长，起出的毛较稀。新羊毛起毛比再生毛起毛的绒面要好。羊毛与化纤混纺时，其中锦纶和涤纶不易起毛，黏胶较易起毛。

（2）毛纱特数及捻度。毛纱特数高，捻度小，较易起毛；反之，就难起毛。如为合股线，因单纱捻度高，即使合股捻度低，也不易起毛，而并线（不加捻）就较易起毛。如毛纱的捻度小，起毛后纬向收缩大，伸长少，织物丰厚，手感柔软。如经纬纱的捻向相反，织物起毛后绒毛排列整齐，平顺而均匀。

（3）织物结构。粗松的织物起毛后的绒毛长而稀，经纬密度大的织物起出的绒毛细而短，起毛较困难。经纬交错点少的，纬纱浮线长的容易起毛，如斜纹比平纹易起毛。而同一交错数的 $\frac{3}{1}$ 与 $\frac{2}{2}$ 斜纹组织，因 $\frac{3}{1}$ 斜纹浮线长，较易起毛。对起毛后要求盖底较高的产品，可用 $\frac{2}{2}$ 破斜纹代替 $\frac{2}{2}$ 正则斜纹，因 $\frac{2}{2}$ 破斜纹的表面织纹不规律，起毛后不易露纹。对要求绒毛厚密为主的产品，对采用 $\frac{1}{3}$ 破斜纹，或采用 5~8 枚纬面缎纹，纬纱浮线较长，有利于纬纱起毛，起出的毛顺直而厚密。

（4）水分。织物在潮湿状态下容易起毛，在干燥状态下难起毛。干起法毛纤维易断裂，落毛多，起出绒毛不齐。湿起毛绒毛较长，起毛量较多。湿起毛时提高水温（50℃左右），降低 pH 值（掌握 5~6），比用中性的低温水更易起毛。如织物表面产生稀的波纹，可在绒毛起至一定程度时，使用顺针辊使之梳顺。

**3. 各种染化助剂的影响**

（1）pH 值。毛织物用酸或碱处理后，较易起毛，因羊毛发生膨化，拉伸纤维需要的功较少，其中酸性比碱性容易起毛，中性较难起毛。在同一的 pH 值下，弱酸比强酸利于起毛，因弱酸对羊毛的膨化作用较显著。

（2）盐类。中性盐类能抑制纤维膨化，妨碍起毛，在高浓度盐类溶液中（如加入多量元明粉）就更明显。盐类还可增加纤维之间的摩擦力，影响起毛。如用还原性盐类处理时，则情况与上述不同，例如织物用亚硫酸氢钠溶液处理后，起毛就容易得多，这是由于二硫键破坏后，拉伸羊毛所需要的功较少的缘故。

（3）染料染色的影响。染色 pH 值越低，越易起毛（媒介染料除外，因红矾的处理使纤维硬化，不易起毛）。

毛黏混纺织物，在匹染时只染羊毛，较易起毛。如两种纤维均用同浴中性染色，则不易起毛，除非在染色时再用酸和润滑剂处理。毛黏混纺织物，黏胶最好采用原液染色或散纤维染色，然后进行匹套羊毛，这对起毛有利。

各类染料影响湿起毛的难易程度，依次排列为：1∶1 型络合染料>未染织物>强酸染料>弱酸染料>后媒染料>中性染料>直接染料。故 1∶1 型络合染料染色后的织物最易起毛，而直接染料最难起毛。

**4. 起毛前工序的影响**

织物经缩呢后，织物结构紧密，较难起毛，但此种织物不易露底，且绒毛丰满而坚牢。如果缩绒适当，洗呢干净，还是有利于起毛的。织物染色后，纤维强力降低，起毛较困难。

**5. 针布状态**

针辊起毛机所用的钢丝针布规格较多，按形状分为弯针和直针，按断面形状分为圆针和角针（扇形），一般弯针都用角针，角针弹性好，耐用。圆针起毛柔和。毛织物用针布常分为三档（羊绒大衣呢用 29/33~30/34 号角针，羊毛或混纺大衣呢等轻起毛织物易用 28/32~29/33 号角针，重起毛织物及毛毯宜用 26/30~27/31 号角针），其中以使用 27/31 号、28/32 号及 29/33 号为主，圆针以使用 30 号为主，其他尚用 27 号、32 号、33 号、35 号、36 号等。

针布的针尖若粗糙而锋利，会使毛织物强力降低，落毛多。因此针布要针尖光滑，弹性好。使用新的起毛针布，必须经过处理，使之研磨光滑。新针锋利、较硬，用于粗起毛；旧针钝，用于精细起毛。针布使用期限过久，起毛力太弱，需要磨砺或调换，为了缓和起毛作用和稳定起毛质量，磨砺或调换针布每次以 2~4 根针辊为宜，并且是分批均匀间隔地进行。调换针布时，最好把顺针辊上的针布换到逆针辊上去，而顺针辊换上新针布。

**6. 按织物的风格定起毛方法**

由于使用起毛机械和方法不同，使织物具有不同的外观和风格，例如针辊起毛的绒毛散乱，刺果起毛的绒毛顺直，干起毛法绒毛蓬松，湿起法绒毛卧伏。因此不同风格的产品应选用不同的起毛方法。

对高档立绒织物，可用针辊湿起毛，并采用起毛与剪毛结合进行，有助于起毛浓密。立绒、顺毛、拷花等绒面织物在起毛达到一定程度时，剪去绒毛上较长的部分，然后调换上机方向，再进行起毛和剪毛，在调向起毛前，要将毛头剪齐，这样可获得绒毛浓密整齐的效果。目前单独使用针辊湿起毛的较少，往往将已洗缩的呢坯，先经针辊起毛机湿起毛，待绒毛拉出后，再用刺果起毛机起出长而柔顺的绒毛。

某些中低档产品，如制服呢和低级大衣呢等，为了改善缩绒的呢面，可将生坯用针辊干起毛，起出的绒毛松散，还可去除部分草刺杂质。对高级顺毛织物，可用刺果湿起毛，起出的绒毛顺伏，还可得到较浓密的长绒毛，起毛后的织物手感柔软，光泽自然。某些中厚织物可在针辊湿起毛后，再进一步用刺果湿起毛，以提高质量。对波纹织物和提花毛毯等，可将起好绒毛的织物，通过热水槽，在直刺果上梳顺绒毛，因羊毛具有天然卷曲，起毛时受到多次拉伸和复原，使拉出的绒毛呈波浪形。如果水起毛后，使纤维在顺直平伏状态下定型，可获得羽毛状的外观。

一般粗纺产品，为了简化工序，提高生产效率，降低成本，多数采用染后干坯起毛。

对毛毯类织物，为了使绒毛相互纠缠，不易脱落，往往在起毛的最后阶段加快顺针辊转速，减慢逆针辊转速，并将织物速度加快一些，这样进行1~2次较好。

不论何种织物，何种起毛方法，织物上机起毛时，均需缝头平直、坚牢，使织物平整上机，张力适当。如需调整时，应在匹端进行，切忌中途随便调整。起毛中要注意操作方法，开始起毛时应轻起毛，然后加重，最后轻轻顺毛，否则容易造成绒头蓬乱不齐、起毛不匀、条印、破边、强力不足、绒毛稀疏、纬斜等起毛疵点。

**（五）定型工艺与成品质量的关系**

从织机上下来的织物，呢面很不平整，尺寸不稳定，手感粗糙，缺乏弹性，一经洗、染等湿热松弛处理，更为明显，因此需要定型加工，以保证和提高成品的质量及改善服用性能。

合成纤维织物在穿着、洗涤和烫熨时，常产生热收缩。为了使尺寸稳定，需要热定型。因合成纤维在成型过程中，曾受到拉伸作用，使纤维伸长，在纤维中仍残留应力，当纤维受热时的温度超过一定限度时，纤维中的约束减弱，从而产生收缩。各种合成纤维的收缩率是不同的，以氯纶和维纶的热收缩率较大，长丝和短纤的热收缩率也不一样，长丝的拉伸倍数大，热收缩率也大；短纤维拉伸倍数小，其热收缩率也较小。因此在生产中，要检验各批合成纤维的热收缩率，作为选配原料的参考。如果把热收缩率差异较大的合成纤维混纺或交织，则在染整加工过程中，有可能在织物上形成疵点。织物经过定型，可以消除织物的内应力，固定织物组织，使经纬纱定位，增强成品的尺寸稳定性。还能增强织物的光泽、手感，使织物获得柔软、丰满、平整、挺括、抗折皱的性能。此外，在整理过程中进行定型，还能调节和制约前后工艺的关系，防止后道加工时产生皱折，并恰当控制织物的缩率，以获得独特的风格。

生产上常用的定型方式有煮呢、蒸呢和热定型等。烫呢和烘呢也有定型作用。有的是干热定型，有的是湿热定型，由于定型的工艺条件（温度、压力、时间等）不同，效果就不一样。一般来说，湿热处理的煮呢，其定型效果要比干热处理的蒸呢好。

织物通过定型可获得多种优点，但由于原料品质粗细不同，呢坯色泽有深有浅，织物结构又有松紧、厚薄等，因此在这些情况下，就要考虑定型工艺的针对性，即要按加工产品的需要，决定进行全定型、半定型或面定型等恰如其分的处理。例如，对那些全毛薄型松结构等织物，为了防止在加工过程中的各种应力应变（如产生织纹变形、幅宽变窄、经纬歪斜等疵点），不得不预做定型工作，经过一个全定型的工艺，但对一个要求蓬松丰满、手感软糯、活络的织物来说，就不需要这种全定型，而采用半定型，甚至免定型为好。

**1. 煮呢工艺**

（1）适用范围。稀松织物（定型加工）；麦尔登（呢面平整，手感紧密）；国毛产品

（表面光洁，染料吸收率增加，且可增加织物表面光泽）。

（2）煮呢工艺条件。

①温度。在100℃左右时，羊毛纤维可获得永久定型效果。温度过高，影响织物的手感和光泽，降低了羊毛纤维的强力。（白坯煮呢，90~95℃；色坯煮呢，80~85℃，防止高温褪色）。

②时间。达到匀、透，防止产生水印。单槽煮呢，每次20~30min，调头两次。

③煮液pH值。6.5~7.5，采用软水，弱碱性效果较好。为防止脱色和沾色，要采用酸性缩呢，pH值为5.5~6.5，织物色泽鲜艳。

**2. 烘呢工艺**

（1）目的。烘干呢坯，平整织物，控制长缩、幅缩。

（2）工艺条件。

①温度。85~95℃，呢坯下机回潮率8%~12%。

②幅宽。上机幅宽大衣呢坯幅宽4~8cm（在保证成品规格的前提下尽量少拉，避免改变织物的丰满厚实性；避免服用时保型性差），在织物经向采用小张力，同时采用超喂（预缩作用），黏胶纤维混纺产品超喂偏大。

③速度。5~8m/min。

**（六）匹炭化工艺**

利用羊毛纤维耐酸不耐碱，植物性杂质耐碱不耐酸的特性使植物性杂质从羊毛中脱落下来。

（1）适用品种。素色、混色、纯毛、混纺等织物。

（2）匹炭化工艺。浸酸—轧酸—烘烤—中和

浸酸：绳状浸酸。

轧酸：平幅轧酸，脱酸后织物含酸量<40%。

烘烤：80~90℃烘干，95~105℃烘烤，织物回潮率3%~4%。

中和：清水冲洗，用适量纯碱中和

**（七）粗纺呢绒的蓬松丰厚性**

近年来，粗纺呢绒向轻薄量化发展，即要使织物看起来比较丰厚而实际重量较轻，这样既可以节约原料用量、降低成本，又可以充分发挥羊毛的优越性；因为羊毛是低强、高伸的纤维，又有卷曲性的特点，如能在生产加工中，尽量减少羊毛纤维的物理和化学损伤，并在工艺上注意把羊毛的这种优良特性发挥出来，就可使织物蓬松丰厚，并有柔和的弹性。

毛织物的蓬松度，主要与下列因素有关。

（1）羊毛卷曲度的大小。卷曲度大的羊毛，其成品蓬松性较好。

（2）毛纱的蓬松度。毛纱中一部分是毛纤维的截面积，另一部分是毛纤维之间的空隙，因此毛纱捻度小时，纤维之间互相约束的力小，后加工遇高热时，毛纱容易获得较大程度的卷曲恢复，蓬松度越好。

（3）张力的大小。包括纤维张力与纱线张力两种。一是纤维张力，长纤维在纺纱牵伸中

受张力较大，短纤维受张力较小，因此，产生了纤维之间的相对收缩率，在整理加工时，将产生收缩膨化，变得蓬松。二是纱线受张力而产生的纱线收缩，在整理中产生缩率使织物变硬。

（4）经纬密度的大小。在用同一粗细的毛纱时，经纬密度大的，经纬纱之间的空隙就小，染整收缩困难；如经纬密度小，空隙大，毛纤维间的约束力小，蓬松度较好。

（5）染整的工艺条件。超喂、汽蒸、预缩、冷却是改善织物蓬松度十分重要的工艺。在染整加工时，如织物所受张力小或定型作用小，后工序对毛纤维原来形态的恢复容易，织物的蓬松度就好，反之就差。

# 第四节　毛织物设计实例

## 一、全毛哔叽织物设计实例

### （一）风格特点

全毛哔叽选用股线作为经纱，单纱作为纬纱，采用2/2斜纹组织，其主要风格特征是呢面细腻平整，手感滑糯，面料轻薄，并且选用高雅的灰色，更加凸显全毛半线哔叽的风格。

### （二）生产工艺流程

根据产品的生产特点采用以下生产工艺流程：

整经→倒轴→浆纱→穿结经→织造→坯检

### （三）原料及纱线设计

经纬纱均采用100%澳毛（美利奴羊毛）作原料，美利奴羊毛卷曲柔软，长度均匀，亮白，弹性好，隔热隔噪，防火防静电，是毛织物的上等原料。

（1）细度。纬纱选用采用单纱进行织造，单纱的支数可以低得多。在这里，经纱选用纱支为11.4tex（88公支）的股线，即11.4tex×2（88公支/2），纬纱为18.2tex（55公支）。

（2）捻度及捻向。捻度不同，纱线强力也不一样，在细度和原料不变的情况下，捻度越大，其强力也越高。

纱线的捻向在决定斜纹纹路的清晰度方面有一定的意义。经纬纱捻向相同时，会形成显著的斜纹效果，纱线的捻向与纹路方向相反时，则斜纹纹路更清晰。捻系数可掌握在120～135之间。经纱为960捻/m，Z/S捻，纬纱为880捻/m，Z捻，经纬向捻向相反且都与织物纹路相反，使其纹路更加清晰明显。

### （四）布边设计

布边设计的要求如下：

（1）布边平直、质地结实、组织简单、防止染整加工过程中的卷边现象。

（2）边组织与地组织交界处，尽量减少纬浮长线的长度，以免影响外观。

（3）采用经纱收缩率小的毛纱做边纱，预防卷边现象。

布边组织的要求如下：全毛半线哗叽采用 $\frac{2}{3}$ 变化方平为布边组织，能与布身织物组织进行区分。

### （五）上机参数

织造基本工艺参数为：总经根数为 6108 根，上机幅宽 175cm，坯布幅宽 165cm，上机经密 348 根/10cm，上机纬密 377 根/10cm，坯布经密 370 根/10cm，坯布纬密 392 根/10cm，筘号 87 筘/10cm，筘穿入数为 4 根。织造工艺设计表如表 6-23 所示。

表 6-23　织造工艺设计表

| 项目 | 参数 |
| --- | --- |
| 原料（%） | 毛 100% |
| 纱支（$N_m$）经×纬 | 11.4tex~18.2tex×2（88 公支/2×55 公支/1） |
| 捻度（捻/m）经×纬 | 960×880 |
| 捻向经×纬 | Z/S×Z |
| 总经根数（根） | 6108 |
| 上机经纬密（根/10cm）经×纬 | 348×377 |
| 坯布经纬密（根/10cm） | 370×392 |
| 上机幅宽（cm） | 175 |
| 坯布幅宽（cm） | 165 |
| 组织结构 | 2/2 |
| 筘号（筘/10cm） | 87 |
| 穿筘数（根/筘） | 4 |

## 二、绒面花呢织物设计实例

### （一）风格特征

一般绒面薄花呢采用平纹组织织造，经纬纱捻度大，具有紧密、滑爽的风格，经轻缩绒处理后织物外表有绒毛掩盖，绒面均匀细腻，织纹隐而不漏，毛绒紧贴呢面，不发毛、不起球，光泽自然柔和，手感柔韧丰满，弹性好，滑糯活络、捏放自如，穿着舒适，是理想的服装面料。

### （二）品质要求

主要是织物的呢面、光泽度、花型、手感等方面的要求。花呢绒面织物混色要特别均匀，呢面绒毛均匀细腻，织纹隐而不漏或漏中带隐，毛绒紧贴呢面，不发毛、不起球。

呢面光泽要色光油亮，自然柔和，鲜艳滋润，朦光足，不暗呆，要立体光，不要平面光，不沾色，忌黄光，不陈旧，要发挥羊毛的自然光泽，给人以生趣盎然的感觉。而对于呢面的手感要柔韧丰满，身骨结实，弹性好，滑糯活络，捏放自如。织物握在手中具有毛型感，同时要求织物不粗糙，不呆板，不黏滞涩手，更不能松烂。对于呢面花色要紧跟市场的流行趋势。

**（三）原料及产品规格**

（1）原料的选择。本产品是高档的精纺绒面织物，选择原料时主要冲产品的用途、风格特征、品质要求、服用性能、产品价格、加工工艺的经济性和合理性等方面来考虑，力求综合平衡，为此，采用 15.6tex（64 公支）羊毛作为主体毛，加入 16.7tex（60 公支）羊毛用以增加弹性，使成品既有身骨又有手感。

（2）织物名称：全毛绒面薄花呢。

（3）成品幅宽：150cm。

（4）成布匹长：60m。

（5）经纬纱特数：15.4tex×2+15.4tex×2。

（6）成品经密：340 根/10cm；纬密：210 根/10cm。

（7）织物组织：平纹。

（8）色纱配置：

经向：（白 2 黑 4)×3　白 2 黑 1 红 2 黑 1　共 24 根（2A　2B)×32A1B1C1B

纬向：（白 2 黑 4)×3　白 2 黑 1 红 2 黑 1 共 24 根（2A　2B)×32A1B1C1B

（9）边纱根数：｛（白 2 黑 4)×3　白 2 黑 1 红 2 黑 1)×2｝白 2 黑 1 共 51×2 根。

（10）布边宽度：1.5cm×2cm。

（11）布边组织：2/2 方平组织。

（12）原料及混纺比例：100%羊毛。

（13）织物单位面积质量：190g/m²。

**三、羊毛亚麻蚕丝织物设计实例**

**（一）原料选择**

羊毛纤维面料具有保暖柔软的特点；蚕丝织品具有手感好、光泽好的特点；亚麻面料具有挺括、透气性好等特点，将羊毛、蚕丝、亚麻这三种纤维制成的毛条按照一定的比例混合后，纺成纱线，织成面料，其具有羊毛、蚕丝、亚麻这三种纤维的共同特征，手感滑糯，光泽柔和，吸湿透气性好等优良特性。

将各种不同颜色、不同原料的条子按产品要求进行充分混合，并加适量和毛油，羊毛、桑蚕丝和亚麻的混纺比例为羊毛、蚕丝、亚麻 50/25/25。

**（二）织造工艺**

工艺流程：

整经→浆纱→穿筘→上轴→开织

**1. 转纱**

将纱线蒸纱完毕后，将纱线转入织造车间放置回潮 24h。

**2. 整经**

整经的目的是把一定数量的筒子纱按照一定的排列方式，卷成具有一定长度、张力一致并且适合后道工序加工要求的织轴，方便后道工序使用。

采用分条整经的方式，将织造所需经纱分成几条，逐条卷绕在大滚筒上，最后一起退绕到织轴上。整经工艺参数见表6-24。

表6-24　整经工艺参数

| 机器型号 | 每筘穿入数 | 整经条数 | 压缩系数 | 倒轴张力（N） | 自动张力（cN） | 压辊压力（N） | 输入密度（g/dm³） | 整经速度（m/min） |
|---|---|---|---|---|---|---|---|---|
| ERGOTEC | 6 | 16 | 0.87 | 630 | 16 | 1040 | 450 | 500 |

### 3. 浆纱

浆纱的目的是赋予经纱抵御外部机械力作用的能力，提高经纱的可织性，保证织造过程顺利进行。浆纱采用的是冷浆上浆，与倒轴同时进行。浆纱的工艺参数见表6-25。

表6-25　浆纱工艺参数

| 浆料名称 | 成分 | 助剂 | 上浆量（%） |
|---|---|---|---|
| 环保型毛纺冷浆剂 CS06-01 | 淀粉 | 渗透剂 JFC-S | 3.0 |

### 4. 织造

精纺面料采用的是 $\frac{2}{2}$ 斜纹织物，上机经密是 288 根/10cm，上机纬密是 287 根/10cm。织造工艺参数见表6-26。

表6-26　织造工艺参数

| 参数 | 实际值 |
|---|---|
| 总经根数（根） | 4832 |
| 匹长（m） | 80 |
| 上机幅宽（cm） | 168 |
| 上机经密（根/10cm） | 288 |
| 上机纬密（根/10cm） | 287 |
| 筘号（筘片数/10cm） | 72 |
| 筘穿入数（根/筘） | 4 |
| 布身根数（根） | 4752 |
| 坯布长度（m） | 74.4 |
| 坯布幅宽（m） | 160 |
| 坯布经密（根/10cm） | 303 |
| 坯布纬密（根/10cm） | 298 |
| 织造长缩（%） | 93 |
| 织造幅缩（%） | 95 |
| 坯缩（%） | 96 |
| 坯布平方米重（g/m²） | 155.5 |

# 第五节　毛织物的发展方向

## 一、羊毛织物易护理免烫技术的产业化

随着人们生活的节奏变快、消费水平提高，对衣着的易护理要求愈加迫切。对羊毛产品不但要求可机洗、防缩，还要求毛织物抗皱、免烫穿着洗涤后毛织物弹性、呢面平整度以及褶皱间持久度等性能达到更高水平，实现毛织物可以机洗，洗涤后不收缩、不毡并、外观平整不起皱，免于熨烫，是改善毛织物穿着性能的关键技术，也是毛纺行业可持续发展的瓶颈，而恰恰是这一瓶颈的突破，才能符合人们追求舒适、休闲服装的消费趋向。对拓展毛纺产品消费市场具有重要意义。

## 二、毛纺产品轻薄化、功能化、舒适化的创新技术进一步拓展

随着人们对衣着保暖性能的要求趋于淡化，而倾向于追求轻便、舒适等功能。毛纺产品的轻薄化、功能化已经成为不可逆转的发展趋势。但是毛纺面料轻薄化受到细支羊毛价格昂贵的制约。因此，适应产品轻薄化、功能化的需求，通过原料资源的多元化，充分利用天然纤维及改性羊毛，不断扩大差别化、功能化、智能化纤维，实现纺纱技术的多样化，充分发挥利用复合纺纱等新技术，改造毛纺传统工艺，实现毛纺产品升级模式，已成为毛纺行业可持续发展的重要任务。

## 三、开发、生产绿色毛纺产品

绿色毛纺产品的质量标准不仅局限于外观精美、质地优良，而且要从生产到回收处理的全过程做到对环境无公害，符合环保特定要求。首先在研究新工艺、新技术、新设备上提高资源利用率，减少能源消耗，选择资源可再生、生产无公害废料、可回收的绿色原材料，其次再生产过程中对环境无污染或者努力提高污染处理工艺的水平，并加强对生产残余物的加工处理和回收利用。

# 思考题

1. 简述毛织物的特点。
2. 毛织物的分类方法有哪些？如何分类？
3. 毛织物的品号如何表示？
4. 简述精纺毛织物各典型品种的特征及常用组织。
5. 简述织物纱线捻向配合的方式及各自的特点。

6. 织物设计的形式有哪几种？

7. 在设计"薄、挺、爽"织物时，如何进行织物结构设计，以保证其产品的风格。

8. 精纺毛织物的边字如何设计？

9. 精纺毛织物嵌线的构成有哪些方式？

10. 有一块 10cm×10cm 的织物来样，需做仿造设计，试简述步骤和需测试的项目。

11. 原织物为毛涤，平纹组织，经纬纱线密度为 16.7tex×2，经纬密度为 254 根/10cm×216 根/10cm，织物重量为 248g/m，要求改作 279g/m 的毛涤纶，其身骨手感和原织物相仿，求新织物的纱线线密度和密度。

12. 某精纺花呢织物，组织为 $\frac{2}{2}$ 斜纹，经纬纱线密度分别为 18.5tex×2 和 37tex×2，求：方形织物的最大密度；如果坯布经密为 378 根/10cm，求织物纬密。

13. 用 26.3tex×2 毛纱织造 $\frac{2}{2}$ 变化斜纹织物，设计坯布经密为 260 根/10cm，纬密为 220 根/10cm，问织制是否有困难？

14. 用 37tex×2 的精纺毛纱织制平纹织物，其经密：纬密=2：1，求织物上机经纬密度。

15. 某精纺毛织物，采用 $\frac{3}{3}$ 方平组织，经纬纱线密度为 25tex×2，经纱密度为 380 根/10cm，求纬纱密度。

16. 设计一全毛花呢，要求质量为 260g/m，成品经密 288 根/10cm，成品纬密 255 根/10cm，平纹组织，经纬纱线密度为 17.2tex×2，成品匹长要求 65m，成品幅宽 144cm，试进行规格设计与上机计算。

17. 设计一毛涤单面花呢织物，单位面积质量为 308g/m²，成品密度为 415 根/10cm×302 根/10cm，成品匹长要求 60m，幅宽要求 150cm，$\frac{2}{2}$ 斜纹组织，试确定有关规格并进行上机计算。

18. 简述烧毛工艺的目的与应用。

19. 简述煮呢工艺的影响因素。

20. 简述烘呢的目的与作用。

21. 简述蒸呢的影响因素及与产品风格的关系。

22. 简述粗纺毛织物的典型品种及其风格特征。

23. 如何针对粗纺产品的不同风格选择缩呢工艺？

24. 某立绒大衣呢产品，原用五枚纬面缎纹制织，经纬纱均为 100tex，上机经纬密度为 145 根/10cm×172 根/10cm，现改用六枚变则缎纹制织，纱线的线密度不变，织物的紧密程度不变，求其上机经纬密度。

25. 设计一纯毛麦尔登产品，成品 610g/m，幅宽 150cm，成品要求质地较紧密，试进行规格设计与上机计算。

# 第七章　丝织物设计

## 第一节　丝织物及其分类

### 一、丝织物的分类

丝织物是以天然丝和化学纤维长丝等为主要原料的一种纺织品，质地轻柔，光洁细腻。丝织物按原料分为真丝织物、黏胶丝织物、合纤丝织物、柞丝织物和交织物；按染整加工分生织物（经纬未经练染）、熟织物（经纬已经练染）和半熟织物（部分经纬已经练染）；按组织结构、加工工艺、使用原料、质地、外观形态与用途可分为纱（纱孔均匀无条状）、罗（具有不同条状纱孔）、绫（具有明显斜向纹路）、绢（平整挺括）、纺（平整缜密）、绡（质地轻薄，透孔透明）、绉（具有绉效应，富有弹性）、锦（绚丽多彩，精致典雅）、缎（平滑光亮）、绨（质地粗厚）、葛（质地厚实缜密，横凸条纹明显均匀）、呢（表面粗犷而不光亮，质地丰厚似呢）、绒（表面具有绒毛或绒圈）、绸等十四大类。

#### （一）丝织物分类原则

（1）以组织结构为主要依据。

（2）依据织制工艺和主要原料。

（3）依据织物的质地和外观效应。

（4）结合主要用途和历史习惯。

#### （二）分类

##### 1. 绡

绡是指采用平纹或透孔组织为地纹，经纬密度小，质地爽挺轻薄、透明、孔眼方正清晰的丝织物。经纬常用不加捻或加中、弱捻桑蚕丝或黏胶丝、锦纶丝、涤纶丝等制织。如花绡，以平纹绡地为主体、提织出缎纹或斜纹、浮经组织的各式花纹图案，或在不提花部分的浮长丝上修剪掉。素绡，在绡地上提出金银丝条子或缎纹条子。烂花绡，经烂花加工而成。主要用作晚礼服、头巾、连衣裙、披纱及灯罩面料、绢花等材料。此外，硬挺、孔眼清晰的绡还用作工业筛网。

##### 2. 纺

纺是指采用平纹组织，表面平整缜密，质地较轻薄的花、素丝织物，又称纺绸。以经纬不加捻的桑蚕丝、人造丝、锦纶丝、涤纶丝织制，也有以长丝为经丝，人造棉、绢纺纱为纬丝交织的产品。平素生织，电力纺、天光纺、涤纶纺、富春纺；色织和提花，伞条纺、彩格纺和花富纺；进行轻漂练或染、印花。其用途甚广，中厚型纺绸可作衬衣、裙子、滑雪衣。中薄型纺绸可作伞面、扇面、绝缘绸、打字带、灯罩、绢花以及彩旗等。

**3. 绉**

绉是指运用工艺手段和结构手段，以丝线加捻和采用平纹或绉组织相结合，织制的外观呈现绉纹效应而富有弹性的丝织物。具有光泽柔和，手感糯爽而富有弹性、抗折皱性能良好等特点。形成绉效应的方法及工条件有：

（1）利用不同捻度、不同捻向的捻线织制使织物获得绉效应。

（2）利用经纬纱张力大小差异使织物起绉。

（3）绉组织使织物起绉。

（4）用轧纹处理使织物起绉。

（5）利用不同原料，其收缩性能不同。

**4. 绸**

绸是指地纹采用平纹或各种变化组织，或同时混用几种基本组织和变化组织（纱、罗绒组织除外），无其他类特征的各类花素丝织物，又称紬、帛，质地紧密结实。轻薄型绸质地柔软、富有弹性，常用作服装，如衬衫、裙子等。中厚型绸绸面层次丰富、质地平挺厚实，适宜作各种高级服装，如西服、礼服，或供室内装饰之用。

**5. 缎**

缎是指织物的全部或大部分为缎纹组织（除 J 或 W 用强捻织成绉缎外），质地紧密结实，绸面平滑光亮的丝织物。如锦缎，彩色花纹、色泽瑰丽、图案精致，产品华贵富丽、五彩缤纷。花缎表面呈现各种精致细巧的花纹，色泽典雅，还具有浮雕特点。素缎表面素净无花。可制作服装，薄型可作衬衣、裙料、披肩、头巾、舞台服装，厚型可作外衣、旗袍、袄面，此外，可作台毯、床罩、被面及领带等。

**6. 锦**

锦是指采用斜纹、缎纹等组织，经、纬无捻或弱捻，绸面精致、绚丽多彩的色织提花丝织物，外观五彩缤纷，富丽堂皇，花纹精致古朴，质地较厚实丰富，采用纹样多为龙、凤、仙鹤和梅、兰、竹、菊以文字"福、禄、寿、喜"，"吉祥和如意"等民族图案。品种繁多，用途甚广，可作服装面料、室内装饰材料、领带或腰带等。三锦指苏州的宋锦、南京的云锦、四川的蜀锦。

**7. 绢**

绢是指平纹或重平组织，经、纬先染色或部分染色后进行色织或半色织套染的丝织物，绸面细密挺爽，光泽柔和。经、纬不加捻或弱捻，一般用作服装，如外衣、礼服、滑雪衣等，还可作床罩、领结、帽花等服饰。

**8. 绫**

绫是指采用斜纹或变化斜纹为基本组织，表面具有明显的斜纹纹路，或以不同的斜面组成的山形、条格形、阶梯形等花纹的花、素丝织物。素绫采用单一的斜纹或变化斜纹组织；

花绫的花样繁多，在斜纹的组织上常织有盘龙、双凤、环花、孔雀、仙鹤、万字、寿团等民族纹样。它们丝光柔和，穿着舒适，中型质地的绫作衬衣、头巾、连衣裙、睡衣，轻薄绫作衬衣、头巾、连衣裙、睡衣，轻薄绫作服装里料或装饰用。

**9. 纱**

以绞纱组织织线，表面具有全部或局部透明纱眼的特征。经纬密度较疏松，质地轻薄，织纹孔眼清晰，透气性好，如作蚊帐。

**10. 罗**

罗类织物采用罗组织，具有横条或直条形孔眼的特征（用途同上）。表面纱孔呈横条状称横罗，表面纱孔呈直条状称直罗。一般较轻薄，适宜制作夏季服装。

**11. 绨**

绨多以长丝作经纱，棉纱或蜡纱作纬纱，以平纹组织交织而成，其质地粗厚、缜密，纹路简洁而清晰，有线绨和蜡纱绨之分。

**12. 葛**

葛是指采用平纹、经重平、急斜纹组织，经、纬用相同或不同种类的原料制织成的花、素丝织物，一般经细纬粗，经密纬疏，地纹表面少光泽，并具有明显的横棱凸纹。质地厚实而较坚牢，可作春秋季和冬季的服装、家居面料等。

**13. 绒**

绒类织物的表面具绒毛或绒圈，用桑蚕丝或化纤长丝制织成，质地柔软，色泽鲜艳光亮，绒毛、绒圈紧密，耸立或平卧。其组织有平、斜、缎及其变化组织，固结形式有 W 型和 V 型。丝绒为高级丝织品，宜作服装、外套、帏幕、窗帘、装饰用。

**14. 呢**

呢类织物采用绉组织、平纹、斜纹或其他短浮纹联合组织，应用较粗的经、纬线制织，质地丰富，外观似毛呢的丝织物。运用绉组织构成线的"呢"表面具有颗粒，凹凸不平明显，光泽柔和，绉纹丰满，质地松软厚实的特征。主要用作冬季服装面料或装饰绸，较薄呢作衬衣、连衣裙。


**二、丝织物的编号**

丝织物由五位数字来表示丝织物使用的原料、所属大类和规格的序号。

第一位代表丝织物的原料属性。其中：1—桑蚕丝织物（包括桑丝、绢丝和紬丝）；2—合纤长丝或长丝与短纤维纱线交织的织物；3—天然短纤维与其他短纤维混纺纱线织成的织物；4—柞蚕丝类织物；5—黏胶丝或醋酯丝与短纤纱交织的织物；6—上述原料交织的织物；7—被面。第二或第二、第三位表示丝织物所属的大类类别。其中：0—绢；1—纺；2—绉；3—绸；40~47—缎；48~49—锦；50~54—绢；55~59—绫；60~64—罗；65~69—纱；70~74—葛；75~79—绨；8—绒；9—呢。第三至第五位或第四、第五位数字表示品种规格的序号。

# 第二节 丝织物主要结构参数设计

丝织物设计不仅要根据不同的社会风尚、地区风俗、民族爱好和销售对象，而且必须明确设计产品的用途，更要熟悉原料性能、组织结构和工艺生产技术等方面的知识。

## 一、线型设计

根据丝织物设计的构想而合理确定经纬丝线加工工艺的设计，称为线型设计。线型设计的主要方法是并丝、捻丝工艺。经纬丝线采用一种或多种原料搭配，是否上浆或加捻，以及丝线的结构，影响产品的外观和内在质量。因此，合适的经纬组合可不断地改变丝线（或纱线）的结构，提高丝线的强度和弹性，改善丝线的性能，并适度地改变丝线的卷绕形状，以满足设计的要求。

### 1. 并丝

并丝是将单根丝并合成数根股线，分为有捻、无捻并丝。有捻并丝与捻丝加捻方向一致。并丝可设计所需要的丝线密度，增加牢度，改善丝线的线度均匀度，对改善织物的品质有着重要的作用。

并丝工艺视实际情况而定。若不能用增加密度的方法来满足织物重量的要求时，需要把数根经线合并；若选用的原料纤度不匀时，通过并丝可改善丝线纤度的不均匀状态，减少薄弱环节，以利于织造工艺的顺利进行；经、纬用两种以上的原料复合，或纬二重织物等纬花需丰满凸出，具有浮雕感时，均采用并丝工艺。

一般品种的并丝工艺安排在整个准备工程偏前的位置，为防色织产品的纬线染色不匀，避免织物产生色档，可将并丝工艺安排在丝线染色工艺之后进行。并丝数应视原料的价格等因素优化确定。有捻并丝机的并合根数一次最多6根，6根以上则分两次合并，并丝捻度一般 40~200 捻/m。

使用一定的并丝工艺表示方法，可准确反映丝线并合根数、工艺流程。生织绸：纤度×丝线根数、原料名称或丝线根数/纤度、原料名称。如 22.2/24.4dtex×2（2/20/22 旦）厂丝，28tex×3 人造棉。色织绸：纤度×丝线根数、原料名称、色名、并丝根数；或丝线根数/纤度、原料名称、色名×并丝根数。丝线根数与并丝根数，分别反映了工艺流程的先后顺序。如 133.3dtex×1（1/120 旦）有光人造丝（洋红）×3；13.9tex×2 涤棉纱（漂白）×4。而如 83.3dtex×1（1/75 旦）涤纶丝+55.6dtex×1（1/50 旦）锦纶丝；133.3dtex×1（1/120 旦）有光人造丝（淡蓝）+133.3dtex×1（1/120 旦）有光人造丝（白）；22.2/24.4dtex×2（2/20/22 旦）厂丝+33.3/35.6dtex×1（1/30/32 旦）厂丝，则表示不同属性、不同规格或色泽的原料并合，每种原料均包括丝线根数/纤度、原料名称等。

### 2. 捻丝

捻丝是将单丝或股线、生丝或熟丝、桑蚕丝、人造丝或合纤丝等丝线进行加捻。丝线加捻后的变化，可使织物外观和内在质量都有较大的改善。因此，捻丝是产品设计的重要手段之一。

生产中，为丰富织物的弹性，改善织物的手感，应合理运用捻丝。为使织物表面皱缩，增加绉纹效应和弹性，应充分利用加捻丝线回缩力的作用。为使表层丝线隆起而形成高花效应，可利用强捻丝线沉入织物反面来达到。同样通过捻丝来降低织物光泽，使织物光泽柔和。经纬丝线不同捻向的配合可产生隐条隐格织物。而复杂线型左右捻反复多次，使织物表面具有显著的绉效应，并使织物的手感松软，富有弹性。

生产中常通过捻丝工艺方法来反映捻度、捻向和工艺的前后次序，其格式为：原料规格、捻回数、捻向/单位长度。如 133.3dtex×1（1/120 旦）无光人造丝 6S 捻/cm；复捻丝如 30/32.2dtex×1（1/27/29 旦）厂丝 6S 捻/cm×2，4Z 捻/cm 等。

并捻工艺外的经纬丝线加工，可直接写在经纬组合的后面或另附简洁说明。如 133.3dtex×1（1/120 旦）有光人造丝（机械上浆），83.3dtex×1（1/75 旦）涤纶丝 6 捻/cm（拖水）。

**3. 丝线加捻**

并、捻丝工艺相同，但选用材料、工艺不同，会形成不同的线型结构，而直接影响织物的外观和性能。因此，原料选择和丝线加工方法的设计对线型性状尤为重要。

丝线加捻程度用捻度（捻回数/cm 或捻回数/m）来表示，丝线加捻方向有 S、Z 捻向，捻度与捻向对织物的手感（如柔软度）、外观（如光泽、绉效应）、内在质量（如强度）等都有密切影响，设计时需要恰当选择丝线的加捻方法。

根据织物要求，丝线按加捻程度一般分平丝（无捻丝）、弱捻丝、中捻丝和强捻丝四种不同的线型类别。捻度的多少取决于丝线的性能和粗细。采用 2~4 根并合的 22.2/24.4dtex（20/22 旦）的桑蚕丝、或同细度的人造丝、合纤丝等，一般弱捻丝 10 捻/cm 以下，中捻丝 10~20 捻/cm，强捻丝 20 捻/cm 以上。

弱捻丝即绠线，可增强丝线的强度，避免精练、染色等加工时擦毛断裂；削弱丝线光泽，使织物柔和滑润；增加经纬丝线间的摩擦力，便于打紧纬线，满足纬密要求。使用合纤长丝做经，一般加 4~6 捻/cm，以增加丝线的抱合力。熟织真丝织物弱捻经丝线为双经，采用两根厂丝组成。其捻丝工艺为：单根丝加弱捻→两根合并→反向加弱捻。真丝织锦缎或塔夫绸经线的线型为［22.2/24.4dtex（20/22 旦）厂丝 8S 捻/cm×2］6.8Z 捻/cm（色）。其捻丝工艺为：丝线并捻→染色→反向加捻，减弱了原单根经丝的捻度，使其线型稳定而富有弹性，仍具有真丝的天然光泽。即使经练染、织造等工序，丝身坚牢，也不易起毛或断裂。

强捻丝即绉线，可使织物表面皱缩，形成绉效应；增加织物的强度，提高织物的弹性；利用强捻丝的回缩力，可使织物表面凸起，形成高花织物。强捻丝具有较强的扭应力，若要保持扭力的平衡，使织物平伏，生产中经、纬丝常采用 2S、2Z 排列，织物绉效应好。

如乔其纱、东风纱等织物，经纬丝均用 2S、2Z 的强捻丝，密度小，经纬丝线充分收缩，织物薄而透明，绉效应特佳。如平纹双绉、斜纹的九霞缎、万寿缎；缎纹的桑花缎、花绉缎等，经纱为无捻丝，纬纱用 2S、2Z 的强捻丝线，织物绉效应显著，弹性优良，质地柔软。其线型的真丝织物的密度比常规密度小。

顺纡绉一般为纬向强捻丝，织物强烈皱缩，并使织物表面呈纵向起伏很大的波浪形皱纹。

若改变顺纡绉类织物的纬线线型，分别采用同捻向的强捻丝和中捻丝（或弱捻丝），按1:1或2:2交替制织，会削弱织物强烈的幅缩，有利于后整理加工的顺利进行。

粗纤度丝线的捻度不宜太高，否则，既会损伤纤维，又会使织物练漂时丝胶、浆料不易脱尽，造成织物僵硬粗糙。因此，强捻丝应充分考虑丝线的细度，合理加捻。

中捻丝是一种较为特殊的线型，其织物表面特点不明显，生产中常改变其线型。如纬丝采用 [22.4/24.4dtex×3（3/20/22旦）厂丝17.5S捻/cm+22.2/24.4dtex×1（1/20/22旦）厂丝] 16Z捻/cm，是素碧绉中的碧绉线。它是由一根加捻的粗丝（一般数根丝并合）与一根较细的无捻（或弱捻）丝合并，再反向加捻而成。较细的一根无捻丝在丝线的中心成为芯线，较粗的一根丝环绕在芯线周围而成抱线。抱线单独加捻时会产生捻缩，再与无捻芯线并合反向加捻，则抱线的捻缩将逐渐消失，而无捻芯线却因加捻产生捻缩，因此，抱线均匀自然地环绕在芯线上。

该线型稳定，织物表面呈现水浪形绉纹。在设计厚重型真丝织物时，其经纱一般都采用多股无捻丝，而纱丝可由两组碧绉线复合而成，经反复数十次并捻工艺，形成线型结构复杂而疏松的碧绉线。或部分为芯线，另一部分采用普通并捻线形成抱线，其真丝绸手感丰满柔软，弹性优良，质地结实厚重。

## 二、经纬密度设计

经纬密度设计是丝织物设计的一项重要内容，经纬密度设计涉及原料的特性、经纬线的结构与性能、织物的组织结构、织物的性能与用途、织物的重量与厚度要求等因素。

### 1. 原料的选用

各种丝线原料的属性、结构、性能等各不相同，构成一定丝织物时的经纬密度也有差异。例如采用桑蚕丝作原料，因其质地柔软、光滑，纤度细，经纬密度应适当大些，可较好地反映织物的细腻、滑润。生织生丝绸中，生丝外裹丝胶，丝身硬滑，应采用一定的工艺措施，使丝线变软，以增加织物纬密。合纤织物透气性差，热处理后手感变差，应适当减小密度。若采用假捻膨化处理的合纤丝，纤维卷曲，空隙增加，配以疏松组织和较小的密度，可改善织物的外观、手感及透气透湿性。纯织或与长丝交织的各类短纤维，表面粗糙而有毛茸，一般不易产生经纬丝滑动移位的披裂现象。在不影响织物使用下，可适当减小经纬密度。

### 2. 丝线细度

丝线细度与经纬密度有直接的关系，丝线粗细不同，单位长度内排列的丝线根数不同。即使细度相同，但由于纤维的比重、丝线束中单纤根数不同，丝线直径也不一样。

### 3. 丝线捻度

丝线加捻后抱合紧密，收缩率增加。为使中捻丝织物表面具有良好的绉缩效应，易于清除丝胶、浆料、杂质与练漂，密度设计应随捻度的增大而减小。

#### 4. 组织结构

织物的组织对密度设计有极大影响。一般单层变化组织的织物，其密度的选择应参照基本组织中交织次数相同或相近的组织；提花织物的密度设计，应以地纹组织或起主导作用的纹部组织为设计依据，根据组织的主次和其他不同情况确定织物的密度；重组织与双层组织，以表层组织为设计密度的主要依据，里层经纬密应根据设计需要而定，一般不能超过表层的密度。

#### 5. 织物的用途

织物的用途不同，丝织物的经纬密度也不同。轻薄透明的绡类织物，应选用细纤度的经纬丝线，减少经纬密度。同时，为使织物保持良好的弹性，不疲软，不披裂，经纬密度应尽可能趋于平衡，并给予经纬丝较多的捻度。为使真丝塔夫绸织物坚硬、挺括，体现真丝绸特有的"丝鸣"感，其密度的选用通常比普通平纹织物高得多。

纬密设计相比经密有较大的灵活性，纬密一般应比经密小。单层织物要力求避免纬密大于经密的现象。但多色纬组成的重纬提花织物中，则会出现纬密大于经密的合理现象。

生产中常因经纬密度设计不合理而造成织物位移披裂，影响产品的质量。可通过调节筘号大小或改变每筘齿穿入数多少的办法调节经密。如经丝每筘穿入数不变，筘号大，织物机上经密大；筘号小，机上经密小。但筘号的减小、增大，会影响成品的宽窄，因此，通常采用调节纬密的方法来纠正密度配置不当的影响。

当经纬原料、线型配置不合理时，可变换纬丝原料，改变纬丝线型。如增加纬丝捻度或利用碧绉线型的特点，增加经纬丝线的摩擦力，克服织物的披裂现象；或调整纬丝的细度，将纬丝更改为短纤纱线，都可克服织物的披裂现象。

若组织配合不当，应改变组织结构。如提花组织中，要处理好花与地组织结构的疏密关系，使花纹清晰饱满，防止披裂现象。

织物设计时，既可利用紧度，又可利用经验估算，选择同类相似织物密度作参考，确定织物的经纬密度。

如设计经纬线粗细相近的平纹织物，一般纬密小于经密或基本接近，织物平整光洁。若采用缎纹组织则经密一般为纬密的 2~3 倍，使缎面丰满肥亮。

织物的上机经密＝上机纬密×经纬密度比，而经纬密度比＝成品经密/成品纬密×100%。经纬密度比根据经纬丝的纤度、组织结构和织物的使用特点而定。如乔其纱的经纬密度比接近 1:1；一般不小于 10%，而密度很大的缎织物，其经纬密度之比相差可达 50%~60%。一般平纹织物纬密比经密小 20%~30%，斜纹为 30%~40%，而缎纹则可在 50% 左右。利用经纬密度比，可确定经纬密度的范围。

纬密的确定还与品种、原料、工艺和用途有关系，如桑蚕丝织物精练后要脱胶，加捻的涤仿真丝织物要碱减量，为防止发疲，纬密要适当增加。

斜纹和缎纹的上机纬密＝平纹上机纬密×同纤度平纹密度增加率，上机经密＝上机纬密×经纬密度比。同纤度平纹密度增加率见表 7-1。

表 7-1　同纤度平纹密度增加率

| 组织 | 密度增加率（%） | 经纬密度比（%） |
|---|---|---|
| 三、四枚各类组织 | 100~120 | 150~120 |
| 四、五枚各类组织 | 120~130 | 150~230 |
| 八枚缎纹 | 125~140 | 150~200 |

生产中经纬不同纤度时经纬密度比的变化见表 7-2。

表 7-2　生产中经纬不同纤度时经纬密度比的变化

| 组织 | 经纬密度比（%） | 经纬纤度比（%） |
|---|---|---|
| 平纹 | 130~150 | 100~40 |
| 斜纹 | 130~165 | 100~65 |
| 缎纹 | 150~250 | 50~17 |

　　总之，经纬密度的设计会影响到丝织物的整体设计。丝织物新产品经纬密度，大多参考原料线密度、捻度及组织相近的绸样规格，并结合产品的重量与厚薄程度来决定。

## 三、筘号设计

　　每厘米内的筘齿数为筘号，常用筘号为 5~44 号。筘号的选用一般按原料粗细、组织结构和织物外观效果来确定。高经密、低纤度织物，宜选用较大筘号；粗厚型丝织物选用小筘号；质地细密、平整的丝织物，可选用大筘号。熟织筘号大，生织筘号小。内筘号应根据经丝组合、经密、织物组织、织幅及外观效应与织造生产率来确定。

　　每筘穿入数与织物组织、原料粗细有关，一般穿入数/筘与经密成正比。机上经密=筘号×穿入数/筘，故可根据织物要求来调节。如强力较差的人造丝为经，经密大，则一般适当减小筘号、增大穿入数/筘，可减少摩擦而利于织造。

　　平纹、斜纹与变化组织织物，一般采用 2 入/筘，可使织物表面均匀、无筘痕；缎纹织物组织一般 4~5 入/筘；透孔、复杂组织每筘穿入数应根据组织特点、上机图的要求加以确定。根据组织结构和经密的不同，采用花筘或空筘穿法。

　　绸边组织结构，穿筘方法和内身组织有较大的不同，筘号与每筘穿入数也有所不同。一般绸身筘号在 12 筘/cm 以下，其边筘与绸身筘号一致；如果绸身筘号在 12 筘/cm 以上，则边筘采用 12 筘/cm；细纤度、高经密织物边筘可选用 18 筘/cm 或 15 筘/cm。根据内身组织和边组织的需要，边筘穿入数通常为内筘穿入数的倍数。

　　经丝所用的原料不同，性能与生产工艺各不相同。一般来说，桑蚕丝纤度较细、强力高。生丝内含丝胶，不易造成擦毛和断裂，最大筘号可用 39 筘/cm。黏胶丝纤度较粗，强力偏低，最大筘号可用 36 筘/cm，2~4 入/筘。少数缎类织物可采用 6~8 入/筘，选用筘号较小。合纤织物极易产生静电，摩擦大，最大筘号不应超过 30 筘/cm，选用 2~4 入/筘。

　　计算筘号与选用筘号有一定的差异，其结果会直接影响织物的内经丝数或筘内幅，应试着将内经丝数或筘内幅作适当的调整。

## 四、筘幅设计

筘幅的大小由成品幅宽决定，而成品幅宽则由织物的用途决定。因此，成品幅宽的设计要符合服装制作和装饰规格的要求。同时，成品幅宽也受织造工艺和染整工艺的影响。织物成品幅宽确定后，应按织物所采用的原料、密度、结构、织造工艺、后整理工艺等情况，制订上机筘幅。

筘幅由筘内幅和绸边筘幅两部分组成。绸边与绸正身在原料、经丝密度、结构等方面都不相同，故应分别设计和计算筘内幅和外幅。

$$筘外幅 = 筘内幅 + 一侧边筘幅 \times 2$$

织物下机后，经纬丝线会产生一定的收缩，而生丝绸练漂、染色，也将产生一定的练缩。因此，将织造产生的织缩与练漂产生的练缩，统称为幅缩率。

$$幅缩率 = 织造幅缩率（\%）+ 染整幅缩率（\%）=（筘外幅 - 成品外幅）/ 成品外幅 \times 100\%$$
$$筘内幅 = 成品内幅 \times（1 + 幅缩率）$$

设计中通常结合设计的特点，参考同类相似绸缎规格，综合考虑幅缩率。

熟织产品仅有织造幅缩，而生织产品既有织造幅缩，又有练漂、整理等染整幅缩。因此，熟织产品幅缩率比同类型生织产品小。通常熟织绸的幅缩率控制在4%以内，而生织绸的幅缩率均在4%以上。

不同组织结构的幅缩率各不相同。经纬丝线均无捻及密度相近的条件下，幅缩率：缎纹<斜纹<平纹。若经线无捻，纬线加捻（中捻以上），则幅缩率：平纹<斜纹<缎纹。原料、结构相同的条件下，密度减小，幅缩率增大。纬线捻度在中捻以上时，增大纬密，幅缩率明显减少。原料、密度、组织结构不变的条件下，捻度与幅缩率成正比。纬丝捻度增加，织物幅缩率也增加。而同捻度、不同捻向排列，对幅缩率有直接的影响。

同一属性的长丝或短纤纱线分别作纬，则短纤纱线幅缩率大于长丝。此外，不同的后整理工艺，不同的原料，其缩幅率也不相同。

## 五、绸边设计

绸边可使绸面幅度保持平整，有利于各工序顺利进行，提高织物外观的效果。绸边必须平挺、整齐、光洁，绸边的强力应大于绸身，厚度应与绸身基本接近。

绸边经丝应根据织物的类型、组织结构来加以选择。一般，单经织物边经丝，采用内经丝；重经织物边经丝，采用内经丝中密度较大、强力较好的一组经丝。一般采用地经，若纹、地两经原料性能、纤度差异特别大时，可同时选用；经高花、袋织高花、烂花绸、绒、挂经织物边经丝采用地经丝。

高档丝织品边经的原料，可另选不同色彩、原料缩率与纤度相近、染色性不同的其他原料。如高级人造丝立绒的人造丝边经中，可嵌入部分纯涤纶纱染双色。

绸边宽度按大类品种确定，一般熟织绸、印染绸、合纤绸1cm×2，双层绒（1.5~2）cm×2，和服绸0.5cm×2。

绸边密度的设计视组织、内经密度、原料性能和细度而定，一般大于内经密度，为内经密度的110%~150%。边经与内经同原料时，边经密度：平纹织物边经为内经的150%；斜纹织物边经为内经的120%~130%；缎纹织物边经为内经的100%~110%；变化织物边经为内经的130%~140%；重经织物边经为内经的80%~100%。

绸边的强力应大于绸身，绸边的厚度与绸身相接近，边经与内经张力、绸边的松紧和缩率与绸身应保持一致。绸边原料的选用视原料的强力、缩率、厚薄、外观等因素而定，一组经线组成的织物，绸边与绸身原料一般相同。若绸身原料张力较低，则绸边原料可选用细度接近、强力较高的丝线。由两组及以上不同的经线组成的织物，绸边原料采用其中强力较高的地经线，使绸边和绸身缩率一致。

绸边组织按原料特性、纤度、经纬密度、织物正身组织的织缩率等因素确定，应使内经丝与边经丝的织缩基本接近。力求布边平挺整齐光洁，利于织造和印染加工。绸边有大边和小边（把门边）之分，小边多为平纹、变化纬重平，以确保大边组织形成，防止纬线脱边。

绸身为普通纬密平纹，绸边采用平纹；绸身为高纬密平纹，绸边采用$\frac{2}{1}$经重平或$\frac{2}{2}$、$\frac{2}{3}$经重平；绸身为斜纹，绸边可采用各种经重平或斜纹组织，其斜向与绸身相反；绸身为中低档缎纹，绸边采用$\frac{2}{2}$、$\frac{3}{3}$、$\frac{4}{4}$、$\frac{3}{4}$等各种经重平组织；绸身为高档缎纹，绸边组织同正身缎纹组织；绸身为变化组织，绸边采用$\frac{2}{1}$、$\frac{2}{2}$、$\frac{3}{3}$等各种重组织。复杂组织织物，按纬密（根/cm）/交组系数（取5~8），来确定边组织的完全纬丝数，从而确定经重平边组织。

绸边应保持良好的质量，要防止边密度过大，边组织过紧或边经张力过小，而造成紧边的现象，同时要避免由于边密度过小或边组织过松，而产生松边（荷叶边）的现象。

# 第三节  规格设计与上机计算

织物规格是上机计算的依据，织物规格设计时，根据产品用途和要求，考虑产品轻重、厚薄、质地等风格特征，选择一定的组织结构，确定原料与纤度、色织或白织的印染、整理等加工形式，通过经纬组合（上浆或并、捻等），确定经纬密度，选择筘号及穿入数/筘，估算织缩率、捻缩率、染整缩率，从而确定织物成品幅度和筘幅，以生产出每米绸重或每平方米绸重符合要求的织物。丝织物的规格分为织造规格、坯型规格和成品规格三部分。具体包括：织物的品名、品号、风格要求、染整工艺等；原料组合（包括原料种类、纤度、捻度、捻向等）与品质特征；经纬线密度；筘幅、筘号、穿入数/筘；总经线数、内经数、边经数；上机图；织物匹长与织物单位重量。

## 一、匹长
织物成品匹长主要依据织物的用途、单位长度重量、厚度及生产条件而定。内销成品匹长 30m，外销 40m、50m。

$$坯绸匹长=成品匹长/(1-染整长缩率)$$

$$整经匹长=坯绸匹长/(1-织造长缩率)$$

$$=成品匹长/[(1-染整长缩率)×(1-织造长缩率)]$$

织物的染整长缩率、织造长缩率与织物原料、经纬纤度与密度、组织及加工工艺等有关。一般以生产的同类产品经验值作参考，加以确定。

## 二、幅宽

织物的成品幅宽（cm），主要依据织物的用途、生产条件与实际决定。一般成品幅宽：外销指内幅，内销指外幅。

$$坯绸幅宽=成品幅宽/(1-染整幅缩率)$$

$$上机幅宽=坯绸幅宽/(1-织造幅缩率)$$

$$=成品幅宽/[(1-染整幅缩率)×(1-织造幅缩率)]$$

## 三、经纬密度

丝织物设计时，应根据织物的用途，参考同类相似产品的密度，初定密度，结合试织再调整、确定密度。

$$坯绸经密=成品经密×(1-染整幅缩率)=成品经密×成品幅宽/坯绸幅宽$$

$$上机经密=坯绸经密×(1-织造幅缩率)=成品经密×(1-染整幅缩率)×(1-织造幅缩率)$$

$$=筘号（筘/cm）×10×每筘穿入数$$

$$坯绸纬密=成品纬密×(1-染整长缩率)$$

$$上机纬密=坯绸纬密×(1-坯绸下机长缩率)$$

$$=成品纬密×(1-染整长缩率)×(1-坯绸下机长缩率)$$

## 四、总经线数

$$总经线数=内经线数+边经线数$$

$$内经线数=成品内幅×成品经密=上机内幅×上机经密=上机内幅×筘号×每筘穿入数$$

$$边经线数=成品每边幅×边丝经密×2=每边筘齿数×每筘穿入数×2$$

## 五、筘号

同本章第二节第三部分。

## 六、织物重量

### 1. 坯绸重量

$$每米坯绸重量（g）=每米坯绸经线重量（g）+每米坯绸纬线重量（g）$$

$$每米坯绸经线重量（g）=总经线数×1（m）×经线特数/[1000×(1-经线织造长缩率)]$$

每米坯绸纬线重量（g）= 坯绸纬密×10×上机幅宽×纬线特数/（1000×100）

坯绸平方米重量（g）= 每米坯绸重量/坯绸幅宽×100

每匹坯绸重量（kg）= 每米坯绸重量×匹长/1000

## 2. 成品重量

每米成品重量（g）= 每米成品经线重量（g）+ 每米成品纬线重量（g）

每米成品经线重量 = 总经线数×1（m）×经线特数/[1000×（1-经线总长缩率）]×（1-重量损耗率）

每米成品纬线重量 = 成品纬密×上机幅宽×纬线特数/（1000×10）×（1-重量损耗率）

= 每米坯绸纬线重量/（1-染整幅缩率）×（1-重量损耗率）

成品平方米重量（g）= 每米成品重量/成品幅宽×100

每匹成品重量（kg）= 每米成品重量×匹长/1000

重量损耗率 = （坯绸重量-成品重量）/坯绸重量×100%

丝（线）重量损耗率 = （生丝重量-熟丝重量）/生丝重量×100%

丝线纤度不同时，重量要分别计算。

## 3. 原料含量

原料含量是指织物成品中所用原料重量的比例。

某原料含量 = 某原料净重量×(1-重量损耗率)/各原料净重量×(1-各原料重量损耗率) 的和

## 4. 原料用量

原料用量是指原料的投入重量，包括加工过程中的重量损耗和回丝损耗。

每匹成品中某原料的用量（kg）= 每匹成品重量×该原料含量/[（1-重量损耗率）×（1-回丝消耗率）]

常用丝织品、丝（线）的重量损耗率（%）如下：

| | |
|---|---|
| 桑蚕丝（生织练染） | 75~76 |
| 桑蚕丝（熟、色织） | 76~78 |
| 桑蚕丝（生丝增白、染色） | 99~100 |
| 双宫桑丝（生织练染） | 71~76 |
| 双宫桑丝（熟、色织） | 73~78 |
| 绢丝（生织练染） | 85~90 |
| 绢丝（熟、色织） | 90~95 |
| 紬丝（生丝练染） | 83~88 |
| 紬丝（熟、色织） | 88~93 |
| 柞蚕丝（生织练染） | 85 |
| 柞蚕丝（熟、色织） | 87 |
| 人造丝（练染） | 97 |
| 人造丝（色织、退浆） | 98 |
| 人造丝（色织、不退浆） | 100 |
| 棉纱（本白、丝光、练染） | 95 |
| 棉纱（丝光加漂白） | 92 |

| 羊毛（练染） | 95～97 |
|---|---|
| 黏纤纱（练染） | 97 |
| 涤棉（涤棉中的棉）、苎麻（练染） | 95 |
| 合纤丝、涤棉（涤棉中的涤） | 99 |

实际生产中，可结合使用原料、工艺及成品实测的结果，来综合确定重量损耗率。

# 第四节 丝织物设计实例

例 7-1：某洋纺成品规格为：内幅 114cm，边幅 0.5cm×2，匹长 29.7m，经密 50.5 根/cm，纬密 39.6 根/cm，经纱为 31.1/33.3dtex（1/28/30 旦）桑蚕丝，纬纱为 22.2/24.4dtex×2（2/20/22 旦）桑蚕丝，试进行规格设计与工艺计算。

解：根据类似产品可知：染整长缩率为 1%，织造幅缩率为 5%，重量损耗率为 24%，经线织造长缩率为 3.2%，经、纬回丝消耗率为 0.4%、1%，不考虑坯绸下机长缩率、染整幅缩率。

（1）坯绸匹长 = 29.7/（1-1）= 30（m）

（2）坯绸内幅宽 = 114/（1-0）= 114（cm），上机内幅宽 = 114/（1-5%）= 120（cm）

（3）坯绸经密 = 50.5×（1-0）= 50.5（根/cm），上机经密 = 50.5×（1-5%）= 48（根/cm）

（4）坯绸纬密 = 39.6×（1-1%）= 39.2（根/cm），上机纬密 = 39.2×（1-0）= 39.2（根/cm）

（5）每筘穿入 2 根，则筘号 = 48/2 = 24（齿/cm）

（6）内经线数 = 120×24×2 = 5760（根），平纹织物边经密度为内经的 150% 左右，取 150%，则边经线数 = 0.5×50.5×150%×2 = 76（根）（取 36×2 根）；总经线数 = 5760+72 = 6532（根）。

（7）绸边采用 12 筘/cm，每筘穿入 6 根，每边筘齿数为 36/6 = 6 筘，每边筘齿宽 6/12 = 0.5cm。上机外幅宽 = 120+0.5×2 = 121（cm）。

（8）每米坯绸经线重量 = 6532×1×3.22/ ［1000×（1-3.2%）］= 21.73（g）

每米坯绸纬线重量 = 39.2×10×121×2.33×2/（1000×100）= 22.10（g）

每米坯绸重量 = 21.73+22.10 = 43.83（g）

坯绸平方米重量 = 43.83/115×100 = 38.11（g）

每匹坯绸重量 = 43.83×29.7/1000 = 1.302（kg）

（9）每米成品经线重量 = 21.73/（1-1%）×（1-24%）= 16.68（g）

每米成品纬线重量 = 22.10/（1-0）×（1-24%）= 16.80（g）

每米成品重量 = 16.68+16.80 = 33.48（g）

成品平方米重量 = 33.48/115×100 = 29.11（g）

每匹成品重量 = 33.48×29.7/1000 = 0.994（kg）

（10）每匹成品经线用量 = 16.68×29.7/ ［（1-24%）×（1-0.4%）×1000］= 0.654（kg）

每匹成品纬线用量=16.80×29.7/〔（1-24%）×（1-1%）×1000〕=0.663（kg）

每匹成品经纬线用量=0.654+0.663=1.317（kg）

# 思考题

1. 丝织物如何分类？说明其编号的具体含义。

2. 如何进行丝织物的线型设计？

3. 丝织物经纬密度是怎样确定的？

4. 丝织物设计时，如何对内、边箔幅、箔号进行合理安排？

5. 丝织物规格设计主要包括哪些内容？

6. 电力纺成品规格为：内幅91cm，边幅0.75cm×2，匹长27.7m，经密64.7根/cm，纬密41.9根/cm，经线组合为22.2/24.4dtex×3（3/20/22旦）桑蚕丝，纬线组合为22.2/24.4dtex×4（4/20/22旦）桑蚕丝，试进行规格设计与工艺计算。

7. 双宫绸成品规格为：内幅112cm，边幅0.5cm×2，匹长28.7m，经密49.7根/cm，纬密30.3根/cm，经线为22.2/24.4dtex×3（3/20/22旦）桑蚕丝，纬线为111/133.2dtex（1/100/120旦）双宫丝，试进行规格设计与工艺计算。

8. 五枚闪光缎成品规格为：内幅90cm，边幅1cm×2，匹长28.7m，经密96根/cm，纬密50根/cm，经线为33.3dtex（1/30旦）有光单纤锦纶丝，纬线为77.7dtex（1/70旦）半光锦纶丝，试进行规格设计与工艺计算。

# 第八章　麻织物设计

麻织物是指采用麻纤维纺织加工而成的混纺或交织产品。麻织物的特征基本上与棉织物相似，同时布面光洁平整，有弹性，透气性好，吸湿散热快。麻织物的纺织加工、产品质地及用途不同，产品的特征、性能各有差异。

麻织物种类很多，分类也各不相同。按构成织物的原料不同分为苎麻织物、亚麻织物、黄麻织物、混纺麻织物、交织麻织物等；按织物的外观色泽不同分为原色麻织物、漂白麻织物、染色麻织物、印花麻织物等。常用作服装面料的有苎麻、亚麻与大麻等。

## 第一节　麻织物的主要结构参数设计

麻织物设计与生产中，其主要结构参数设计与棉织物相类似，具体内容可参考棉织物设计部分。

### 一、苎麻织物

苎麻织物透凉透气，爽挺舒适，强度特高，伸长率低，尺寸稳定性好。一般的纯苎麻细布经纬纱在 14.3tex 以上，以中号纱为主。一般制织单纱织物，捻系数比同类棉纱低，经纬一般采用同捻向。纯苎麻织物具有良好的服用性能、卫生性能，洁白而有蚕丝般光泽。中、细特织物滑爽、细致，粗特织物线条粗犷、手感挺爽。

夏布为手工制织的苎麻布，有本色、漂白、染色与印花之分。细特夏布组织紧密、色泽匀净；粗特夏布组织疏松，色泽较差。

机织苎麻布较夏布细致、光洁。一般以中特为主，有漂白、染色、印花等。长苎麻织物以纯纺为主，有平纹、斜纹与小提花组织，多为漂白。中苎麻织物以涤麻混纺为主。短苎麻一般与棉混纺，组织为平纹或斜纹。

爽丽纱是由细特单纱织成的细薄型织物，略呈半透明，轻如蝉翼，典雅华丽，挺爽舒适。经、纬纱的细度为 10~16.7tex。维纶与精梳长苎麻条混纺纱而织成的坯布，在练漂时溶去维纶，则织物更为细薄。

长麻混纺织物绝大多数是苎麻与涤纶混纺，或部分与羊毛、涤纶、黏胶或腈纶混纺。涤麻（麻涤）混纺织物是以苎麻精梳长麻与毛型涤纶混纺的织物。涤麻混纺织物挺爽，不易褶皱、耐磨，舒适、易洗快干、洗可穿性好。常见混纺比为涤纶/苎麻 65/35、45/55 或 40/60。

涤麻派力司织物是按精梳毛织物派力司花型而设计的，布面具有疏密不规则的夹花条纹，有纱、半线和全线之分。织物轻薄、弹性好，呢面平整、光泽自然等。经纱为（13.9~16.7）×2tex 股线，纬纱用 22.2~25tex 单纱，平纹组织，织物重量一般在 140~160g/m²。在涤纶中用部分羊毛替代而形成的涤毛麻三合一派力司，具有毛织物手感滑糯的毛型感。涤麻派力司既有毛型织物的外观色泽和平整布面，又具有麻织物的吸湿散湿快、挺括凉爽、易洗快干、免烫、舒适的优点。

以精纺毛织物为基础的其他混纺织物，具有毛型感的外观手感和高雅的风格等，又有吸湿散湿快、挺括凉爽、透气舒适，苎麻纤维的含量不宜超过 25%。

短麻混纺织物是以与棉混纺为主的产品，或与毛、涤纶等纤维的混纺织物。短麻涤混纺织物一般含苎麻 35%~55%，有平布、提花、色织及印花等。麻棉混纺织物主要有棉/麻 50/50 及 75/25 两类，细度在 50~125tex。织物经密不宜过大，一般经向紧度 30%~35%，纬向紧度 35%~40%。

以粗梳毛纺呢绒为基础的毛麻及其他纤维与麻混纺织物，以小部分苎麻代替羊毛，含麻量最多不超过 25% 左右。

涤麻混纺花呢大多设计成隐条、明条、色织与小提花织物，或采用经纬重平、方平、透孔组织等，可突出麻织物风格，具有仿毛型花呢风格。小提花织物经向紧度大时，花纹清晰、丰满，外观好。涤麻混纺花呢具有苎麻织物的挺爽舒适感，又有洗可穿、免熨烫特点，比黏胶、涤纶类纯化纤织物有身骨，透气好。中长化纤混纺织物中混入一定量低比例的苎麻纤维，可具有麻织物的风格，其含麻比例以不超过 20% 为宜。

麻棉交织布是以苎麻纱线作为纬纱，棉纱线为经纱交织而成的，布面突出纯麻风格。麻毛交织物中夹入少量几根苎麻或涤麻纱线，可显示出麻织物的风格。以涤棉或涤黏混纺纱为经纱，涤麻纱为纬纱的交织布，经纱细度一般为 18.5tex 或 10×2tex 左右，纬纱一般采用 18.5tex、65/35 涤/苎麻纱。麻棉交织布以平纹组织为多，经向紧度一般为 45%~55%，纬向紧度为 50%~60%。苎麻纺织新产品开发常以纯苎麻或含苎麻混纺纱线与桑蚕丝或化纤长丝进行交织。若以长丝为纬纱，含苎麻混纺纱为经纱，纬纱用 11.1tex 涤纶长丝，经纱用 10×2tex 涤麻混纺纱，交织成细薄型涤麻纬长丝织物，轻柔、飘逸、滑爽，具有丝绸般的光泽。若以长丝为经纱，纯苎麻或涤麻混纺纱为纬纱，则桑蚕长丝与纯苎麻纱交织织物光泽柔和、手感滑爽，有丝绸的华贵感、苎麻织物的高雅感；黏胶长丝与纯苎麻纱交织织物柔软、悬垂、色彩鲜艳；涤纶长丝与涤麻、麻棉、纯苎麻纱交织织物手感柔软、弹性好、不易起皱。

## 二、亚麻织物

亚麻织物常分为细布、帆布和工业用布类。亚麻细布泛指低、中特亚麻纱织造的纯麻布及与之相当的麻棉交织布、麻涤混纺布。亚麻细布具有竹节风格，光泽柔和，以平纹组织为主，部分采用变化组织和提花组织。细密、轻薄、挺括、滑爽，表面具有特殊光泽，易洗烫，吸湿性、透气性能好，不易吸附尘埃。

亚麻细布有原色布、酸洗布、印花布、色织布等，大多采用经纬同特纱织造，织造时紧度不宜大。一般通过后整理来增加紧度，改善织物的尺寸稳定性。组织以平纹为主，部分采用变化与提花等组织。原色亚麻布酸洗后，手感柔软，布面光洁平滑。漂白亚麻布洁白平滑。

外衣用亚麻细布用纱较粗，常用中特或低特纱的股线织造，通常在 70tex 以上，布重多为 250~400g/m²。组织从平纹发展到人字纹，外观有隐条、隐格等。也可织成棉经、麻纬的交织物及涤麻混纺布等。内衣用亚麻细布重量常在 170g/m² 以下，用纱较细，一般在 40tex 以下，常用平纹组织。亚麻细布也有棉麻交织或麻涤混纺织物。

柞绢、亚麻的混纺交织布，经纬纱可均为麻绢混纺纱，或以亚麻纱、棉纱或绢丝为经纱，以柞绢绵与亚麻精短落麻混纺纱作纬进行织造。织物细而不糯、粗而不糙、吸湿透气、穿着舒适。

羊毛、亚麻混纺产品中，有毛麻精纺混纺和毛麻粗纺混纺产品。如毛麻精纺混纺产品有羊毛的弹性和手感，有亚麻的身骨和滑爽感，外观有麻的质感。毛麻粗纺混纺花呢具有羊毛的弹性及亚麻的身骨和滑爽感，呢面柔软、松而不烂，光泽自然柔和，风格粗犷、挺括。

装饰用、床上用亚麻织物，一般用中特半漂纱中较细的，或与中特棉纱交织，均为平纹组织。一般装饰用亚麻织物采用中特纱的提花、绉纹等组织织造。高档的纯麻漂白床单采用高中特纱织造，也可棉麻交织。巾类亚麻织物可色织、提花织造，或印花。

帐篷用亚麻帆布经纱常采用 160~180tex，交织帆布采用相当特数的棉股线，纬纱常用 300tex 左右，织物组织多为双经重平组织。织物紧度大，经向约 110%，纬向约 60%，织物厚重。

油画用亚麻帆布质轻，布面平整，经、纬向紧度均在 50% 左右，经、纬纱常采用 120~125tex 干纺短麻纱，采用平纹组织织造。

地毯用亚麻帆布质地粗厚，边组织宽而紧，可平纹或斜纹组织织造。工业用亚麻帆布平纹组织及双经平纹组织居多。

目前，各式纯亚麻色织细布、棉麻交织细布、涤麻混纺织物，已向低特松薄型、高档方向发展，亚麻与绢绵混纺织物、亚麻与绢丝交织物及其弹力织物等已得到开发与生产。

### 三、大麻织物

大麻强力高，手感柔软，透气透湿，抑菌、防腐、耐热、耐晒、隔音绝缘、粗犷潇洒、高雅华贵，利用大麻可形成纯麻、麻棉、涤麻、毛麻、涤毛麻混纺织物等。大麻织物中的夏布类，组织结构简洁，产品透气挺爽。帆布粗厚，有本色、色布之分，吸湿散湿快，拒水性好。舒爽呢粗犷而高雅，挺括、透气、舒适。

麻棉混纺织物有棉的柔软手感，又有麻的粗犷风格，混纺比例多为麻棉 55/45。涤麻混纺织物可色织或匹染，易洗快干，比涤棉更挺爽，抗皱免烫。含麻多，织物挺括粗犷；含麻少，织物有丝绸效应。毛麻混纺呢绒具有麻的挺括、毛的弹性、锦纶的强力，可色织或匹染。外观挺括，富有自然光泽和较好的弹性，绒面不起球，抗皱、耐磨。涤毛麻凉爽呢具有滑挺爽或滑挺糯的风格，高雅舒适，免烫，易洗快干，可色织或匹染。

大麻交织布中，麻丝绸是以涤长丝与涤麻混纺纱的交织物，产品轻盈飘逸。方格呢是棉经麻纬的并纱交织色织产品，风格粗犷豪放。

### 四、其他麻织物

罗布麻具有丝的光泽、麻的风格和棉的舒适性，具有医疗保健的特殊功能，罗布麻与绢丝混纺产品柔软挺爽，风格独特。罗布麻与棉混纺织物保暖性、吸湿性极好。罗布麻毛盖棉织物，外表具有毛织物的挺括和弹性，手感柔软，保暖性好，内层具有罗布麻的滑爽、柔软、透气、吸湿等特点。黄麻麻布可用作包装材料，粗帆布可作油画底布。黄麻毯类、棉麻交织布等已得到了较好的运用。

# 第二节　规格设计与上机计算

麻织物的规格设计与上机工艺计算可参考棉织物设计部分。

例 8-1：全亚麻平纹织物，坯布规格为 $4.25\text{tex} \times 4.25\text{tex} \times 204.8 \times 212.6$，坯布幅宽 160cm，36 根 $28\text{tex} \times 2$ 棉边纱，地、边经每筘穿入均为 2 根，三联匹长为 90m，剑杆织机织造，试进行相关的规格、技术设计和计算。

解：（1）选取经、纬纱织缩率分别为 8.5%、2%；上机筘幅 $= \dfrac{160}{1-2\%} = 163.3$（cm）

（2）总经根数 $= \dfrac{204.8 \times 160}{10} = 3276.8$，取 3276 根，其中 4.25tex 麻纱 3240 根。

（3）筘号 $= \dfrac{204.8 \times (1-2\%)}{2} = 100.3$，取 100 筘/10cm。

（4）修正筘幅 $= \dfrac{3276 \times 10}{100 \times 2} = 163.8$（cm）。

（5）浆纱墨印长度 $= \dfrac{90}{3 \times (1-8.5\%)} = 32.8$（m）。

（6）百米织物用纱量。

百米织物 4.25tex 亚麻经纱用纱量 $= \dfrac{3240 \times 4.25 \times (1+1.25\%) \times (1+1\%)}{10^4 \times (1+1\%) \times (1-8.5\%) \times (1-0.3\%)} = 15.168$（kg）

百米织物 4.25tex 亚麻纬纱用纱量 $= \dfrac{212.6 \times 4.25 \times (1+1.25\%) \times (163.2+15) \times (1+1\%)}{10^5 \times (1-2\%) \times (1-0.7\%)} = 16.791$（kg）

百米织物 4.25tex 亚麻纱用纱量 $= 15.168 + 16.791 = 31.959$（kg）

百米织物 28tex×2 棉纱用纱量 $= \dfrac{36 \times 28 \times 2 \times (1+1.25\%) \times (1+1\%)}{10^4 \times (1+1\%) \times (1-8.5\%) \times (1-0.0.3\%)} = 0.222$（kg）

# 思考题

1. 麻织物分为哪几类？

2. 麻织物设计时，如何考虑结构参数与风格的关系？

3. 麻/棉（55/45）平纹坯布的规格为 36.7tex×97.9tex×228×146，坯布幅宽 160cm，边为 24 根 27.8tex×2 棉纱，三联匹长为 90m，剑杆织机织造，试进行相关的规格、技术设计和计算。

# 第九章　大提花织物设计

## 第一节　大提花织物概述

随着人类科技的发展，制成纺织品的方法已有多种，其中由经纬两个系统纱线在织机上互相沉浮交织而成的一类织物称为机织物。机织物中根据织物组织的不同，又可分为素织物、小提花织物和大提花织物。大提花织物俗称提花织物，学名为纹织物。它们之间的差别首先表现为表面视觉效应不同：素织物表面素洁，没有花纹；小提花织物表面具有细小的花纹，花纹组织循环很小；而纹织物的表面显现出各种花纹图案，一个花纹循环经纬线数很大。之所以有这样的差别，是因为构成这些织物的组织组合不同，素织物由单一的三原组织或是简单变化组织构成，例如平布、牛仔布、贡缎、电力纺等；小提花织物应用复杂变化组织或联合组织构成，如四维呢、条格布、灯芯绒、女式呢等；而纹织物的花纹是由两种或两种以上的组织在花、地上的不同分布而成，如桑波缎、织锦缎、提花沙发布、提花窗帘布等。

素织物、小提花织物、纹织物这三类不同的机织物，一般情况下由三种不同的开口机构织造：素织物组织简单，不同运动规律的经线只有几种，一般用踏盘开口机构织造；小提花织物组织较为复杂，不同运动规律的经线在10~20种，可以在多臂机上织造（具体界限要根据多臂机的机型而定）。素织物和小提花织物织造时是通过提升综框来控制纱线的运动，提升综框即可控制运动规律相同的整排经线，但是综框的数量受空间的限制，所以只能制织素织物和小花纹织物。凡是要织制大提花织物，一个花纹循环中不同运动规律的经线达到几根甚至上万根，只有配提花机才能织制。提花机不用综框，它有许多根彼此可独立运动的纹针，让这些纹针控制经线，就能使经线互不干涉地各自运动，从而织出需要的各种花纹。

### 一、纹织物的分类

纹织物通常按组织结构、用途、染整加工、原料不同来分类。

**1. 按原料不同分类**

（1）丝绸纹织物。主要用蚕丝、人造丝、合纤丝等原料织成的各种织物，具有柔软滑爽、光泽明亮等特点，穿着舒适、华丽、高贵。其品种多、用途广。可分为真丝、绢丝、柞蚕丝、人丝、合纤丝、金银丝和交织纹织物。如绚丽多彩的织锦缎、细洁滑爽的塔夫绢、柔软明亮的花素软缎，薄如蝉翼的乔其绡，富丽堂皇的丝绒以及繁花似锦的丝绸被面等。

素织物：应用基本组织构成表面素洁的织物。

（2）棉纹织物：采用棉或棉型纱线制织成的织物，如被单（床单）、棉毯、毛巾、沙发布、手帕及的确良等纹织物。

（3）毛纹织物：采用毛纱制织成的织物，如提花毛毯、提花女式呢等。

**2. 按用途不同分类**

（1）衣着用纺织物：丝绸较多。

（2）日常生活用纹织物：被面、床单、枕巾、手帕、围巾、地毯等。

（3）装饰用纹织物：靠垫、沙发布（绸）、窗帘等。

或可以分成服装用、装饰用、工业用纹织物。

**3. 按染整加工不同分类**

（1）丝织物：生织、熟织、半熟织。

（2）棉织物：白织、色织。

另外，有经漂白、丝光、拉绒等加工的纹织物。

**4. 按组织结构分不同分类**

主要分成单层、重经、重纬、双层、经起绒、纬起绒、凹凸、毛巾、纱罗等纹织物。

### 二、纹织物的工艺

纹织物是所有纺织品中一簇艳丽的花朵，它的织制工艺较为复杂。设计、织制出一只新的纹织物品种，需要经过下述设计和工艺步骤：

**1. 整体设计**

根据织物的用途、销售对象、流行趋势等因素，全面考虑织物的风格特征，选定原料、线型，确定幅宽、经纬密度，设计组织结构和织造工艺流程及必要的后处理工艺。

**2. 纹样设计**

美丽的花纹是纹织物的特征，纹样设计是纹织物设计中必不可少的。一般应在品种设计中一并考虑，便于两者更有机结合。织物的纹织图案和印花图案的设计并不完全相同，它除了考虑符合品种的风格特征，满足客户要求外，还要兼顾组织配置和机织工艺的适宜性。

**3. 意匠**

纹样所展示的是纹织物成品的视觉图案，要使提花机织出这个图案，首先必须把纹样放大移绘到特定的意匠纸上。意匠纸上印有许多小方格，每一个小方格都代表着一个或几个组织点，从而能够反映出经纬的交织变化。根据设计的要求，意匠图上每一种颜色，都代表着一种组织，某些复杂的组织除了涂色外，还得点绘组织点。过去靠人工意匠，从放大、勾边、涂色到点绘组织点，需花费大量的工作时间。现在用计算机绘制，极大地提高了工作效率。计算机绘制意匠图及编辑纹板文件的软件称为纹织 CAD（computer-aided design，计算机辅助设计）。

**4. 轧制纹板**

意匠图能把纹织物各部分的组织清楚显示，但是还不能直接指挥提花机的纹针运动，必须把意匠图上信息移植到纹板上。对于机械式提花机，纹板由硬纸板或塑料膜片制作，纹板相应位置上有孔或无孔分别代表经组织点和纬组织点，通过纹板和纹针的接触，控制纹针的运动。按照意匠图在纹板上打孔的工作即称轧纹板。

用人工轧纹板非常耗时耗力，目前已由计算机接受纹织 CAD 编制好的纹板文件，控制轧花机自动轧制。对于电子提花机，CAD 编制好的文件转化为电子纹板，可以输入软盘，直接控制一台织机，也可以输入中心控制计算机，通过网络控制车间里的任何一台或多台提花织机。凡是接受 CAD 文件自动轧制纹板或自动制织的系统称为纹织 CAM（computer-aided manufacturing，计算机辅助制造）。

**5. 装造**

装造是通过通丝、综丝等建立一套装置使每根纹针和相应的经线相连，从而使经线受控于纹针。装造前，应根据织物规格和提花机型号合理设计装造类型和装造方法。装造工作主要包括以下三个步骤：装造设计、装造准备和上机装造。

**6. 试织**

准备好纹板（或电子纹板）、完成装造和整机后即可进行试织。试织分试小样和试大样两步，试小样的目的是检查纹织物的基本规格和织纹是否达到设计要求，它的后处理工艺往往在实验室模拟进行。小样鉴定通过可试大样，试大样的目的是分析出织制该品种的工艺参数，所有工艺条件和工序都应和大批量生产一样，得出的工艺参数将指导大批量生产。对于老品种织制新纹样的织物可以免试大样。

纹织物在中国可谓源远流长，在古代丝织品中得到美轮美奂的表现。至春秋战国，丝织品图案已非常复杂，既有祥云日月，也有变形的龙凤鸟兽。汉朝时，人工拉花机已基本定型：有一人坐于机顶专司提综，综绳成束，每一根综线下都吊有花综，花综穿入经丝，提综者根据口诀依序拉升综绳，配合织工投梭。拉花机使丝绸纹织物品种大增，色纹绚丽多彩，为开通丝绸之路提供了源源不断的货源，创造了中国丝织品的辉煌。

拉花机在 1000 多年后传入西方，在此原理上经过不断创新，19 世纪初在法国出现了具有现代雏形的提花机，以纹板代替人工拉花。至此经过 200 多年来的不断改进，提花机已数次更新换代。

20 世纪 70 年代，计算机应用于纹制工艺，开发了纹织 CAD，使意匠、纹板轧制摆脱了手工操作，极大地提高了工作效率。1983 年，第一台电子提花机在英国问世。它去掉了外在纹板，把纹织 CAD 和 CAM 直接结合，这是纹织工艺的历史性飞跃。

目前，随着纹织 CAD 和电子提花机的普遍使用，过去需数月才能完工的新品种制作，现在一两天即可推出，它特别适应小批量、多品种、要求快速交货的现代纺织品市场。纹制工艺的现代化为纹织物的繁荣开辟了新的天地。

纹织物不但美化了人们的服饰，它还大量用于装饰织物，如窗帘、沙发布、箱包布、地毯、商标等，它在各个方面装饰着人们的生活。目前在一些高科技的产业用纺织品中，也有了纹织物的用武之地。它已成为文明社会不可缺少的一部分。

# 第二节　纹样设计

## 一、纹样设计概述

### （一）纹样的基本概念

纹样是提花织物织纹图案的统称，工厂中通常称为"小样"，纹样效果是通过织物表面的组织变化来实现的，提花织物要通过具体的图案花纹，才能在织物上体现出它的组织变化。因此纹样设计是一种艺术和生产工艺相结合的设计过程。提花织物纹样大多是由"四方连续"组成，"四方连续"是指一张纹样可以上下左右四面无限地连接出去，俗称"接回头"，如图 9-1 所示。

图 9-1　四方连续纹样

### （二）纹样的基本属性

纹样起着装饰美化织物的作用，由于织物常用于人们的衣着、寝具、室内装饰等生活的必需品，因此纹样具有实用的特性。

纹样能在织物上呈现，不仅是依靠描绘技巧来达到，而是要经过意匠、轧纹板、装造、织造等一系列工艺手段才能完成，所以它又具有工艺条件的制约性。

纹样设计属于实用美术的染织美术体系，从意识形态范畴来看，一切实用美术都与欣赏绘画有着相同之处，即都是通过视觉艺术形象的表现来传递美的信息，都具有一定的思想性。纹样能传达种种情感，能赋予人们恬静、舒适之美感或活泼奔放之情趣。纹样的设计者通过设计，把花卉、鸟虫等物以及抽象的现代思维，采用图案的艺术语言在织物上表达，以表示作者对自然美的欣赏。

### （三）纹样设计的基本特点

提花织物设计包括品种工艺设计和花色纹制设计两部分内容，纹样设计是花色纹制设计的首要设计环节，是设计师根据提花织物的品种工艺特点，结合设计美学原理完成的艺术创作。

纹样设计的设计环节依次为纹样大小计算、纹样题材选择、纹样构图设计、确定纹样描绘方法、草绘和正稿绘画见表 9-1。

表 9-1　纹样设计过程

| 纹样计算 | 纹样题材 | 纹样构图 | 纹样描绘方法 | 纹样绘画 |
|---|---|---|---|---|
| 纹样宽 | 自然花草 | 排列方法 | 纹样表现手法 | 草稿 |
| 纹样长 | 飞鸟蝴蝶 | 纹样布局 | 纹样绘画技法 | 拷贝 |
| 套色数 | 山川风物 | 花型大小 | | 正稿 |

## 二、纹样计算

纹样的大小不能任意决定，它与织物规格、生产设备有密切关系。例如，纹样宽是根据品种规定的纹针数和经丝密度而定的，纹样的长度由纹板数决定。计算方法为：

$$纹样的宽度=成品内幅/花数$$
$$纹样的长度=纹板数/纬密$$

例9-1：62103 花软段，内幅 70cm，经密 137 根/cm，纬密 52 根/cm，全幅共 4 花，纹样长度设为 20cm。

纹样花幅：70÷4=17.5（cm）

织制此花型所需经线数=17.5×137=2398，修正为 2400。

如果要在 1400 号传统提花机上织造，应采用单造双把吊装造；如果用普通装造织造，需有大于 2688 枚纹针的提花机，否则只有改变纹样的宽度。

$$一个花纹循环的纬线数=纹样长×纬密=纹板数$$

当用机械式传统提花机织制时，考虑到纹帘不能过长，所以纹样的长度受到一定的限制，而在电子提花机织制时，只要规格允许，长度是随意的，完全可以根据品种要求及图案风格来定，具有较大的自由度。

## 三、纹样的题材与风格

### （一）题材

图案纹样的题材产生源于劳动人民长期的生产实践和艺术实践。图案美与生活紧紧相连，表示深刻的生活内涵，是从客观事物中提炼出来的艺术形象。如水波纹、漩涡纹、云雷纹、谷叶纹、鸟兽纹、网格纹等图案的产生就是原始先民渔猎、农耕生活的反映，在此基础上又经过艺术加工演变成各种类型的变形和抽象的装饰纹样。

纹样的题材是十分广泛的，设计者总是巧妙地运用各种题材构成一幅幅新颖的图案，这些千变万化的纹样大致可归纳为以下几类。

（1）自然对象纹样。如植物花卉（草木、枝叶、花卉、果实等），动物（飞禽走兽、虫、鱼、海生动物等），风景和人物（山、水、树丛、亭台楼阁和舞蹈人物、仕女、孩童等）。

（2）民族传统纹样。如缠枝牡丹、宝相花、水纹、云纹、回纹、龙、凤、金石篆刻、古乐、古器皿、琴、棋、书、画等。

（3）外国民族纹样。如波斯纹样、火腿纹样等。

（4）几何图案纹样。如方形、长形、圆形、椭圆形、菱形、多角形、直线、斜线、横线、曲线、弧形线等。

（5）器物造型纹样。如生产工具、文娱用品、日用品、交通工具等经过图案变化后采用。

（6）文字纹样。如汉字、外文、阿拉伯数字等。

## （二）风格

纹样的风格是一个十分重要的问题。纹样题材虽广泛而丰富，但毕竟是有限度的。由于风格派路的变化，即使采用同一资料设计也可变幻出各种风格，因此尽管纹样的内容大都以花花草草为主，但始终能栩栩如生地以各种姿态和形式表现在织物上。

所谓风格即是图案表现的形式感，这种形式感由以下五种因素构成。即题材、构思、着色处理手法（包括平涂勾线、点彩、塌笔、燥笔、影光等）、造型表现法（点、线、块面）和形式表现法（写意、写实、装饰变形等）。

上述五方面有机地组合成一个完整的风格，所以风格是一个较为复杂的问题。品评风格同设计者本身的审美能力有着密切的关系。著名画家潘天寿往往在画面布局上独树一格，如以一巨石横贯全幅，然后巧妙地添上数笔花草，便构成一幅别出心裁的山水画。又如近代著名画家黄宾虹屡以其浓郁、厚重、多层次的重墨山水画而独成一派。纹样要创出新颖的风格，必须具备丰富的想象力和独到的表现能力，要吸取新鲜资料及新的表现法，才能不断地推陈出新。

## 四、纹样的构图

纹样设计的第一步是起稿，起稿首先要抓大的骨架安排，这就是纹样的构图设计。在纹样构图安排合理的前提下，才能进行细部刻画。纹样的构图设计可分为纹样排列、布局、花型大小和纹样接回头方式设计四个部分。

### （一）排列

纹样的排列大致可以分以下几种。

#### 1. 散点排列

纹样是四方连续的一个单元，在这个单元中可以安排的散点花有：两个散点、三个散点、四个散点、五个散点、六个散点、七个散点、八个散点、九个散点、十个散点、十一个散点。依次按散点排列图安排花纹，则在整个绸面中不会产生花纹档子和疵病。散点排列比较灵活，一般常用四个散点、六个散点。用于清地和半清地的品种宜画散花、民族纹样等。多散点的排列一般适用小朵花、器物造型等装饰图案或圈点几何纹等。

#### 2. 条格形排列

条格形排列又分直条、横条、斜条、波形、方格和变化格等，可在条格骨架的基础上再加上几何花纹或小花卉等。

#### 3. 连缀排列

排列时纹样相互连接或穿插构成连缀。在我国传统图案中应用较广，有菱形连缀、连环连缀等，如传统图案中的棋格纹、万字纹、龟背纹、八达晕等。其特点是平稳、大方、规则。

#### 4. 重叠排列

用两种或两种以上的纹样重叠排列在画面上。往往采用小花纹或小几何纹嵌满底部，上面再加散点中花或大花，使纹样主次分明，层次清晰。

**5. 单独排列**

在一个花纹循环中安排独花，使图案气势较大，适用于大回头的花派，如独支梅花、大团花等。

**6. 不规则排列**

一般适用于混满地的花派，穿插自由，不受散点排列的限制。

**(二) 布局**

**1. 纹样的布局**

纹样的布局大致分为清地、混满地、满地。

(1) 清地：空地面积约占整张纹样的 3/4，花纹面积约占 1/4，则称为清地花。

(2) 混满地：花、地各占 1/2，相互参差混合在一起，则称为混满地。

(3) 满地：花纹面积约占 3/4，地面积约占 1/4，称为满地。

**2. 根据整幅纹样的布局分类**

(1) 多花纹样。在织物幅宽内横向重复排列数幅花纹，即四方连续纹样。

(2) 独花自由纹样。在织物幅宽内只排一个全自由的图案。

(3) 大对称纹样。在织物幅宽内，左右两侧的图案呈轴对称分布。

(4) 自由中心+大对称纹样：在一幅织物内，中间是一个自由独花，两侧为左右对称的图案。

纹样的布局和织物的用途考虑密切相关。多花纹样大多应用于服用纺织品；独花纹样常在头巾、台布、窗帘等装饰织物中出现；俗称为"四菜一汤"式布局的图案则在中国传统被面、床毯等织物上应用广泛。

**(三) 花型分类**

在一般匹料织物中，花纹有大型、中型、小型之分。

**1. 服用织物**

大型纹样，花型长度为 7cm 以上；中型纹样，花型长度为 4cm、5cm、6cm；小型纹样，花型长度为 3cm 以下。

定做裙料等花纹根据流行花派和品种设计的要求来设计，不受花型大小的约束。

**2. 装饰织物**

大型纹样，花型长度为 12cm 以上；中型纹样，花型长度为 8cm、9cm、10cm；小型纹样，花型长度为 5cm 以下。

特殊装饰用途的织物的设计，如独幅窗帘、台布、被面等织物，多数是采用独幅大花。

**(四) 接回头**

由于纹样的组织结构不同，可以分为二方连续、四方连续和不连续纹样。连续形纹样不仅可以显示条理与反复的形式美，而且能产生较强的节奏感和韵感，不连续纹样则能显示潇洒、自然的风格，一般为头巾、件料的图案设计。在提花织物中最常用的是四方连续的接回头方式，并有两种四方连续的处理方法：平接和 1/2 跳接，如图 9-2 所示。

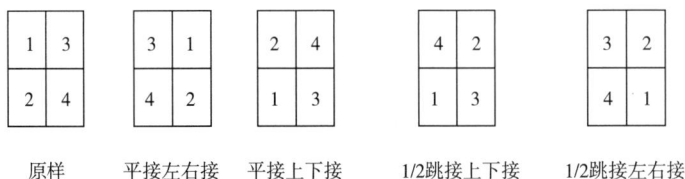

图 9-2 四方连续接回头方式

### 五、纹样表现手法及纹样绘画技法

在图案设计的用笔和着色上有不少技法。因为各个品种有不同的要求,所以表现手法也不同。如经纬密度小的品种就不能画细线条花型,相反块面太大也不行,因为密度小,绸面容易发"披",应采用大小适中的花型以块面处理较恰当。又如对易暴露疵病的提花品种有时可采用细线和小块面花纹嵌地。而在交织织锦缎上,因经纬密度大,同时又是纬三重织物,因此花色均能多变。由于各品种的不同要求及为达到丰富织物装饰性的目的,必须要求纹样的表现技法多种多样。

#### (一)纹样表现手法

(1)写实表现。多数采用自然对象(主要是花卉)的写生姿态,形象较为逼真。

(2)写意表现。造型比较简练概括,在写实的基础上进行提高。根据某一题材取其优美的部分加以夸张提炼,按照作者的意图去发挥、去表现,这就要求有熟练的技巧和笔墨功夫。

(3)变形加工。表现在写实图案的基础上,根据图案需要大胆地进行取舍与变形,不一定要符合生长规律,但要求造型优美和具有较浓的装饰感,一般宜简不宜繁。

图案形象大体上通过点、线、面三者的结合所构成。"点"可以有圆点、方点、多角点、米点等;线可以有直线、曲线、断续线、粗细变化线等,在图案设计中除块面外,不是用点表现就是用线表现,有时三者混合使用。一般来说采用线条勾边能使花型突出,并可用线条刻画细部。点子的运用则具有柔和、细腻、协调的特点,若点子不用于主花时,则可起联系主体及陪衬的媒介作用。

#### (二)纹样绘画技法

**1. 块面平涂及平涂勾边**

通常在单经单纬或双经双纬的品种中,纹样着色采用一色平涂,即称块面平涂。先块面平涂再采用另一色在花型周围用线条包边,即称平涂单色勾边,此画法一般用于单经双纬、双经单纬或双经双纬的品种。先块面平涂再采用双色线条(即甲纬与乙纬)包边则称平涂双色勾边,此画法用于纬三重织物。

**2. 线条处理**

用粗细线条的结合组成花纹或几何纹。

**3. 不规则的点子画法**

如槟榔块,即由多角形的大点子组成。此外,还有米点形等。

**4. 影光处理**

影光处理手法有以下四种。

（1）渲染法。又称块面色影光画法，在块面平涂的基础上，另用一种鲜明色泽由深及浅伸向平涂的色块中，用渲染画法均匀地染出。

（2）泥地影光法。用密集的小点子由密到稀向外扩散称泥地影光画法。

（3）撇丝影光法。是指用横、直、斜的细线条由密集到稀松排列的表现法。

（4）纹样排列影光法。是指由大小花型块面疏密排列而产生影光的方法。

**5. 媚笔处理**

用两种色彩的块面画法来表现花型的转折和体面结构。

**6. 燥笔处理法**

用蘸色较为干枯的毛笔作撇丝画法。

**7. 反地画法**

反地画法一般适用于缎地组织，在缎地上空出完整的花型。在其周围，嵌满密集的小花纹，这空出的花型可以为主花，也可以是地纹。

## 六、品种与纹样的关系

### （一）高档织物

一般高档织物的品质取决于织物的原材料与加工工艺以及织物的整理手段。由于采用真丝、毛、麻等天然纤维并经过较精细的原料加工以及较复杂的织造工艺，一般高档织物的成本较高，外观的视觉效应及内在品质和手感均较好。与高档织物的品质相适应，纹样的绘制也必须显示较高贵的气质，题材的选择一般应以较名贵的花卉，如玫瑰、牡丹、梅花等为主，此外也可选用抽象的几何形题材和民族传统图案。一般变化不宜过于繁杂，也不宜表现杂物器皿图案和卡通动物等儿童趣味的题材。纹样绘画精细，色彩配置调和、高雅，一般不采用强烈对比的配置法。

### （二）中低档织物

中低档织物多数为棉、合纤织物，有天然纤维与化纤的交织，也有多种原料的交织，一般成本低于真丝织物。使用的面较宽，除了一般服用外，还可用于各种服饰和装饰用绸，并且适用的地区也较广。所以纹样的绘制就要根据不同地区的不同需要和不同用途来考虑。题材的应用较广，在花型与表现上的考虑，除了部分仿真丝衣着用绸应紧跟流行花式以外，一般以中小花纹的大路货为主。色彩的配置也是多种多样的，根据纺织品品种设计的要求可有单色、双色、三色、对比及调和等多种配置。

### （三）织物经纬密度与纹样的关系

织物的经纬密度直接影响织物纹样的精细程度，经纬密度越大，纹样的表现可以越充分，细线条、小块面、点子的表现均能呈现于织物上。反之则不能随意表达。在经纬密度较小的织物上，不能绘画并列的细线条纹样，一般应以块面纹样表现为好，并且外形为锯齿形的小块面也不能在经纬密度较少的织物上得到较理想的效果，其纹样应具有相对完整的形状，最好采用清晰的块面表现，并且一个面与另一个面的边缘之间，应具有三根或三根以上的经丝或纬丝的间距。

### （四）色经色纬织物与纹样的关系

随着生产技术的提高，为了增加织物的附加值，在织物基本设计的基础上常运用色经色纬排列的方式来加强织物的表面效果。色经色纬织物的纹样设计在表现织物的效果上具有一定的难度，纹样设计须分步骤完成，可分为基本纹样设计、色经色纬设计、织物效果设计三部分，基本纹样设计、色经色纬设计为常规的设计，简单的织物效果设计可以通过手绘完成，也可以借助计算机辅助设计。

## 七、织物用途与花纹的关系

织物的用途很广，一般有服用、装饰用和产业用三类。在花样设计中，织物的用途对纹样设计有特殊的要求，服用绸应考虑图案排列的倒顺。这样，无论采用哪种裁剪法均可使花纹有正有反，不致造成明显的方向性。避免做成服装后，出现花纹方向不一的现象。而装饰用绸的纹样设计一定要与装饰用途保持一致，如窗帘、台布、靠垫等，纹样的构图都有具体的要求和限制。一般以边角对称中心自由为主。

### （一）服用绸纹样

在服用绸中，因具体服装用途不一，纹样要求也不同。衬衫的花样一般不宜过大、过密，以轻松、细巧的花派或条格变化为主，同时，衬衫是人们经常穿着的服装，需要不断调换花色，以增强新鲜感觉，因此花纹还需要根据流行花派进行设计。西装的花纹一般以大方简练为主，如几何花派、变化格形等，或根据流行花派进行设计。中式服装及织锦类服装绸，一般以中国传统民族纹样及写实花卉为主，图案要求结构严谨、表现丰富。宴会服装的花纹，一般要求色泽鲜明，花型以大型为主，花样气势要大，处理以写意、抽象为主。件料的花样，要根据特定的要求和服装裁剪式样来设计。裙类花样多变，分件料设计及散花两种，一般以印花绸为主。服用绸的纹样还应考虑品种销售对象的特殊要求和年龄特点。例如，和服绸纹样必须具有日本纹样的独特风格，如流水纹、云纹、扇形、龟形等。如青年人衣着用绸的花纹设计，则要紧跟流行派路。老年人衣着用绸的花纹设计则要求朴实、稳重。

以上所述均为一般规律，服用绸纹样的大小、风格经常会随着服装款式流行趋势的变更而变化，特别是随着织物设计、生产技术的进步，服用织物的设计已综合了现代材料和电子技术等高科技因素，在纹样设计时应注重各种纹样表现手法的运用。

### （二）装饰用绸纹样

装饰用绸的消费近几年来一直呈快速增长态势，随着装饰织物应用领域的拓展，对装饰织物纹样设计的要求也越来越多。

**1. 窗纱**

以纱组织为地起花，花型要大，造型要简练，可以有方向性，以纵向为常用方向，如向上生长的竹子、下垂的柳条等。

**2. 窗帘**

一般是中厚型的织物，花纹设计要以端庄稳重的花派为主，纹样不应过于动荡，要给人以舒适安逸的感觉。

**3. 沙发用绸**

一般以规则几何形为主，造型要稳重、大方。

**4. 裱装用绸**

以民族传统纹样及规则几何形为主，要有较强的装饰性。

**5. 床罩**

花样要根据品种规格的特定要求设计，一般花型要求丰满，花叶茂盛，排列结构严谨。

**6. 台毯、靠垫**

一般台毯规格有自由中心四边对称及两边对称两种，纹样内容为亭台楼阁、花草树木及仕女、孩童、民间故事等。纹样的粗细程度要根据经纬密度来考虑，花纹中可以采用部分混合纬花（乙丙混合、丙丁混合等），但不宜过多。在独色或双色台毯中花纹结构要求严谨，造型不宜过于细碎，要大方、简练。靠垫图案多数是单独纹样，有三色纬花和五色纬花，内容有山水、人物、花卉等。

## 八、纹样与组织的关系

织物上织纹图案的形成是借花、地不同的组织和不同色彩的经纬原料相互配合来表现的。因此，纹样设计必须与织物的组织紧密配合。各类组织对花纹的要求如下：

**1. 平纹花纹**

与平纹组织的配合有三种情况：一是地组织起平纹花纹；二是花组织起平纹花纹；三是花地组织均起平纹花纹的重经、重纬或双层织物。其中以地组织起平纹花纹的单层织物，对花纹的各种技术处理要求最高。这类织物的花纹大多采用经花（缎纹），由于花、地组织的交织点数相差较大，使丝线张力不同，因此，花纹排列必须十分均匀，以免在织造过程中，由于花样布局不均匀而造成经向花纹累叠产生宽急经，如纬向花纹累叠，绸面横向起弧形，形成波纹形的疵病。花纹的大小与布局要适中，花纹不宜过大，布局不宜过满，否则会使织物松软。此外，花纹不宜太细碎，花纹之间的距离不宜太小。至少要有三纬的间隔，不然，平纹组织点易与花纹组织点相连而造成花纹边缘含糊不清。此类品种包括花塔夫、特号葛等。

花组织起平纹花纹，地组织起缎纹或其他组织。一般平纹花应少量应用，仅分布在次要部位作陪衬，如花软缎其主花为纬花，配以少量平纹花以达到多层次的效果。因此对花纹的要求并不很高。

地组织与花组织均起平纹花纹的织物，如缤纷绢为三重织物，图案用三色画，平纹的组织点最多，因此花纹可以表达得最充分、最细腻、层次最多。花纹绘制时可采用国画的渲染法（影光块面色）、燥笔、撇丝、塌笔等多种表现法。

**2. 斜纹**

斜纹地的单层提花织物，对花样的要求不像平纹地的单层织物那样高，因为斜纹地组织的经纬密度较大，丝线浮长较长，在松紧程度上与花组织较接近，不易产生疵病。所以，花纹绘制比较自由。

**3. 缎纹**

缎纹分缎纹地和缎起花两种情况。经面缎纹起花。花纹以块面表现为主，不宜画直线条。相反，纬缎起花，不宜画横线条。缎纹做地时，宜选质量较好、密度较高的一组线做浮长线。

缎纹地的单层提花织物较多的采用正反缎的表现形式。因为正反都是缎组织，所以经纬张力不受花纹影响，花纹可以自由绘画。此类品种包括桑波缎、金波缎、花广绫等。

**4. 管状组织**

管状组织高花的纹样要避免横直线条，用斜线条处理高花效果较好。花型块面大小要适中，一般不宜超过 1.5cm，若花型过大，经织造练染后容易变形，花型太小则不容易凸起而降低高花的效果。此外，在花型排列上也要避免横、直花路，若花纹起路会使绸面产生经向起伏。

布局一般采用满地、混满地，很少采用清地。清地花纹必须加上小花作嵌地处理，这样才能使花地的收缩率均衡。

**5. 经高花**

经高花织物是运用收缩性能不同、粗细不同、织造张力不同的两组经线中的一组形成高花。这时，花纹处理以块面为主，块面大小不受限制，排列可以自由，布局以混满地为主。

**6. 纬高花**

纬高花是采用收缩性能不同的两组纬线，配以恰当的组织使其中一组纬线形成高花，或在经线收缩性较好的前提下，采用一种蓬松性较好的纬线起高花，这时，对花纹的要求以线条处理为主，避免横、直线条，排列尽量注意均衡。

**7. 绞纱组织**

花纹起平纹或其他组织，地纹起绞纱组织，花纹图案排列要求均匀，否则，会产生宽急经，花纹之间的间隔距离要长。纱组织起花纹，这时花纹不宜用细线条和泥地表现，否则花纹效果显示不出纱类的特点。

**8. 挂经花**

挂经花的纹样设计要根据有限的纹针数和挂经宽度来绘制，不能任意在横向扩大花型和布局。

**9. 挖花**

挖花的花纹设计必须按照品种的要求在指定的花纹纬数范围内画，不能任意扩大花型的长度，在横向花型的宽度不宜太大，必须考虑到小梭子在挖花操作时能顺利进行。

**10. 抛梭花**

抛梭花纹的造型要丰满，描绘要精细，不宜多曲折和刻画细小部分，若织后要修剪，花纹轮廓要包边处理。

在考虑组织与花纹的关系时，要同时兼顾织物的经纬密度与花纹线条的粗细对纹样设计的影响。若经纬密度大，则花纹可以仔细刻画，较细的线条也能在织物上表现出来。反之则花纹要画得粗壮些。

## 九、纹样设计中的色彩设计

### (一) 色彩与纹样的关系

色彩的配置与纹样是相辅相成互为衬托的。配色前必须充分掌握纹样特点，在配色时要保持和充分发挥纹样的风格，并能运用色彩处理的方法，来弥补纹样中的不足。

**1. 色彩与图案结构布局的关系**

当图案的块面大小恰当、布局均匀、层次分明、宾主协调时，配色不仅要保持原来的优点，还要进一步烘托，使花地分明，画面更完整。若图案中布局不均、结构不严、花纹零乱时，配色时就要加以弥补，一般宜用调和处理法，即适当减弱鲜艳度和明度，采用邻近的色相和明度，使各种色调和起来，借以减弱花样的零乱感。抛道色彩配置时，也应减弱鲜艳度和明度，以便掩盖花纹档子。

**2. 色彩与花纹处理手法的关系**

当花纹为块面处理时，在大块面上用色其彩度和明度不宜过高，而在小块面上宜用点缀色，即鲜艳度和明度较高的色彩，能起醒目作用。根据色彩学概念，同面积的暖色比冷色感觉大，同面积的白色比黑色感觉大。这是因为色彩的膨胀感而造成的错觉。在绸缎配色时也可以结合具体花纹加以运用，如在暖色调为主的绸面上，对大块面花纹宜配暖色，虽然暖色有膨胀感，但因受其周围暖色的协调作用，也就不显得大了；如果在中性地色（黑、白、灰）上欲使花纹丰满，则大块面花纹上同样宜用暖色。

当花纹为点、线处理时，如果点子花是附属于地纹的，其色彩宜接近地色；如果点子花是主花，则因点子面积小而又醒目，宜配鲜艳度、明度高的色彩。

如果花纹是以线条为主的，因线条面积小，用色以鲜艳度、明度高为宜。当花纹上的线条呈密集排列时，这时线条的色彩在画面上起主导作用，当线条为浅色时，花纹色也配浅色；反之线条为深色时，花纹色也配深色。花纹上包边线条的色彩，宜取花、地两色的中间色，以求色的衔接协调。

对于影光处理的花朵，影光色要鲜艳。如白色上渲染大红、泥金上渲染枣红或白色上渲染宝蓝等。总之，两色的色度相距要大，以使影光效果更好。

**3. 色彩与图案题材、风格的关系**

提花织物的花样风格极为丰富，有写意和写实花卉、几何形、文物器皿、金石篆刻、风景人物、动物、抽象花派、民族传统纹样、外国民族纹样等。各种花样都依附于它的内容而组成各种不同的风格，配色也在各个不同的题材风格上创作出各种生动的色调。例如：生动活泼的写意花卉宜配上明快、优雅的浅色调；灵活多变的装饰图案花，可以配置多种色调；外国民族纹样可以配置西方色彩；细丝大菊花宜配黑白、红白色，以使花瓣清晰明朗；抽象花派的配色可带点梦幻色彩；中国民族风格花样的配色，应在传统配色上发展，采用浓郁对比法，如红色调宜用大红、枣红等，不宜用浅玫、西红之类。绿色宜用墨绿、棉绿等，不宜用果绿、鲜绿之类，蓝色宜用虹蓝、宝蓝，不宜用皎月、湖蓝等。鲜艳度要高，色感要庄重。

色彩学是属于形象思维的一门科学。一般说来，粉红、浅绿、浅蓝、浅紫等浅色调，使人有一种轻松、活泼的感觉，黄色调则使人有一种温暖、亲切的感觉，大红色富有热烈欢快的气氛，而棕色、墨绿、藏青等色调给人以端庄、稳重、浓郁的感觉，黑、白、金银色另有一种高贵之感。由于色彩的各种属性，因此可以巧妙地配置在各种情趣的花样上。对过于动荡的花样不宜再配大红、大绿等欢快的色彩，宜用蓝色、紫色等冷色调和中间色调起安静、稳定作用。对秀丽纤细的花样宜配浅紫、银灰、粉红、水蓝等色调，以增加幽雅、素静的情调。对风景图案宜用多种色调变幻。在大色调的组成中，以蓝、绿、青、紫、灰等组成冷色调，以红、黄、橙、咖啡色等组成暖色调。在不破坏大色调的前提下适当地在冷色调中加入少量的暖色，在暖色调中加入少量的冷色，都能起到点缀作用，"万绿丛中一点红"，这红色就格外鲜艳。

总之，在提花织物花样上的配色是千变万化的，以上三个方面是纹样配色的一般规律。

（二）色彩与织物组织的关系

各种不同的组织对纹样中同一个色也会产生不同的明度和色度，例如：大红色在缎纹上呈鲜红，斜纹上呈大红，泥地上次于大红，在平纹上色光更暗些，乔其纱上大红就像绯红。因此，配色时必须考虑各种组织织纹效果的影响。

**1. 色彩与平纹组织的关系**

平纹或变化平纹因经纬交织点最多，因此对色彩的影响也最大。如单经单纬的平纹组织，经色配蓝、纬色配红织成的绸就闪紫色；经色配蓝，纬色配黄，织成的绸就闪绿色。这是由于两个色彩互相影响的结果。平纹织物配色时，还要考虑经纬纱的粗细和密度。

如在平纹色织格子绸上配色时，要避免出现横条过亮的毛病。因为一般经丝比纬丝细，所以经丝呈现的色光要比纬丝弱，结果产生横条色光过亮的毛病。其解决方法：一是在配色时采取经丝色彩的鲜艳度、明度比纬丝高；二是增加经密，以加强经丝的色光。

**2. 色彩与泥地组织的关系**

由于泥地组织的经纬浮点呈不规则排列，配色时就根据这一特点采用闪色处理效果较好。从配色实践中得知：配闪色时，经色宜深不宜浅；深色经配深色纬或深色经配中浅色纬，闪色效果一般都较好。反之，浅色经配中深色纬，其闪色效果一般不好。其原因还是经丝比纬丝细，因此经丝呈现的色光就比纬丝弱，即使经纬同色也是纬亮经暗，所以纬色要在深色经的衬托下闪光效果才好，像星星在暗蓝色的夜空中闪光一样。

**3. 色彩与缎纹组织的关系**

缎纹组织的特点是色纱在绸面上的浮长比任何组织多，所以色光容易显露。缎纹组织的配色要保持缎面的色纯度，因此经面缎纹中的纬纱其色彩必须与经色接近。

**4. 色彩与斜纹组织的关系**

斜纹组织在织物上的色彩光泽的反映是介于平纹与缎纹组织之间。一般色泽较好，在两种色彩的交织中，由于它的交织点多于缎纹组织，如果经纬线色差太远，绸面色彩就会发花，色纯度下降。

**5. 色彩与经纬密度的关系**

经纬色纱在未交织时颜色都很鲜明，一经交织就会发现色彩不如原来那样鲜明，某些品种的色彩则变化更大，这是因为经纬密度影响了色彩的效果。例如，比较三种织物的色彩：纬三重的织锦缎和古香缎，其纬密分别为 102 根/cm 及 78 根/cm；纬二重的古锦缎，其纬密为 30 根/cm。这三种织物表现在织物表层的纬密则分别为 34 根/cm、26 根/cm、15 根/cm，显然，色彩在古锦缎上的表现效果最差。假如在织锦缎上配淡黄色能恰到好处，那么，在古锦缎上就非配金黄不可，也就是说，在这类织物上配色要增加一倍的鲜艳度才能达到预期的效果。

**（三）色彩与品种的关系**

新品种设计时，首先要考虑其用途、对象和销售地区等问题，这些条件构成一个品种的特点，因此配色时也必须同时考虑这些因素。下面从品种的大类来研究这些问题。

**1. 真丝织物的用色**

真丝织物有柔软舒适的特点，最适宜衣着用。如用于内衣裤、睡裙，色彩宜配轻松、明快、恬静的浅色调；用于男女衬衫及连衣裙，花样和色彩就要求多变，色彩配置必须考虑流行色的变迁。

**2. 合成纤维织物的用色**

合成纤维织物在国际市场上用途颇广，有作为套装、牛仔裤用料的厚织物，有作为衬衫用料的仿真丝绸的薄织物，也有适合老年妇女衣裤用料的仿黏胶丝的低档涤纶、锦纶品种。因此配色上也各不相同。

**3. 交织织物的用色**

交织织物的品种和用途更广泛，色彩的运用要结合品种的厚薄、高低档等各种因素来考虑。一般厚织物宜配中、深色，薄织物宜配中、浅色。高档织物的色彩配置要沉着、典雅，尽量不采用原色，而低档织物如黏胶丝、黏纤纱类品种，色彩要求强烈，如金黄、翠绿、皎月等。

**4. 金银线织物的用色**

金银线织物有一种高贵感，在配色上要特殊处理。由于金银色铝皮的金属色光亮度最大，因此与它相配的各种色彩其鲜艳度、饱和度越高越好，任何刺目的鲜艳色与金属色相配则效果就差。如雪白和泥金色在一般织锦缎上能与其他各种色彩相配，效果均较好。但用于金线织锦缎时，雪白色因鲜艳度低则变成毫无光彩的死灰色，泥金因色相接近，效果也不好。在金线织锦缎上配色效果最好的是深色地上配强烈对比的五彩色，由此表现出富丽的东方民族色彩。银皮与金皮略有不同，适宜用浅色配成高雅的冷色调。

**5. 装饰织物的用色**

除衣着用料外，还有窗帘、床罩、沙发等家具装饰织物，礼品盒、绘画的裱装织物和领带、头巾等装饰织物，因用途不同对色彩的要求也不同。床罩、窗纱宜配舒适轻松的浅色调，厚窗帘布及沙发布宜配中深色。如厚窗帘布宜配糙米色、墨绿色等，沙发布宜配土红、米灰、蓝灰等色，装饰织物要配古典、雅致的中色调，上面点缀红、蓝、绿等小块面鲜艳色。提花领带绸的配色要根据流行色配置，但一般要求色彩沉着、大方，领带上的装饰花纹用色要明朗，地色大多采用藏青、深咖啡、枣红等。

### （四）流行色与特别爱好色

在国际纺织市场上十分注重流行色，所谓流行色的变迁，主要是由于市场需求的改变，当某些色彩为主的服装在市场上流行了一段时间后人们会感到厌烦，于是将出现另一些新色彩来代替。目前，国际上还设有专门研究流行色的机构，有意识地组织、宣传流行色的变迁，每年提前预报流行色的行情，借以主导市场，控制市场。

与流行色同时并行的是常用色，如咖啡、枣红、藏青、浅灰、米黄等色，一般是常年应用的色彩，有一定的销售稳定量，这些颜色称为常用色。

外销纺织品的配色除了注意流行色之外，还要考虑销售地区的特别爱好色。必须了解各地区的爱好、习惯以及由于宗教信仰对色彩的特殊要求等。

### （五）纹样色彩的基本设计方法

**1. 纯色配法**

经色与纬色为同色相配，此时织物的色度最纯，一般这种配法在白织中采用，在色织中采用较少。

**2. 双色配法**

在纬二重织物中，甲纬与经色相同，乙纬为另一色，织物效果如黑地白花、黑地红花等。

**3. 对比色配法**

对比色配法有色相对比和明度对比两种。色环上的三组对比色（红、绿、蓝、橙，黄、紫）为强烈对比，而采用复色的冷暖对比为缓和对比。所谓明度对比即深浅对比，最强者为黑白对比。对比色的配法其效果强烈、醒目，但一般不宜用在对等的面积上，并常用黑、白、灰、金银色进行调和。

**4. 同类色配法**

一个织物中的几个色同属一个大色调。如暖色调（红、棕、橘、金等），冷色调（蓝、青、绿、青紫、蓝灰、绿灰等），中间色调（奶咖、豆灰、黄瓦、雪驼），由于画面调和，适用性好，此类配法运用极广。

**5. 同种色配法**

同一色相的明度变化，如深红、中红、浅红相配。

**6. 闪色配法**

经色与纬色配成色彩对比或明度对比，如黑—白、红—绿、黄—紫分别用于经—纬色，且色彩纯度高会产生闪色效应。

# 第三节　意匠与纹板

纹样设计完成以后，如何根据设计的纹样确定升降经纱，这是纹织物设计中的一项重要工序即意匠设计。意匠设计工作是指将设计好的纹样移绘放大到意匠图上，同时根据织物的经纬密度、花地组织和装造条件进行组织点覆盖，从而绘制成一张意匠图，用以指导纹板轧孔，以便顺利制作纹板。其中，意匠纸规格、计算与选用是意匠设计工作的基本内容，而意匠图绘画则是意匠设计工作的重要内容。

纹板是控制提花机纹针是否升降的信息库，而纹板制作是根据意匠设计的花、地组织和提花机装造类型以及各种辅助针的升降规律，进行纹板轧孔与编排的二道工序。纹板的类型有纸板、塑胶板或电子纹板。对于传统提花机来说，纹板上有孔表示对应的纹针提升，纹板上无孔表示对应的纹针不提升；若是电子纹板，则设计文件可将纹针升降的信息记录到磁盘上。

意匠设计和纹板制作工作以前均用手工完成，虽然纹板的编排工作较为简单，但是手工的意匠设计和纹板制作不仅劳动强度大，容易出错，而且生产效率低下。现在大多数意匠工作和纹板制作都是通过纹织 CAD/CAM 完成的。利用纹织 CAD，结合现代电子提花龙头和现代织机，大幅缩短了提花织物产品的开发周期，为快速开发新品种提供了条件。但是不论是手工作业还是利用纹织 CAD/CAM，意匠设计和纹板制作工作的原理和步骤基本相同。

意匠设计与纹板轧制的一般步骤为：选用意匠纸规格、计算意匠纸的纵横格数，纹样放大，设色图绘（勾边、设色、平涂、点间丝等），绘制纹板轧法图（或表），轧制纹板及其编排。

**一、意匠纸规格和选用**

纹样只能表达织物花纹的形态、花纹的大小和色泽，而花纹各部分的组织则只有在意匠纸上才能表示出来。为了保证设计的纹样与提花织物上反映的花纹图案一致，必须将纹样移绘到合适的意匠纸上。

意匠纸上的纵格代表经纱（或纹针）、横格代表纬纱（或纹板）。意匠纸纵横格子的比例要与织物成品经纬密度之比相符合，否则会造成提花织物上花纹图案的变形。由于各种不同规格织物的经纬密度之比各不相同，因而意匠纸也有很多种不同的规格。

**（一）意匠纸规格**

意匠纸是由一定的粗线和细线所构成的方形或矩形格子的纸。由于提花织物中常用平纹、四枚斜纹、八枚缎纹、十二枚缎纹和十六枚缎纹等组织，这些组织的循环纱线大多是八的倍数或约数，而提花机的纹针列数又多为八列、十二列或十六列，也同样是八的倍数或约数。因而，通常意匠纸的每一个粗线方形或矩形大格包含有八个纵小格和八个横小格，以适合上述组织的绘画，便于纹板轧孔。

我国常用的意匠纸规格有"八之八"到"八之三十二"共 25 种，也可用 8×8 ~ 8×32 或者 8-8 ~ 8-32 表示。其中规格中前面的数字代表 8 个横格，后面的数字代表与 8 个横格组成正方形时所具有的纵格数。有些国家采用的意匠纸每一粗线大格均为正方形，在正方形中包含了不同密度比的纵横格数，意匠纸规格用分数表示，分母表示每一大格中的横格数，分子表示每一大格中的纵格数。图 9-3 为意匠纸规格的几种示例。

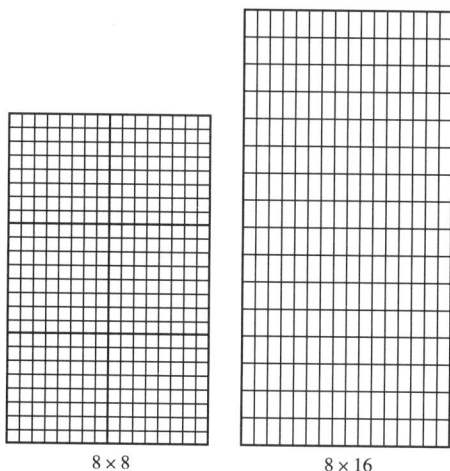

8 × 8          8 × 16

图 9-3　意匠纸规格示例

如果意匠纸的一个纵格代表 1 根经纱，一个横格代表 1 根纬纱，则八之八规格表示经纬密度相等；"八之十二"规格表示经密与纬密的比为 3：2；"八之十六"规格表示经密与纬密的比为 2：1。在实际设计与生产中，大多数织物的经密大于纬密，上面的 25 种意匠纸规格基本上能满足意匠的要求。对于某些纬密大于经密的品种，可以将意匠纸横用（纵格作纬、横格作经）；当经纬密度相差很大时，会出现选不到合适意匠纸的情况，这时可将同方向的两格作为一格来使用。

根据我国的生产习惯，意匠纸纵格次序为自右至左（与织物组织的纵格次序相反），横格次序为自下而上（与织物组织的横格次序相同）。

**（二）意匠纸密度比计算**

选用意匠纸时，必须考虑织物成品的经纬密度、组织结构和装造情况，织物成品经纬密度、组织结构和装造的不同，意匠纸中每一纵横格所代表的含义就会不一样。如在单层提花织物意匠中，意匠纸上的每一个纵格代表一个花纹循环中的一根经纱，每一个横格代表一根纬纱。而对于重经或重纬提花织物意匠中，由于为了表现织物表面的花纹形态，意匠图绘制的是重叠图，因此意匠纸上的每一个纵格可能代表两根或两根以上的经纱，每一个横格可能代表两根或两根以上的纬纱。同样，在采用多把吊装置或分造装造时，意匠纸上的每一个纵格则代表着把吊数或分造数的经纱。

计算意匠纸密度比（即意匠纸的纵格数）的一般公式为：

$$意匠纸密度比 = \frac{织物成品经密/（把吊数×分造数）}{织物成品纬密/重纬数} × 8$$

意匠纸规格均为整数，计算所得若有小数时，可四舍五入取其整数，选用近似的意匠纸。

在纹织 CAD 中，意匠纸规格的确定是根据织物经纬密度之比而自动生成的，无八之几的概念，大格内的纵横格数也可任意设定，以适应组织的变化。其中的经密代表织物成品表经经密/把吊数，纬密代表织物成品表纬纬密。实际上意匠纸密度比的含义是织物成品的表层经纬密度之比。

### （三）意匠纸的选用

#### 1. 单造单把吊纹织物

对于简单的单造单把吊纹织物，一个纵格代表一根纹针或经纱，一个横格代表一梭或一根纬纱，则：

$$意匠纸密度比 = \frac{织物成品经密}{织物成品纬密} \times 8$$

例 9-1：某单层纹织物，单造单把吊装造，成品经密为 122 根/cm，成品纬密为 48 根/cm，试选用意匠纸。

$$意匠纸密度比 = \frac{织物成品经密}{织物成品纬密} \times 8 = \frac{122}{48} \times 8 = 20.3$$

选用八之二十意匠纸。在纹织 CAD 中，将经密输入 122、将纬密输入 48，意匠图即自动生成。此时，意匠图的每一纵格代表 1 根经纱，每一横格代表 1 根纬纱。

#### 2. 重纬纹织物

重纬纹织物意匠图的一个横格代表重纬的纱线根数，即纬二重意匠图的一个横格代表三根纬纱。此时，

$$意匠纸密度比 = \frac{织物成品经密/把吊数}{织物成品纬密/重纬数} \times 8$$

例 9-2：某纬三重纹织物，采用单造双把吊装造，成品经密 130 根/cm，成品纬密 77 根/cm，试选用意匠纸。

$$意匠纸密度比 = \frac{织物成品经密/把吊数}{织物成品纬密/重纬数} \times 8 = \frac{130/2}{77/3} \times 8 = 20.3$$

选用八之二十意匠纸。在纹织 CAD 中，将经密输入 130/2、将纬密输入 77/3，意匠图即自动生成。

此时，意匠图的每一纵格代表 2 根经纱（1 根纹针），每一横格代表 3 根纬纱。

#### 3. 单造多把吊纹织物

单造多把吊纹织物意匠图的一个纵格代表一根纹针，或一个把吊上的经纱数，一个横格代表一根或数根纬纱。

如果织物中纬纱只有一个系统，一个横格代表一根纬纱，则：

$$意匠纸密度比 = \frac{织物成品经密/把吊数}{织物成品纬密} \times 8$$

如果是重纬纹织物，一个横格代表数根纬纱，则：

$$意匠纸密度比 = \frac{织物成品经密/把吊数}{织物成品纬密/重纬数} \times 8$$

例 9-3：某纬二重纹织物，采用单造双把吊上机，成品经密 110 根/cm，成品纬密 80 根/cm，试选用意匠纸。

$$意匠纸密度比 = \frac{织物成品经密/把吊数}{织物成品纬密/重纬数} \times 8 = \frac{110/2}{74/2} \times 8 = 11.9$$

选用八之十二意匠纸。在纹织 CAD 中，将经密输入 110/2、将纬密输入 74/2，意匠图即自动生成。

此时，意匠图的每一纵格代表 1 根纹针（2 根经纱），每一横格代表 2 根纬纱。

例 9-4：某纬三重纹织物，采用单造双把吊装造，成品经密 120 根/cm，成品纬密 60 根/cm，甲纬：乙纬：丙纬=2：1：1，试选用意匠纸。

由于织物纬纱排列甲纬：乙纬：丙纬=2：1：1，因此织物成品的纬密应该是表面纬密。

$$意匠纸密度比 = \frac{织物成品经密/把吊数}{织物成品纬密/重纬数} \times 8 = \frac{120/2}{60 \times 2/(2+1+1)} \times 8 = 16$$

选用八之十六意匠纸。在纹织 CAD 中，将经密输入 120/2、将纬密输入 60×2/4，意匠图即自动生成。

此时，意匠图每一格纵格代表 1 根纹针（2 根经纱）；每二横格代表 4 根纬纱，其中 2 根甲纬、1 根乙纬、1 根丙纬。

**4. 重经纹织物**

重经纹织物一般采用分区装造，意匠图一个纵格代表重经数或区（造）数。

当表里经的排列比相等时：$意匠纸密度比 = \dfrac{织物成品经密/造数}{织物成品纬密/重纬数} \times 8$

当表里经的排列比不相等时：$意匠纸密度比 = \dfrac{织物成品表面经密}{织物成品纬密/重纬数} \times 8$

例 9-5：某经二重织物，双造单把吊装造，成品经密 117 根/cm，成品纬密 60 根/cm，试选用意匠纸。

$$意匠纸密度比 = \frac{织物成品经密/造数}{织物成品纬密/重纬数} \times 8 = \frac{117/2}{60} \times 8 = 7.8$$

选用八之八意匠纸。在纹织 CAD 中，将经密输入 117/2、将纬密输入 60，意匠图即自动生成。

此时，意匠图每一纵格代表 2 根经纱或 2 根纹针，每一横格代表 1 根纬纱。

例 9-6：凸纹花绸为经二重织物，表经比里经为 2：1，采用大小造单把吊装造，成品经密 96 根/cm，成品纬密 48 根/cm，试选用意匠纸。

$$意匠纸密度比 = \frac{织物成品表面经密}{织物成品纬密/重纬数} \times 8 = \frac{96 \times 2/3}{48} \times 8 = 10.6$$

选用八之十一意匠纸。在纹织 CAD 中，将经密输入 96×2/3、将纬密输入 48，意匠图即自动生成。

此时，意匠图每 2 个纵格代表 3 根经纱或 3 根纹针，其中 2 根为表经，1 根为里经；每一横格代表 1 根纬纱。

**5. 双层或多层纹织物**

双层或多层纹织物意匠图的一个纵格代表重经数或区（分造）数，一个横格代表重纬的纱线根数。有时会出现以下两种情形：

例 9-7：某纬二重纹织物，采用单造四把吊上机，成品经密 102 根/cm，成品纬密 76 根/cm，试选用意匠纸。

$$意匠纸密度比 = \frac{织物成品经密/把吊数}{织物成品纬密/重纬数} \times 8 = \frac{102/4}{76/2} \times 8 = 5.4$$

由于意匠纸规格最小为八之八，当计算所得小于 8 时，将式中的织物成品经密/把吊数与织物成品纬密/重纬数交换后计算，再将计算出来的意匠纸横用。故意匠纸密度比应为：

$$意匠纸密度比 = \frac{织物成品纬密/重纬数}{织物成品经密/把吊数} \times 8 = \frac{76/2}{102/4} \times 8 = 11.9$$

选八之十二意匠纸，横用。即将意匠纸旋转 90°，横行当纵行使用。

在纹织 CAD 中，将经密输入 102/4、将纬密输入 76/2，意匠图即自动生成。

此时，意匠图的每一纵格代表 1 根纹针（4 根经纱），每一横格代表 2 根纬纱。

例 9-8：某双层纹织物，采用单造单把吊上机，表里经、纬排列比均为 1：1，成品经密 128 根/cm，成品纬密 50 根/cm，试选用意匠纸。

$$意匠纸密度比 = \frac{织物成品经密/造数}{织物成品纬密/重纬数} \times 8 = \frac{118}{50/2} \times 8 = 37.7$$

意匠纸的密度比超过八之三十二，则可选用八之十九意匠纸，以二个横格作为一个横格来使用。但是在纹织 CAD 中，仍然按正常输入即可。

**（四）意匠图纵横格数的计算**

从意匠纸规格的计算中可以看到，由于纹织物组织结构与装造方法的不同，意匠纸每一纵格、横格代表的经、纬纱线数各不相同，因此，意匠图纵、横格数也就不一致。

纹样在意匠图上通常以一个花纹循环为基础而体现；若绘画左右对称的意匠图只需画 1/2，上下对称的意匠图横格也只需画一半；若左右、上下都对称的意匠图只需画 1/4。余下的部分则通过纹织 CAD 的复制、对称等功能或者由对称装造来完成。

意匠图上的纵格数 = 一个花纹循环经纱数/一个纵格代表的经纱数，与所用的纹针数相同。当采用双或多造装造时，纵格数只与一造的纹针数相同。当采用大小造装造时，纵格数与则与大造纹针数相同。

意匠图上的横格数 = 一个花纹循环纬纱数/一个横格代表的纬纱数，与纹样长短、纬密的大小及纬重数的多少密切相关。

常见纹织物意匠图纵横格数的具体计算如下：

**1. 意匠图纵格数的计算**

（1）单造纹织物。

单造单把吊：　　意匠图纵格数 = 一个花纹循环经纱数 = 纹针数

单造多把吊：　意匠图纵格数 = 一个花纹循环经纱数/把吊数 = 纹针数

（2）分造（区）纹织物。

双造或多造（各造经纱比为 1：1）：意匠图纵格数 = 一个花纹循环经纱数/造数 = 一造纹针数

大小造：　　　　　　　　意匠图纵格数 = 大造纹针数

**2. 意匠图横格数的计算**

意匠图横格数 = 纹样长度×纬密/纬重数 = 纹样长度×表纬纬密

计算的意匠图纵横格数还要进行修正，为了避免破坏纹样花地组织的连续，意匠图纵格、横格数必须为花地组织和边组织循环经、纬纱线的倍数。如果不成倍数关系，可以进行适当的增减。

例9-9：某纬三重纹织物，总经纱数为9600根，采用单造双把吊织造，全幅为4花，地组织和边组织均为二重结构，其中表组织为8枚缎、里组织为16枚缎纹，纹样长22cm，成品经密128根/cm，成品纬密102根/cm。

请选用意匠纸规格，并确定意匠图的纵横格数。

$$意匠纸密度比 = \frac{织物成品经密/把吊数}{织物成品纬密/重纬数} \times 8 = \frac{128/2}{102/3} \times 8 = 15.1$$

$$意匠图纵格数 = 一个花纹循环经纱数/把吊数 = \frac{9600/4}{2} = 1200（格），合为150大格。$$

$$意匠图横格数 = 纹样长 \times 纬密/纬重数 = 22 \times 102/3 = 748（格）$$

由于地组织和边组织均为表组织为8枚缎、里组织为16枚缎纹的二重结构，因此纵横格数必须为16的倍数，故取横格数为752，合为94大格。

在纹织CAD中，将经密输入128/2，将纬密输入102/3，纵格数输入1200，横格数输入752，意匠图即自动生成。

### 二、意匠图绘画

在纹织物设计中，意匠图绘画是一项技术性与艺术性都较强的工作。传统的纹织物设计是在纹样设计完成后，按比例将纹样的轮廓放大、移绘到特定的意匠图纸上，并根据纹、地组织以及装造的情况，勾画出纹样的轮廓，然后色设、涂绘，从而绘制成意匠图，用以指导纹板轧孔工作。随着电子技术的发展和计算机的运用，已逐渐简化了纹制设计流程。目前我国已经有了电脑纹制设计系统，电子自动轧孔机可由纹样直接自动轧制纹板，电子提花装置则用电脑控制纹样直接提升经纱的运动，而且电子提花装置已较为成熟。虽然电子提花装置成本较高，但由于其品种适应性广，自动化程度高，生产效率提高明显，许多企业已得到了较好的推广与使用。

尽管手工的意匠设计工作已逐渐被电脑纹制设计系统等所替代，然而电脑纹制设计、电子自动装置的信息等需要人进行操作、管理与控制，因此只有很好地理解与把握意匠纹制工作，才能更好地运用自动化的设计系统与装备。

意匠图绘画的一般步骤与内容为：纹样放大、勾边、设色、平涂、点间丝、花地组织等设计与处理。

#### （一）纹样放大

纹样放大是将纹样轮廓按比例放大到已经计算好的、比纹样大的意匠纸上。主要有三种方法：一是手工放大，二是机器放大，三是纹织CAD处理。

#### 1. 手工放大

一般分成三个步骤：意匠纸的分格、纹样分格和临摹放大。

意匠纸分格的大小可根据纹样所用意匠纸的密度比、花纹的粗细以及放大技术的熟练程度而定，并没有统一的规定。一般以横向分为五大格左右，纵相尽量构成正方形，并尽可能与意匠纸上大格的粗线相吻合。意匠图的纵格次序自右至左，横格次序自下而上，故意匠纸分格次序也是自右至左、自下而上。若在织物整幅内分成整倍数则最为理想；若最上或最左有不完整的余格时，则应对余格的大小作出估计，以便在纹样分格时可按同样的比例划分。

纹样分格是按比例地将纹样划分成与意匠纸分格相同的格数。为了保证纹样分格正确，应将纹样对折检查纹样边界是否互相垂直，边界处的花纹是否四方连续，否则需要校正，以保证织物花纹循环的连续。

临摹放大是用铅笔将花纹轮廓从纹样的每一个方格中移绘到意匠纸相应的格子中区。为正确地反映纹样原作风格，手工放大在放样前，必须对原作进行细致的观察，了解图案的风格特点，分析图案的技巧、色彩、层次及它们之间的关系。可作修改和提高，但应尽可能地保持和发扬纹样的优点。

临摹放大一般可按三步进行：

第一步定位：将纹样上花纹轮廓的边缘，按其在分格线上所处的位置，画在意匠纸的相应位置上，并标注出花纹的转折点。

第二步临态：根据花纹定位的转折点，将纹样花纹形态圆滑地连贯起来。

第三步定形：将花纹轮廓的粗线条加以整理、修改，实现与纹样花纹形态的一致。

移绘时要先主后次，由内而外，先花后叶，由粗入细。用笔宜轻，线条清晰。花纹的细小部分要画成双线，纵、横宽度宜在两格以上。

对于面积较大的意匠图纸，放大、意匠和轧花工作都不方便，可将意匠图纸分成若干张进行放大处理。

经精细修改的意匠图纸放样完毕后，应检查上下、左右线条的衔接。纹样放大完成效果图如图9-4所示。

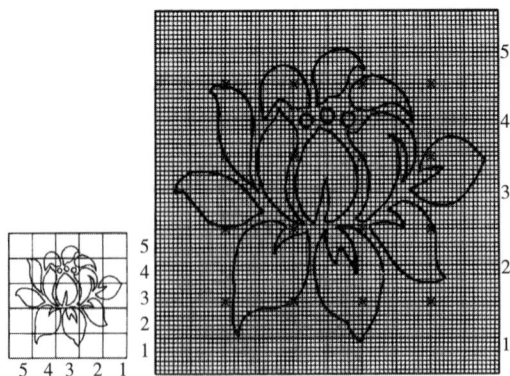

图9-4　手工纹样放大效果图

**2. 机器放大**

它是利用几何光学原理，把小样投影放大到意匠纸上，用铅笔沿着投影阴影绘画而成。这种方法简单，放大准确、速度快，效率高。

**3. 纹织 CAD 处理**

在纹织 CAD 中，只要打开已经设计或处理过的纹样图像文件，并输入织物的经纬密度和意匠纸的纵横格数，纹样的放大便由计算机自动执行完成，工作效率得到了很大的提高。目前运用纹织 CAD 进行放大处理已较为普遍。

**（二）勾边**

由于提花织物花纹的轮廓是由各根经纱的升降而形成的，因此意匠绘画时，必须把花纹的轮廓曲线转化为组织点曲线。

勾边是按纹样放大的铅笔轮廓线用毛笔蘸着事先设计好的颜色，勾涂出花纹边缘的工作。一般来说，将铅笔轮廓线占据小方格半格以上的涂格，不足半格的空出不涂，均匀圆滑地涂出花纹组织点轮廓曲线。对直线部分勾边应均匀过渡，而曲线部分的勾边应逐渐过渡。在纹织 CAD 中，勾边过程是由计算机自动完成的，为了使轮廓曲线更加完美，以及使勾边符合一定的要求，勾边还必须经过一定的修正。

**1. 勾边的种类**

勾边时，不仅要考虑曲线的圆滑自如，还要考虑地组织结构以及装造条件等因素，以保证织物花纹轮廓清晰而正确。归纳起来，勾边一般可分为自由勾边、平纹勾边、变化勾边三种。

（1）自由勾边。自由勾边的落笔跳跃格数不受任何限制，只需正确而圆滑地勾出花纹轮廓即可，如图 9-5 所示。当纹织物的地组织或相邻的花组织为斜纹、缎纹或其他不含平纹的变化组织；单把吊以及不是跨把吊的装造；采用双造而不是大小造的重经或双层织物；各组纬纱为 1∶1 的重纬织物的勾边，均适用自由勾边。

（2）平纹勾边。意匠图上的小格有单起点、双起点之分。意匠图纵格的序号自右至左，横格自下而上。其单数纵格与单数横格相交或双数纵格与双数横格相交的格子为单起点的位置；其余的格子即单数纵格与双数横格相交或双数纵格与单数横格相交的格子为双起点的位置。

图 9-5 自由勾边

平纹勾边又称平织勾边，分为单起勾边和双起勾边两种，是指勾边时的起始点和纵横过渡格数必须符合平纹组织的规律。平纹勾边纵横向的一个经（纬）浮点到另一个经（纬）浮点的过渡均为奇数。

（3）变化勾边。除上述自由勾边和平纹勾边外，由于跨把吊、大小造等装造方法以及某些组织结构的不同，勾边时的意匠图纵横格数过渡有一定的要求，形成多种变化的勾边方法。变化勾边方法种类较多，目前常用的有：双针勾边、双针跨勾，双梭勾边、双梭跨勾，双梭双针勾边、双针双梭跨勾，多针多梭勾边。

**2. 确定勾边的依据**

勾边时，如何确定采用何种勾边方式，主要依据以下几个因素：

（1）正反织因素。正织时为经花，反织时为纬花，它影响到勾边的起点。

（2）装造因素。装造类型的不同，主要影响到勾边时的针数过渡。如经二重纹织物：单造上机应双针过渡；双造上机应单针过渡。双吊顺穿时应单针过渡；双吊跨穿（跨把吊）时应双针过渡。

（3）分格因素。纬向分格的不同，主要影响到勾边时的梭数过渡。如纬二重纹织物：一格轧一张纹板的分格应双梭过渡；一格轧两张纹板的分格应单梭过渡。

（4）相邻主次因素。两种相邻接触的组织，必有主次之分。由纹样图案的层次可知，一定有叠与被叠的关系。以叠者为主，被叠者为次，勾边时应服从主组织的勾边要求。

（5）其他组织因素。复杂组织中，相邻接触的两种组织，如属同一系统的经或纬的构成者，则应考虑两种组织有没有平织因素，从而决定是否采用平纹勾边。若相邻接触的两种组织是由不同系统的经或纬的构成者，则此两种组织间只需要考虑本身组织的勾边要求即可。由于组织的因素复杂多变，勾边的方式也应随之变化。可以通过对意匠片段图与意匠展开图的比较、分析，确定勾边的方式。例如平纹地、方平花的纹织物，平纹与方平不易很好地配合。如果方平花按上下、左右采用双针双梭勾边，则会出现连续的 3 个经浮点、纬浮点，超出了方平的浮长，就会在织物的表面形成疵点。如果方平花按上下、左右采用骑跨针、骑跨梭勾边。此时虽然略有延伸点，但它不超出方平组织的浮长，不会产生亮度不匀的疵点。

## （三）设色

意匠图是由各种各样的颜色涂绘而成，因此在勾边前必须将各种花纹的颜色先设定好，称为设色，即用颜色区分意匠图中的组织。设定的颜色要求涂绘于意匠纸上能保持底格清晰，色界分明，相邻颜色有明显的区别。一般采用中色调涂绘花纹，间丝点用鲜明色，但也可任意设色。

一般来说，意匠的颜色与纹样一样，一种颜色代表一种组织结构。对于不同组织或经、纬纱的花纹，在意匠图上需用不同颜色涂绘，以便轧纹板时识别。为方便轧花与意匠，应减少用色和同一用色。通常大面积的地组织以不涂色的空白来表示；对于纹地组织的组织循环为 8 的倍数或约数者，可一色平涂，其组织点在纹板轧法中体现；对于纹地组织的组织循环不为 8 的倍数或约数者，则意匠图均要用颜色详细绘出它们的组织点。织物组织越复杂，经纬组数越多，意匠图上色彩也就越丰富。

## （四）平涂

在花纹轮廓所包围的面积内，用于勾边的同样颜色涂满，称为平涂。平涂时要求浓淡适中，涂色均匀，意匠纸格子线能透过颜色，清晰可见，轮廓线鲜明，色界清晰。为了减少勾边的次数，可以先涂浅色、次涂中色、后涂深色。涂色时要求边厚内薄、上厚底薄、细线厚块面薄。为使涂色均匀，落笔时要方向一致，避免交叉。可先主后次，从主花着手，后画枝叶，最后涂绘地组织。在花纹的细小部分以及花纹之间的间隔部分，一般绘成两格以上。

## （五）点间丝

在平涂的花纹块面上加上组织点，用来限制过长的经或纬纱线浮长，这种组织点称间丝点。间丝点可用来压抑经纬纱线浮长过长的组织点，当经浮长过长时，可加入纬间丝点；反之纬浮长过长，则加入经间丝点。间丝点使经纬浮长变短，能防止纱线的移动，增强织物牢度。可以构成特定的组织结构，增加画意，分出层次，改变花纹的明暗效果，增加织物的立体感。因此，在点间丝前需仔细观察纹样的风格、形态，分清主次，一般主花明亮衬花稍暗；凸在面上的花纹明亮，压在下面的花纹稍暗；相邻花纹应明暗相间，以使整个画面主次分明、层次清楚。

**1. 间丝种类**

根据间丝点分布的形态，一般分为平切、活切、花切三种。

（1）平切间丝（或板切间丝）。间丝点采用斜纹、缎纹或其他有规律的组织点绘而成的方法，称平切间丝，如图9-6（a）所示。这类间丝点的分布较为均匀，它可同时兼顾到经纬、正反，对经纬浮长都起限制作用。因此在单层及重经、双层纹织物中应用较多。在重纬纹织物中，当花纹面积较大时也可应用。

为了使花纹边缘浮长稍长而肥亮些，同时也可避免间丝点与地组织相连而使花纹轮廓变形，在采用缎纹作为间丝点点至花纹边缘处只剩有一二针、梭时，这些间丝点便不点。这种上下、左右不点足间丝的方法称为抛边。而在细线条处可不按缎纹组织点间丝，宜灵活些，以压住经纬浮长为目的，不使细线条被点短。点斜纹间丝时一般上下、左右点足压住，也可采用抛边的做法。

（2）活切间丝（自由间丝或顺势间丝）。间丝点依顺花叶脉络或动物的体形姿态点绘而成的方法，称为活切间丝，又称自由间丝或顺势间丝，如图9-6（b）所示。这种间丝既切断了长浮纱线，又能增加花纹的画意。它可丰富花纹的层次变化，增强立体效果，充分表现花纹的形态。活切间丝一般只能切断单一方向的浮长，因此大多应用于重纬纹织物，单层及重经纹织物也有少量应用。

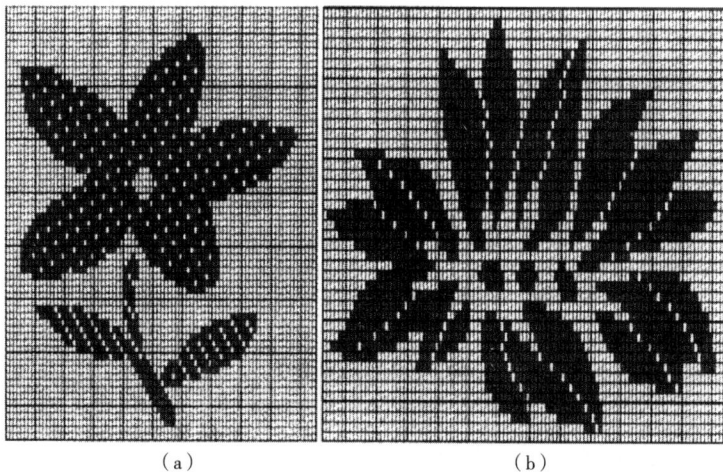

（a）　　　　　　　　　　（b）

图9-6　平切间丝与活切间丝

（3）花切间丝（或花式间丝）。间丝点根据花纹形状、块面大小等情况，按一定的曲线或几何图形点绘而成的方法，称为花切间丝或花式间丝，如图 9-7 所示。花切间丝的范围较广，变化较大，间丝点比较灵活，可使花纹形态变化多姿，并富有装饰性。常以斜纹变化组织为基础，如人字斜纹、急缓变化斜纹、菱形斜纹、芦席斜纹、曲线斜纹等，用于装饰性较强的图案纹样。

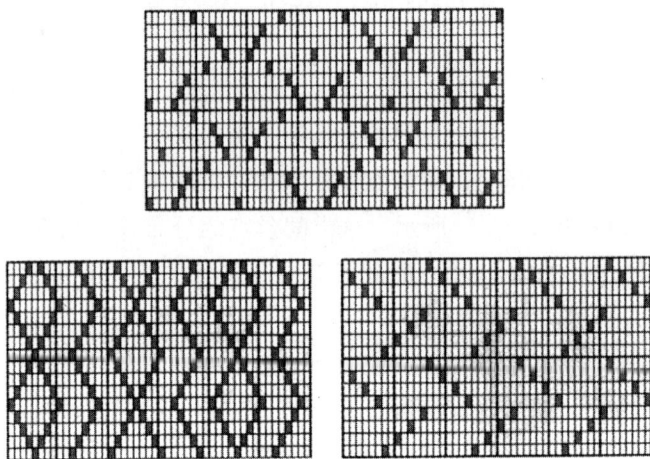

图 9-7  花切间丝

### 2. 最大间丝长度的计算

纱线浮长与花纹光泽、织物牢度有关，必须两者兼顾。最大纱线浮长必须根据不同品种的经纬密度、组织结构和装造类型的情况而定。一般服用纹织物的经纬最大浮长为 2~3mm；装饰类纹织物的经纬最大浮长为 3~4mm；被面纹织物的经纬最大浮长为 4~5mm；丝纹织物的经纬最大浮长为 3mm 左右；棉织物、毛织物的浮长可适当加大。根据最大纱线浮长换算成间丝点在意匠图上相距的纵、横格数，其实最大间丝长度也就是间丝组织的经纬纱线循环数。其计算方法如下：

$$间丝点最大纵格数 = 最大纬浮长（cm）\times \frac{成品经密（根/cm）}{把吊数}$$

$$间丝点最大横格数 = 最大经浮长（cm）\times \frac{成品纬密（根/cm）}{纬重数}$$

例 9-10：单层丝织花富纺纹织物，采用单造单把吊织造，成品经密为 44 根/cm，成品纬密为 24 根/cm，试计算最大间丝长度。

解：由于单层纹织物一般采用平切间丝，考虑的间丝需要兼顾纵横向，因而必须同时计算最大的纵格数和横格数。

间丝点最大纵格数 = 0.3×44 = 13.2（格）

间丝点最大横格数 = 0.3×24 = 7.2（格）

最大间丝长度应取小值（取 7.2 格）。

最亮的花纹间丝为 8 枚组织，较暗的花纹间丝组织可小于 8 枚。

例 9-11：纬二重花软缎纹织物，采用单造双把吊织造，成品经密为 137 根/cm，试计算最大间丝长度。

解：因为纬二重纹织物只需考虑纬花上的间丝，即切断横向纬浮长，所以最大间丝长度只需计算纵格数。

间丝点最大纵格数：$0.3 \times 137/2 = 20.5$（格）

即花软缎最亮花纹的间丝组织为 20 枚，为方便点绘间丝，通常采用 16 枚。

**3. 点间丝注意事项**

(1) 单层纹织物的间丝要纵横兼顾，即经纬浮长同时考虑。重经纹织物只需考虑经浮长，重纬纹织物只需考虑纬浮长。

(2) 在重经或重纬纹织物中，当里组织为平纹时，为防止平纹露底，表层花纹的间丝点需要配合平纹。即经间丝点需逢单点单或逢双点双；纬间丝点需逢单点双或逢双点单。

(3) 自由间丝和花切间丝在意匠图上必须全部点出，平切间丝可以省点，在纹板轧法说明中表明即可。由棒刀或伏综提升的间丝，则不必点。

(4) 为使花形饱满、轮廓清晰，在花纹轮廓边缘，间丝一般抛边不点足。抛边宽度不宜超过 3 格，单层纹织物必须纵横兼顾。

(5) 间丝点应点得完整、清晰、位置正确，便于纹板轧孔。

**（六）花、地组织处理**

意匠图上点绘花、地组织时，可分为下列几种情况：

(1) 手工绘制意匠图时，当组织简单、组织循环数不大于 16，且为 16 的约数，如平纹、4 枚、8 枚及 16 枚斜纹或缎纹时，意匠图上可以省点组织，只需在纹板轧法说明中说明组织的轧法。对于组织循环数大于 16 的复杂组织，或组织循环小于 16 且不为 16 约数的组织，以及泥地或变化组织等，都必须在意匠图上全部点出。

(2) 当组织由棒刀、伏综、前综等织制时，意匠图上就不能点出组织，只需在纹板轧法中说明辅助纹针的轧法即可。

(3) 在纹织 CAD 中，花、地组织的点绘根据实际情况而定。

**（七）意匠图绘画的注意事项**

意匠图绘画是一项细致而复杂的工作，也是一项技术与艺术结合的工作，对纹织物设计效果关系很大，因此必须认真对待。纹织物的种类很多，意匠时必须了解绘画品种的组织结构、装造方法、纹样特点，然后决定意匠绘画方法。一般注意事项如下：

(1) 绘画意匠图前，要先确定织物是正织还是反织，这与勾边和间丝要求有关系。确定正反织因素如下：

①对于普通上开口提花机，成品正面以经组织点为主时，采用反织；成品正面以纬组织点为主时，采用正织。

②对于其他类型提花机，依据具体情况而定。如为了能及时看清成品正面的疵病，则采用正织；若为了防止成品正面被污染，则采用反织。

(2) 意匠图计算密度比如遇小数进行四舍五入，多少会造成织物花纹的变形，严重时需要修正。而纹织 CAD 不会产生变形。

（3）意匠图画好后，要检查上下、左右花纹的衔接，特别在分块绘画时更需注意，以免造成花纹破碎。

### 三、纹板轧制

纹板轧制是根据意匠图的花地组织、各种辅助针的升降规律，在纹板上进行轧孔，并编排纹板的工序。纹板轧孔又称为轧花、踏花，它将组织、纹样和意匠的设计思想储存于纹板上。而纹板的编排需要根据织物的种类和织机的类型等具体情况，按纹板上的编号顺序排列。

#### （一）纹板样卡设计

由于不同的织物品种，具有不同的花纹大小，而且花数的多少和经纱的密度各不相同，辅助针的种类和多少也不一致，因此实际使用的纹针数就各不相同。然而提花机的实用纹针数一般少于提花机规格的实有纹针数，所以在纹板轧孔前，必须对所用的纹针作出合理的安排，这一工作称为纹板样卡设计。纹板样卡反映了纹针分配的情况以及纹针对应纹板孔的位置，它是轧制纹板、整机装造的依据。

**1. 纹板样卡设计的基本要求**

纹板样卡设计的合理与否，将直接影响织造生产能否顺利和织物质量的好坏，因此，纹板样卡设计应满足以下的基本要求：

（1）在条件允许的情况下，大孔四周的孔尽量不用。

（2）样卡设计中各段所用纹针数尽量均匀一致，前后段纹针数尽量相同，均匀提花机的负荷。

（3）纹针设计尽量不用零针行。若确需安排零针行时，要注意前后段始末针的一致，或将零针行中的针数为调整两行8针、16针或24针。

（4）提花机可用针数多、需用针数少时，纹针设计尽量空首末端、用中间。

（5）边针一般位于纹板的首端，可两边分开轧孔。棒刀针应均匀分布在纹板的两端，机前机后各半，使提花机的负荷均匀。如梭箱针、投梭针、色纬指示针、停卷（送）针和停梭（停台换梭）针等其他辅助针，通常可以安排在机前、机后或中间的零针部位，纹针少时甚至可以安排在整针行内。

**2. 纹板样卡设计的注意事项**

纹板样卡设计不仅与织物规格的确定、纹样设计有关，而且与装造类型的设计有关，因此，在样卡设计时应注意以下几个事项。

（1）样卡的正面首端应标注纹板的序号。

（2）样卡（除大小造的分区装造每区）的纹针数应等于意匠纵格数。

（3）若为前后或大小造，则样卡上必须绘出分造界线。

（4）混合装造时，须在样卡上绘出各花纹分界线，并注明各花区纹针的位置。

（5）若使用辅助针，则应在样卡上标明辅助针的位置。

**3. 1400号提花机的纹板样卡设计举例**

1400号提花机的实有纹针数为1480针，但实际生产中通常只用到其中的一部分。纹板以大孔为界分成前、中、后三个段，82 整数行，12 零针行，16 列。

（1）单造上机纹板样卡设计。设某纹织物所用纹针数为 1200 针，所需行数为 1200÷16＝75 行。因 82＞70，所以可以无零针行。为减少通丝的摩擦，中间段的纹针尽量多安排一些纹针，且首末两端针数相等。

（2）前后造上机纹板样卡设计。设某纹织物双造上机所用纹针数为 720×2 针，所需行数为 720×2÷16＝90 行。因 82＜90，所以有零针行，故需要在 12 零针行中安排 1440−82×16＝128 针。根据纹板样卡设计要求，中间段的纹针尽量多安排一些纹针，且首末两端针数相等。因而始末两零针行纹针为 2×4 针，其余零针行纹针为 10×12。

（3）多把吊上机纹板样卡设计。设某纹织物纹样图案为中心自由花+大对称的布局，共用纹针 1304 针。其中中心自由花部纹针 760 针，对称花部纹针 472 针，另外 64 针棒刀针，16 针边针，采用单造多把吊上机装造。1732 针单造多把吊上机纹板设计样卡，其中中心自由纹针 560 针，对称花纹针 1072 针，棒刀针 96 针，边针 4 针。

**（二）分格卡**

由于每轧制一行纹板轧孔会走过意匠纸一定的（通常为 16 或 12）纵格数，而为了避免纹板轧制与阅读意匠发生偏差，需要将纹板轧孔走过的意匠纵格数作出相应的标记，便称为分格卡。手工轧制纹板时，通常将分格卡固定在意匠纸的下方分格架的相应位置上，有利于快速而顺利地轧制纹板。

**1. 分格卡的设计**

分格卡一般采用无孔的纹板纸，将纹板纸放在意匠图上，其下方边缘与意匠图的横格线平行，在纹板纸上设计分格。每一分格的宽度，相当于一行纹针在意匠图上所占的纵格数。如 16 针为一行时，每一分格则占意匠图 16 纵格，即两个大格。由于不同的装造类型，其意匠图的含义并不一样，所以分格卡的设计也不相同。

（1）单造分格卡。单造装造时，意匠图的一个纵格代表一针，分格卡只需设计一张。纹板设计样卡相对应的单造分格卡。分格卡中的"一"是意匠图上开始的"8 个纵格"，"二"是意匠图上接下来的"16 个纵格"，它们与纹板样卡设计图中所用的第一、第二行纹板孔相对应，依此类推。

（2）前后造分格卡。前后造装造时，无论是双造、多造，还是大小造，意匠图的一个纵格并不代表一针，而且各造纹针数在起始行和结尾行所对应的纹针数不同，因此每造应分别设计一张分格卡。为了便于纹板轧孔，一般把每造设计的分格卡设计在一张上。后造分格卡设计于前造的上方，中间用一条横线分开。轧制前、后造纹板时，只需分别按前、后造分格卡阅读意匠图。

纹板设计样卡相对应的双造分格卡。如前造分格卡中的"一"是意匠图上开始的"4 个纵格"，"二"是意匠图上接下来的"12 个纵格"，它们与纹板样卡设计图中前造所用的第一、第二行纹板孔相对应。后造分格卡中的"一"也是意匠图上开始的"16 个纵格"，"二"是意匠图上接下来的"16 个纵格"，它们与纹板样卡设计图中后造所用的第一、第二行纹板孔相对应。

但需要注意的是，在其余与纹板设计样卡有零针行对应的位置，分格卡中每格所对应的意匠图纵格数，必须和对应零针行中所用针数的多少一致。

纹板设计样卡相对应的大小造分格卡。由于大小造经纱比为 2∶1，意匠图纵格数等于大造纹针数，故大造分格卡中每一格都对应意匠图上相应的纵格数，它们与纹板样卡设计图中大造每行所用的纹板孔数相对应。但是意匠图上每两个纵格代表一根小造纹针，所以小造的分格卡上每一格所对应意匠图上的纵格数，应该是纹板样卡设计图中小造每行所用的纹板孔数的两倍。同样，必须注意与零针行相对应的分格卡的设计。

**2. 分格卡设计的注意事项**

由于装造、意匠等不同因素的影响，分格卡设计也存在一定的差异，在分格卡设计时必须注意以下几个事项：

（1）分格卡设计时，必须按照纹板样卡上所设计的位置以及意匠图纵格的顺序进行分格。

（2）设计分格卡的分格线时，必须与意匠图的纵格线相对应，避免纹板轧孔时看错意匠图的纵格数。

（3）任何装造类型的意匠图，分格卡上的分格必须连续，中间不应留空。

（4）设计前后造分格卡时，要清楚意匠图纵格数与纹针数的关系。

（5）棒刀针、边针等辅助纹针，在分格卡上不作分格。

**（三）纹板轧法说明**

意匠图是纹板轧孔的依据。意匠图绘完后，必须编制纹板轧法或说明，以便轧制纹板。纹板轧法说明主要包括纹针轧法、辅助纹针轧法、纬排列以及意匠图每一横格所代表的纹板数。可采用图示法、表格法、文字说明法等，也可将几种方法混合应用。在纹织 CAD 中，纹板轧法说明一般采用表格法。手工绘制意匠图时，纹板轧法说明还可采用图示法、文字说明法等。对于简单的纹织物可采用文字说明法，组织较为复杂的纹织物必须绘制纹板轧法图，组织清晰而直观。

**1. 图示法**

图示法即用纹板轧法图表示，一般包括色别图、分格图、纬排列图和轧法图。

（1）色别图。通常在轧法图的上方，采用涂绘有与意匠图上每一种颜色相对应（包括空白）的倒三角形或方块形图示，称为色别图。

（2）分格图。通常在轧法图的右方，采用两个纵格来表示意匠图上单、双两个横格，组织点数代表需要轧制纹板数的图示，称为分格图。可表示一横格轧制一块纹板；表示一横格轧制两块纹板；表示一横格轧制三块纹板；表示奇数横格轧制两块纹板，偶数横格轧制一块纹板。

（3）纬排列图。通常在分格图的右方或左侧，采用若干个纵格来表示有几种纬纱以及它们投纬次序及其规律的图示，称为纬排列图。纬纱数目与纵格数相等。可以表示有一种纬纱排列；表示投纬比为 1∶1 的两种纬纱排列；表示投纬比为 1∶1∶1 的三种纬纱排列。

（4）轧法图。通常在色别图的下方，与分格图和纬排列图水平平齐，用组织图表示各种颜色组织轧法的图示，称为轧法图。

轧法图主要反映出主纹针的轧法，应至少画出一个循环的轧法，一般画出意匠纸的一个大格。无论正织或是反织，需要提升的经组织点，轧法图上涂色；不需要提升的纬组织点，轧法图上空白不涂色。对于分区装造的意匠图，每种色别应分别有前造、后造两种轧法，通常前造轧法图在上，后造轧法图在下，并注明"前造"和"后造"。

辅助针轧法图。通常在纬排列图的右侧，并与之水平平齐，用组织图表示各种辅助针轧法的图示，称为辅助针轧法图。辅助针是否绘出，则视具体情况而定。

**2. 表格法**

在采用表格法的主纹针轧法说明中，应表示出各造纹针、各组纬纱在不同颜色下的轧法，如第一行表示纬纱组数（如甲纬、乙纬、丙纬……），第一列表示意匠图中的所有颜色（如黄色、蓝色、空白……），在表格里填入所需轧法。

在辅助纹针轧法说明里，应表示出各组纬纱的各种辅助纹针轧法。如第一行表示纬纱组数（如甲纬、乙纬、丙纬……），第 1 列表示所使用的辅助纹针（如边针、选纬针、梭箱针、棒刀针、停撬针……），在表格里填入所需轧法。在轧法说明表格中填入的组织，可以直接是组织图，也可以是组织库中组织图的代号。

**3. 文字说明法**

对于简单的纹织物来说，纹板轧法说明采用文字说明法十分方便。如某纹织物纹板轧法的文字说明法如下：

（1）每一意匠横格轧一张纹板。

（2）空白地轧平纹，蓝色轧八枚纬缎。

（3）棒刀 64 针，轧 $\frac{1}{3}$ 破缎纹，边针 6 针 1~4 为大边针，轧 $\frac{2}{2}$ 经重平，5~6 为小边针，轧平纹。

**（四）纹板轧孔**

纹板轧孔在轧孔机上进行，轧孔机有脚踏式轧孔机、电动式轧孔机及电子自动轧孔机。脚踏式轧孔机劳动强度大，生产效率低，逐渐被电动式轧孔机所替代。随着纹制工艺自动化的普及，根据纹板数据文件的信息，传输纹板轧孔的信号，从而自动控制纹板轧孔已得到广泛运用。

纹板要求质地坚实，无伸缩性，能防潮，并具有一定的规格尺寸。提花机规格不同，纹板的规格尺寸也不一样。轧孔前应在各纹板的一端编写上表示意匠图横格的序号，可作为纹板编排的依据。每张纹板有首尾、正反之分，纹板有编号的一面为正面，编号的一端为首端。依次排列整齐地放在纹板箱内，首端先轧，从一号轧至末号。若意匠图上每一横格需轧多块纹板，则用不同的颜色、相同的编号表示，也可同一颜色、连续编号。轧孔时借助于可以指示所轧横行的指示线、纵行的分格卡，根据意匠图和纹板轧法图，决定纹板是否轧孔的具体情形。参照分格图或纹织物组织和上机装造类型，确定意匠图每一横格需轧纹板的块数。轧制纹板时，从下而上，即从意匠图的第一横格轧至最后一个横格的轧法，称为顺轧；从上而下，即从意匠图的最后一个横格轧至第一横格的轧法，称为倒轧。一般采用顺轧。当纹样上下对称时，若选用纹样的下半部分，则采用顺轧；若选用纹样的上半部分，则采用倒轧。

同一品种、多机台同时生产时，可在纹板复制机（又称复花机）上进行纹板的复制。复制机有直轧式和横轧式两种，纹板分别按行、列轧孔，其原理与轧花机相似。虽然横轧式复制机比直轧式复制机速度快，生产效率高，但是为了用于不同规格提花机的纹板复制，则采用直轧式复制机较多。

**（五）纹板编排**

一套纹板的块数等于一个花纹循环的纬纱数，少则数百块，多则上万块，而且每块纹板彼此独立。为了便于纹板能够在花筒上连续而循环使用，从而适合织造的需要，必须将每一花纹循环内的所有纹板按照投纬次序，用线编连成纹板帘，这样的操作称为纹板编排。纹板编排主要有手工编和机械编两种。机械编速度快，工效高。但由于缝纫线不发生扭绞，纹板会因编线断裂脱线而散落。

**1. 纹板编排的要求**

纹板编排次序的根本原因是纹样，织纹可能具有一定方向性，欲获得正确的纹样图案，纹板必须按照某种次序编排。纹板排列时必须注意以下要求：

（1）每张纹板应按表背、首末整理好，表面向上，首端靠胸前。

（2）单纬纹织物的纹板编排，可从1号依次排至末号，也可从末号依次排至1号。

（3）重纬纹织物的纹板编排，若按照意匠图中分格图上所表示的纬纱组数编号，则各组纬纱所用的纹板必须用不同的颜色编号，并逐号按投纬次序进行编排。

（4）无方向性、无正反纹织物的纹板编排，纹板可按序号从小到大依次排列，即"顺轧顺编"。

（5）有方向性纹织物的纹板编排，纹板可按序号从大到小依次排列，即"顺轧倒编"。

**2. 纹板编排的确定**

纹板的编排具有一定的方向性，纹板编排的次序与提花机花筒的位置、装造形式、织造方法以及纹板的轧法和纹板的方向性有关，纹板编排也应考虑纹板的通用性。

（1）右手织机纹板的编排。右手织机为左花筒，花筒顺时针方向旋转，纹板首端朝机前。

①正织，若纹板顺编，则花筒旋转时，纹板作用的顺序（即投纬顺序）由小号到大号，投纬顺序与意匠图中纬纱排列的顺序完全一致。由于意匠图上经纱的顺序自右至左，而织机上经纱的顺序从左往右，所以织制的织物纹样与设计的纹样上下相同，左右却相反。

若纹板倒编，则花筒旋转时，纹板作用的顺序（即投纬顺序）由大号到小号，投纬顺序与意匠图中纬纱排列的顺序完全相反。因为意匠图上经纱的顺序与织机上经纱的顺序也相反，所以织制的织物纹样旋转180°，则与设计的纹样上下、左右方向完全相同。

故正织时：纹样有方向性要求，必须采用倒编；纹样无方向性要求，可以任意选择编排。

②反织，若纹板顺编，织制的织物纹样与设计的纹样上下相同，左右相反。但由于织物反织，所以此时的反面才是正面。将织物正反颠倒，左右交换而上下不变，这时织物正面的纹样和设计的纹样完全相同。

若纹板倒编，织制的织物纹样与设计的纹样上下、左右方向完全相同。但当织物正反颠倒，左右交换而上下不变，这时织物正面的纹样和设计的纹样不相同。

故反织时：纹样有方向性要求，必须采用顺编；纹样无方向性要求，可以任意选择编排。

（2）左手织机纹板的编排。左手织机为右花筒，花筒逆时针方向旋转。如果纹样没有方向性要求时，则可根据右手织机的编排方法任意选用。如果纹样有方向性要求时，则可根据下列情形来选择编排。

①纹板首端在机前，若左、右手织机经纱排列次序一致，左右纹板通用，则纬纱排列次序相反，织制的纹样与右手织机不同。若左、右手织机经纱排列次序一致，纹板重新编排，则纬纱排列次序相同，织制的纹样与右手织机相同。

②纹板首端在机后，若左、右手织机经、纬纱排列次序一致，目板倒穿，则织制的纹样与右手织机相同。若左、右手织机经纱排列次序相反，而纬纱排列次序一致，则织制的纹样与右手织机不同。

所以要使左、右手织机织制的纹样一致，纹板首端在机前时，则需要将纹板重新编排；纹板首端在机后时，则应将目板倒穿。

综上所述，可以发现：无论是左手织机还是右手织机，影响织物花纹正反和左右方向的根本因素：一是正反织，二是经纱排列，三是纬纱作用顺序。其中纬纱作用的顺序与左右手织机以及纹板排列有关。在织机上与意匠图相对应的三个因素中，如果任意改变一个因素，都会造成织制的织物花型同设计的纹样相反。如果同时改变两个因素，则会使织制的织物花型同设计的纹样相同。而如果同时改变三个因素，则又会造成织制的织物花型同设计的纹样相反。

# 思考题

1. 如何理解意匠纸规格的含义？
2. 意匠纸密度比是如何确定的？
3. 某单层纹织物，采用单造单把吊装造，成品经密为 132 根/cm，成品纬密为 50 根/cm，试选用意匠纸。
4. 某纬三重纹织物，采用单造双把吊装造，成品经密 128 根/cm，成品纬密 72 根/cm，试选用意匠纸。
5. 某纬二重纹织物，采用单造双把吊装造，成品经密 110 根/cm，成品纬密 80 根/cm，试选用意匠纸。
6. 某纬三重纹织物，采用单造双把吊装造，成品经密 128 根/cm，成品纬密 64 根/cm，甲纬：乙纬：丙纬＝2：1：1，试选用意匠纸。

7. 某经二重织物，双造单把吊装造，成品经密 128 根/cm，成品纬密 62 根/cm，试选用意匠纸。

8. 某经二重织物，表经比里经为 2：1，采用大小造单把吊装造，成品经密 100 根/cm，成品纬密 46 根/cm，试选用意匠纸。

9. 某双层纹织物，采用单造四把吊上机，成品经密 118 根/cm，成品纬密 78 根/cm，试选用意匠纸。

10. 某纬二重纹织物，采用单造四把吊上机，成品经密 108 根/cm，成品纬密 88 根/cm，试选用意匠纸。

11. 某双层纹织物，采用单造单把吊上机，表里经、纬排列比均 1：1，成品经密 128 根/cm，成品纬密 90 根/cm，试选用意匠纸。

12. 某纬二重纹织物，总经纱数为 9600 根，采用单造双把吊织造，全幅为 5 花，地组织和边组织均为二重结构，其中表组织为 4 枚缎、里组织为 8 枚缎纹，纹样长 22cm，成品经密 108 根/cm，成品纬密 82 根/cm。请选用意匠纸规格，并确定意匠图的纵横格数。

13. 简述意匠图绘画的一般步骤？

14. 如何进行纹样放大？

15. 什么是勾边？勾边的种类有哪几种？如何应用？

16. 确定勾边的依据有哪些？

17. 什么是设色？怎样进行设色？

18. 什么是平涂？平涂如何进行？

19. 什么是间丝？间丝点有何作用？

20. 间丝的种类有哪些？点间丝时有哪些注意事项？

21. 意匠图绘画时如何合理处理花、地组织？

22. 意匠图绘画时有哪些注意事项？

23. 什么是纹板样卡设计？

24. 纹板样卡设计的基本要求是什么？

25. 纹板样卡设计时有哪些注意事项？

# 参考文献

[1] 陈益人. 机织物组织与结构 [M]. 北京：中国纺织出版社，2021.

[2] 田琳. 纹织物设计 [M]. 北京：中国纺织出版社，2009.

[3] 盛明善. 织物样品分析与设计 [M]. 北京：中国纺织出版社，2003.

[4] 肖佩华. 棉印染、色织纺织品手册 [M]. 北京：中国纺织出版社，2002.

[5] 于伟东. 纺织材料学 [M]. 北京：中国纺织出版社，2018.

[6] 何建新. 新型纤维材料学 [M]. 北京：中国纺织出版社，2014.

[7] 沈兰萍. 新型纺织产品设计与生产 [M]. 北京：中国纺织出版社，2001.

[8] 姚穆. 纺织材料学 [M]. 北京：中国纺织出版社，2015.

[9] 高卫东. 棉纺织手册 [M]. 北京：中国纺织出版社，2021.

[10] 夏景武. 精纺毛织物生产技术教程 [M]. 北京：中国纺织出版社，2018.

[11] 上海市毛麻纺织工业公司. 毛纺织染整手册 [M]. 北京：中国纺织出版社，1994.

[12] 陈琦. 毛纺织手册 [M]. 北京：中国纺织出版社，2001.

[13] 倪中秀. 纺织工艺设计与计算 [M]. 北京：中国纺织出版社，2019.

[14] 杜群. 织物设计与CAD应用 [M]. 北京：中国纺织出版社，2016.

[15] 钱小萍. 丝绸实用小百科 [M]. 北京：中国纺织出版社，2001.

[16] 潘志娟. 丝绸导论 [M]. 北京：中国纺织出版社，2019.

[17] 佟昀. 实用机织面料设计与创新 [M]. 北京：中国纺织出版社，2018.

[18] 包振华. 提花工艺与纹织CAD [M]. 北京：中国纺织出版社，2009.

[19] 谢光银. 纺织品设计 [M]. 北京：中国纺织出版社，2005.

[20] 荆妙蕾. 织物结构与设计 [M]. 北京：中国纺织出版社，2021.

[21] 黄翠蓉. 纺织面料设计 [M]. 北京：中国纺织出版社，2007.

[22] 周蓉. 纺织品设计 [M]. 北京：中国纺织出版社，2011.

[23] 朱谱新. 苎麻材料 [M]. 北京：中国纺织出版社，2021.

[24] 张建辉. 家用纺织品图案设计与应用 [M]. 北京：中国纺织出版社，2015.

# 附录

## 附录一　纺织品设计优秀作品

### 一、真丝织物设计优秀作品

#### (一)"晚来秋"主题织物的设计

**1. 设计思路**

真丝具有防紫外线、防御有害气体的侵入，抵抗有害细菌的功能，而且能增强皮肤细胞的活力，促进皮肤的新陈代谢。另外，由于具有特殊的吸湿性和透气性，还有调节体温、调节水分的作用，体现了环保低碳的理念。

设计的蛛网结构创作灵感来自于蜘蛛网的牢固与美感。蜘蛛织网首先要搭一根主丝，然后搭建一个牢固框架，经过辛勤的劳作，将一根一根的丝精密地搭建成有规律的网，受此启发，经过改良设计，得到了蛛网结构，通过蛛网结构设计使面料外观格独特，织纹清晰，层次分明，立体感强。

**2. 原料组成**

经纬纱都采用 100% 蚕丝。

**3. 纱线组合与色纱排列**

经纱：真丝；经密：360 根/10cm

纬纱：真丝；纬密：300 根/10cm

**4. 组织设计**

采用蛛网结构，力图展现中国传统之美，层层叠附的蛛网结构与丝的完美融合将中国古韵之美表现得淋漓尽致。使用蛛网结构的丝织物，比传统的丝织物更加具有层次感，手感更加丰厚，吸湿透气性也得到加强，用途也更加多样。织物上机图如附图 1 所示。

**5. 风格特点**

织造采用 SG598A 气动小样织机，下机后织物如附图 2 所示。蛛网结构从外观来看风格独特，织纹清晰，层次分明，凹凸立体感强。手感柔软有弹性、滑爽不糙、有身骨、不板不烂、透气性好。适宜装饰用沙发面料和服装用外衣面料，加之与真丝的完美结合，赋予了织物华贵典雅之美。

附图 1　蛛网结构织物上机图

附图 2　蛛网结构下机后的织物

## （二）"馨雅罗"主题织物的设计

### 1. 设计思路

采用蚕丝为基材，倡导低碳环保，用四枚不规则缎纹配以平纹，纹路的清晰典雅符合简约而不简单的流行时尚趋势，缎纹浮长线长，质地柔软，布面纹路分明，给人耳目一新的视觉效果。

### 2. 原料组成

经纬纱都采用 100% 蚕丝。

### 3. 纱线组合与色纱排列

经纱：真丝；经密：400 根/10cm

纬纱：真丝；纬密：380 根/10cm

### 4. 组织设计

采用色织的方法，色样丰富，立体感强、色泽鲜艳、仿真性强，满足了日益个性化的需求。配以平纹与四枚不规则缎纹的组合，形成纵向条纹，平整光滑，简洁典雅，美观大方。经纬纱均使用真丝，织物轻薄飘逸，光泽强，手感柔软，弹性好。织物上机图如附图 3 所示。

### 5. 风格特点

织造采用 SG598A 气动小样织机，下机后的织物如附图 4 所示。面料光泽好、柔软平滑、拉力强、弹性好、不易折皱起毛、不导电。用于无缝壁布，环保无味，不用打理，护墙耐磨，防霉防污，阻燃隔热，色泽稳定，色样丰富。

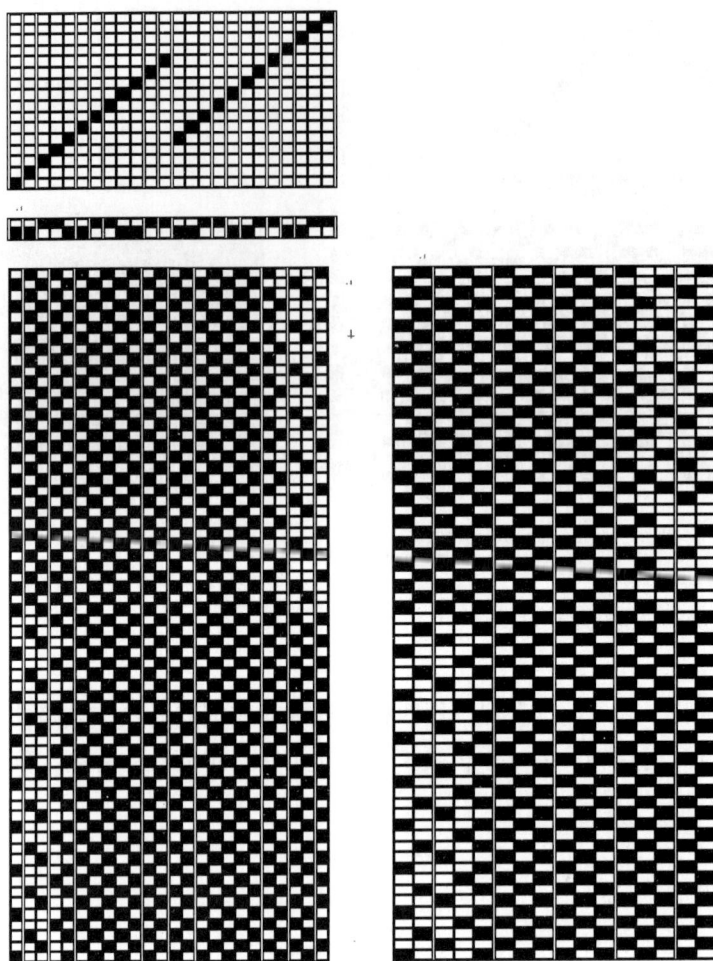

附图 3　馨雅罗织物上机图

附图 4　馨雅罗织物

### 二、棉麻织物设计优秀作品

#### （一）"格调"主题织物的设计

**1. 设计思路**

以棉纱为经纱，涤棉混纺纱为纬纱。创作灵感来自格子图案的简洁大气与复古文艺，从近几年时装中汲取灵感，通过色彩与组织的结合，获得的织物可以给人一种比较简单的视觉上色彩的冲击，以格子元素与色彩之间的搭配为灵魂，传递出中国时尚中对简单复古文艺的追求，满满的文艺气息。

**2. 原料组成**

经纱：纯棉纱；纬纱：涤棉混纺纱。

**3. 纱线组合与色纱排列**

经纱：纯棉纱，颜色配置依次为淡黄、黄色、橙色、绿色、黄色、蓝色、橙色、淡黄；经密：168 根/10cm

纬纱：涤棉纱，颜色配置依次为浅黄、深黄、橙色、深绿、深黄、明蓝、橙色、深黄、浅黄；纬密：126 根/10cm

**4. 组织设计**

织物组织是平纹、左斜纹、右斜纹等的联合组织，采用格子图案与简单的平纹与斜纹组织结构来配合经纱的特点，尽显织物简洁大气的特点，展现一种时尚与雅致并存之美，淋漓尽致地凸显颜色与不同组织搭配的不同观感，加强时尚之感。织物上机图如附图 5 所示。

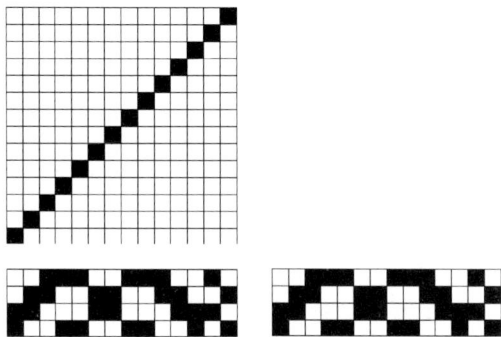

附图 5　"格调"主题织物设计作品上机图

**5. 风格特点**

织造采用 SG598A 气动小样织机，下机后织物如附图 6 所示。作品风格独特，织物厚实挺括，色渐变而雅致，层次感强，立体感强，五种经纱的颜色选取为淡黄、深黄、橙色、深绿、明蓝，选择这种颜色搭配不仅可以体现朴素与自然的理念，而且与经纬交织颜色形成鲜明的对比，绿色和明蓝色给整体织物起到提亮的效果，避免视觉疲劳，更加突出地表现出不同颜色搭配的格子的文艺与简约的复古气息。

附图 6 "格调"主题织物设计作品

## (二)"远方"主题织物的设计

### 1. 设计思路

以棉麻混纺纱线为经纱,花式纱为纬纱。创作灵感来自风景画,通过对远处风景的观察,决定采用结节双层组织、多彩的花式纬纱相结合,在经纱的选取中,颜色的选择有浅绿和棕橘色,上层经纱为棕橘色,下层经纱为绿色,颜色渐变规律雅致。

### 2. 原料组成

经纱:45%棉+55%麻纱;纬纱:花式纱。

### 3. 纱线组合与色纱排列

经纱:上层组织为棕橘色纱线,下层组织用绿色纱线,结节点用绿色纱线;经密:158 根/10cm

纬纱:花式纱;纬密:200 根/10cm

### 4. 组织设计

以斜纹为基础的双面组织结构,双面组织结构来配合经纱和纬纱的特点,使经纱纤细,尽显纬纱凸出的特点,展现一种朦胧与雅致并存之美,淋漓尽致地凸显纬纱颜色,加强时尚之感。织物上机图如附图 7 所示。

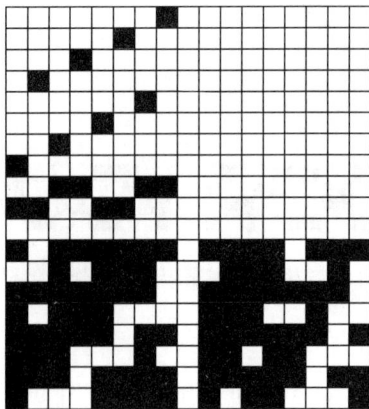

附图 7 "远方"主题织物的设计作品上机图

### 5. 风格特点

织造采用 SG598A 气动小样织机,下机后织物如附图 8 所示。通过纬向两种纬纱相互搭配形成一条纬纱的方式，以及各种不同种类的纬纱的方式来将风景画抽象地表达出来，仿佛傍晚时分海天相接处绚烂多姿的绮丽晚霞，表明了对纺织品时尚的艺术追求。作品具有舒适透气、防紫外线、厚实挺括与美感共存的特点。外观上，色彩斑斓、艺术气息浓郁。

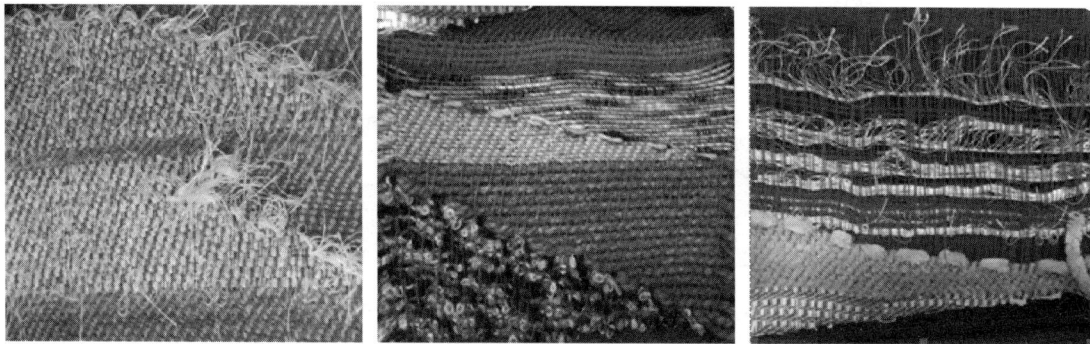

附图 8 "远方"主题织物的设计作品

## 三、毛织物设计优秀作品

### (一)"霞想"主题织物的设计

#### 1. 设计思路

以毛纱和涤纶纱为经纱，纯毛纱等为纬纱。创作灵感来自绚烂而多变的云霞，借助曲线斜纹的流动性和变化感，表现云霞形状的变化多端。从多次对云霞的观察中汲取灵感，付诸小样的织造中，通过纱线与组织的结合，通过经纱排列的变化，使织物给人精致靓丽的视觉感受。

#### 2. 原料组成

经纱：纯毛纱、涤纶纱；纬纱：纯毛纱、雪尼尔纱。

#### 3. 纱线组合与色纱排列

经纱：白色毛纱与灰色涤纶纱中间有一约 2.5cm 的间隔；经密：240 根/10cm。

纬纱：纯毛纱、雪尼尔与涂层面料布条循环，颜色配置依次为黑色、白色与银色组成一个循环；纬密：60 根/10cm。

#### 4. 组织设计

织物组织是曲线斜纹组织，在曲线斜纹组织的基础上，给予经纱排列的变化，在经纱的排列中添加创意性的间隔，纬纱的采用以材质肌理的差异为原则，目的是增添织物外观的趣味性和创新独特性。曲线斜纹组织结构来配合纬纱的特点，在花式纱线的衬托下织物图案的精致感油然而生，同样地，流动的曲线图案使纬纱时尚靓丽的特点尽显，展现出创新的富有现代感的纺织品。织物上机图如附图 9 所示。

#### 5. 风格特点

织造采用 SG598A 气动小样织机，下机后织物如附图 10 所示。作品以材质肌理的碰撞、色彩元素的搭配为灵魂，创造出风格独特、时尚精致的纺织品，创新性强、厚实挺括。外观上，精致靓丽、时尚感凸显，给人以美的感受，同时展现不同的时尚韵味。

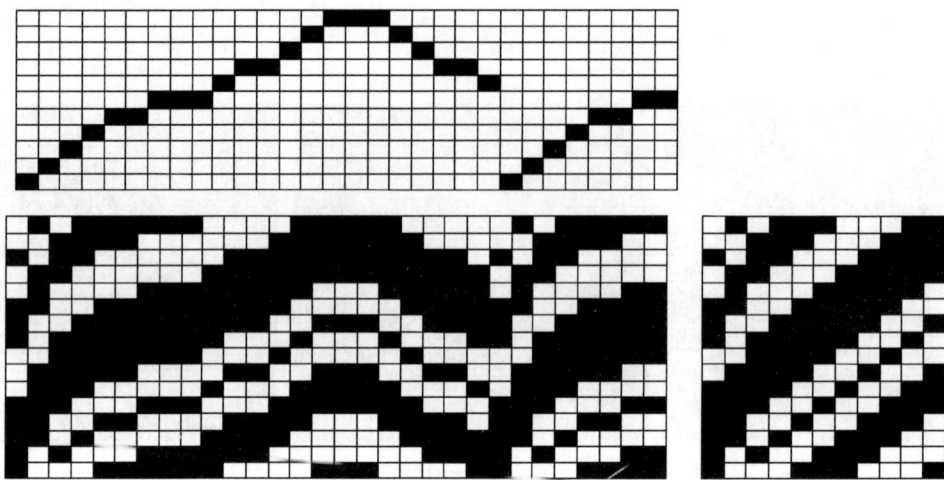

附图 9 "霞想"主题织物的设计作品上机图

附图 10 "霞想"主题织物的设计作品

### （二）"流年"主题织物的设计

#### 1. 设计思路

经纱和纬纱都是毛涤混纺纱。创作灵感来自菱形格子组合的简洁与大气，从原生态中汲取灵感，给人带来一种朴素的生活感受，又蕴含古典之美。以简约风、民族风为灵魂，传递出中国人文特色和时尚气息。

#### 2. 原料组成

经纱和纬纱：70/30 毛涤纱。

#### 3. 经纬密

经密：330 根/10cm

纬密：240 根/10cm

#### 4. 组织设计

织物组织是菱形格提花组织，采用菱形格提花组织结构配以红黄线条组合，展现一种朴素时尚之美；淋漓尽致的条纹拼接，又不乏时尚之感。织物上机图如附图 11 所示。

附图 11 "流年"主题织物的设计作品上机图

### 5. 风格特点

织造采用 SG598A 气动小样织机，下机后织物如附图 12 所示。作品采用炫丽优雅的条纹与菱形格的配合，呈现出一个深邃梦幻般的星空。通过面料设计展示一种原始简约朴素之美，创作理念是低碳环保与简约朴素之美的结合，其中低碳环保主要是使用天然材料和简短的工艺流程来践行低碳理念。织物从外观来看风格独特，织物织纹清晰，机理交错，层次感强烈，立体感强；从手感来看，手感柔软有弹性、滑爽不糙、有身骨。

附图 12 "流年"主题织物的设计作品

## 四、其他织物优秀作品设计

### （一）"水样清华"主题织物的设计

**1. 设计思路**

以简约风、色彩之间的搭配为灵魂，传递出中国新潮纺织品的人文特色和家具装饰的环保、时尚气息。创作理念是低碳环保与简约时尚之美结合，为体现低碳环保的理念经纱采用没有经过染色的涤纶长丝，纬纱选用了有废物回收利用产生的纸纱，复古色的纸纱，体现了在现代社会人们对废物回收利用的重视程度，并应用于家居装饰的纺织品中，最大限度地实现变废为宝的理念。

采用菱形小提花的组织、透明的长丝相结合，最终的作品具有透气、防紫外线、轻盈飘逸与美感共存的特点。外观上，色彩斑斓、时尚气息浓郁，给人以朴素实用的同时可赋予人美的享受，让人可以放松心情、洗涤心灵。

**2. 原料组成**

经纱采用没有染色的涤纶长丝，不具有甲醛或者是其他有害化学物质，涤纶长丝并未经过染色工序，大幅减少污染物的产生，低碳环保。

纬纱是花式纱线，选的是金银丝、竹节纱、合捻纱、纸纱以及涤纶丝，金银丝独特的光泽可增加织物的美感，纸纱是废物回收利用产生的，不仅环保，再加上颜色为复古淡紫色，时尚雅致。

**3. 纱线组合与色纱排列**

经纱：涤纶长丝（未染色）；经密：240 根/10cm

纬纱：竹节纱、金银丝、纸纱、合捻纱、涤纶长丝；纬密：220 根/10cm

**4. 组织设计**

菱形图案的小提花组织，创作灵感来自菱形格子组合的简洁与大气，通过纱线与组织的相结合带给人一种视觉上色彩的冲击。菱形图案的小提花结构的织物上机图如附图 13 所示。

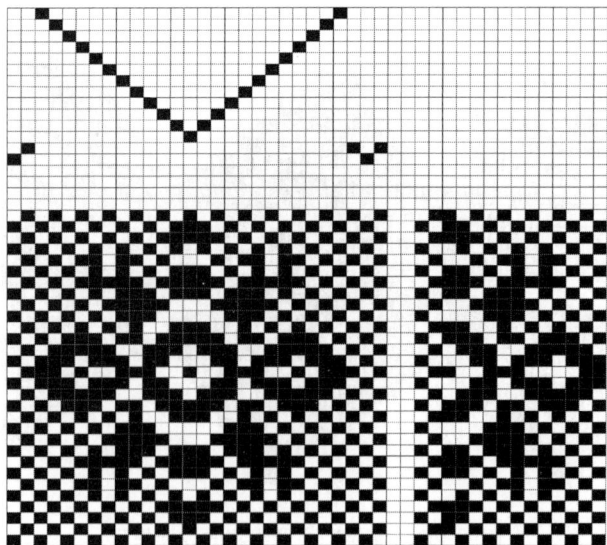

附图 13　菱形图案的小提花结构的织物上机图

#### 5. 风格特点

织造下机后织物如附图 14 所示。风格独特,织物轻盈飘逸、色彩斑斓,层次感强,立体感强。应用在窗饰上,给人一种视觉带来美感的同时,更好地诠释了家具纺织品的环保性和保健性能。

附图 14　菱形图案的小提花结构下机后的织物

### (二)"绿色生活,从叶开始"主题织物的设计

#### 1. 设计思路

设计思路来自绿色环保,玉米秸秆资源丰富,年产量巨大,它是一种再生绿色纤维材料,不仅具有良好的吸湿透气性、抗菌除螨、手感良好,还具有绿色环保、废物利用的特点。本主题主要是利用玉米秸秆叶子与长丝纱线进行织造,制成面料,应用于装饰用纺织品。

#### 2. 原料组成

经纱采用涤纶长丝与蚕丝相结合,强力、弹性较好,并且不同颜色进行纯色、混色搭配,颜色均采用浅、暖色系的色纱,主要为突出健康、积极、绿色、环保的特点。

纬纱采用玉米苞叶和涤纶长丝,既是一种创新,所用原料又为一种环保材料,可废物利用,与设计思路中的绿色生活相呼应。同时纬纱还采用了白色的涤纶长丝,丝与叶的结合既新颖又环保,彰显了近年来倡导健康环保的特色。

#### 3. 纱线组合与色纱排列

经纱:蚕丝与涤纶丝,孔雀绿 28 根、浅蓝 28 根、浅蓝与孔雀绿混色 28 根、浅绿 28 根、浅绿与浅蓝混色 28 根、浅黄 28 根、浅蓝 28 根;经密:494 根/10cm

纬纱:白色涤纶长丝 10 根,玉米苞叶 8 根;纬密:160 根/10cm

#### 4. 组织设计

采用"纵条格"与"绉组织"为基础组织形成"圆形结构",$R_j = 30$,$R_w = 16$,这种设计可以满足织造条件,且保留了丝纱的手感舒适性以及秸秆叶的抗菌、美观等性能。采用顺穿法,所需综片数为 16,每 30 根为一个循环,这种穿法操作方便,便于记忆,不易穿错。打纬时每引入 4 根白色涤纶长丝后引入 1 根秸秆叶,如此循环。织物上机图如附图 15 所示。

#### 5. 风格特点

织造采用 SGA598 气动小样织机,下机后织物如附图 16 所示。织物手感滑爽,苞叶质朴有质感,色泽明亮活泼,条干清晰,丝纱形成的组织结构织纹光洁优雅,苞叶自身卷曲,呈现天然的迂回感,别具风格,可应用于窗帘、壁纸、装饰品等各种装饰用织物。

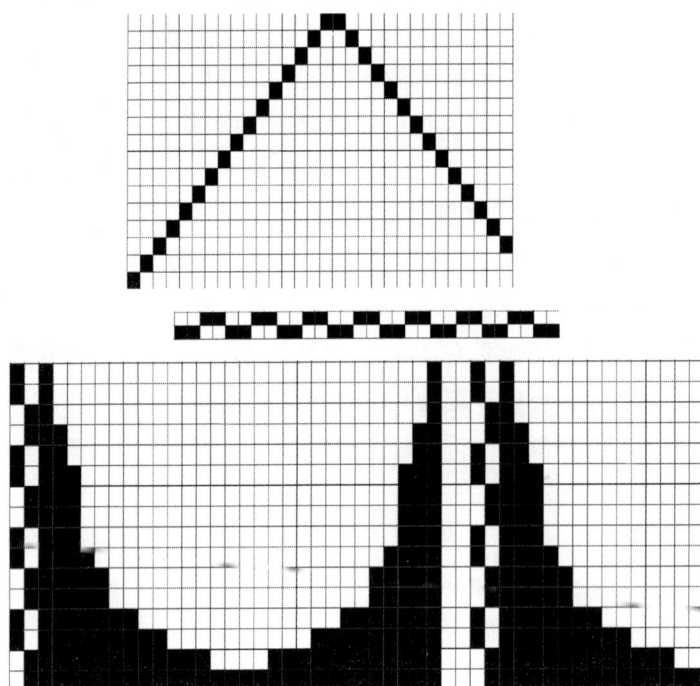

附图 15　圆形结构的织物上机图

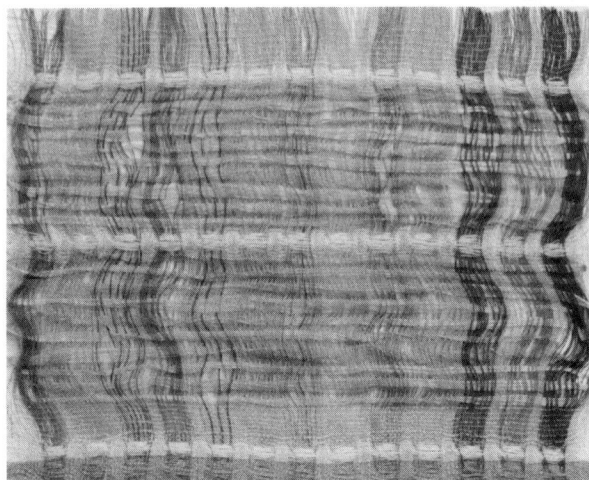

附图 16　圆形结构下机后的织物

# 附录二　部分生产案例设计工艺单

部分生产案例设计工艺单见表附表 1~附表 10。

附表 1  绒面花呢上机生产工艺

| 总经根数（根） | | 3688 | 边经根数（根） | | 44×2 |
|---|---|---|---|---|---|
| 匹长（m） | | 80 | 坯布匹长（m） | | 74.4 |
| 上机幅宽（cm） | | 194 | 坯布幅宽（cm） | | 182 |
| 上机 | 经密（根/10cm） | 189 | 坯布 | 经密（根/10cm） | 201 |
| | 纬密（根/10cm） | 191 | | 纬密（根/10cm） | 199 |
| 筘号 | | 63 | 布边穿筘 | 左 | 4×11 |
| 筘穿入数 | | 3 | | 右 | 4×11 |

附表 2  双层绒面花呢上机生产工艺

| 总经根数（根） | | 8125 | 边经根数（根） | | 64×2 |
|---|---|---|---|---|---|
| 匹长（m） | | 70 | 坯布匹长（m） | | 64.4 |
| 上机幅宽（cm） | | 201 | 坯布幅宽（cm） | | 187 |
| 上机 | 经密（根/10cm） | 405 | 坯布 | 经密（根/10cm） | 435 |
| | 纬密（根/10cm） | 402 | | 纬密（根/10cm） | 417 |
| 筘号 | | 90 | 布边穿筘 | 左 | 4×16 |
| 筘穿入数 | | 5 或 4 | | 右 | 4×16 |

附表 3  高级贡丝锦上机生产工艺

| 总经根数（根） | | 8678 | 边经根数（根） | | 58×2 |
|---|---|---|---|---|---|
| 匹长（m） | | 60 | 坯布匹长（m） | | 55.8 |
| 上机幅宽（cm） | | 167 | 坯布幅宽（cm） | | 158.7 |
| 上机 | 经密（根/10cm） | 522 | 坯布 | 经密（根/10cm） | 549 |
| | 纬密（根/10cm） | 340 | | 纬密（根/10cm） | 354 |
| 筘号 | | 87 | 布边穿筘 | 左 | 4×6 |
| 筘穿入数 | | 6 | | 右 | 4×6 |

附表 4  毛涤驼丝锦上机生产工艺

| 总经根数（根） | | 7576 | 边经根数（根） | | 52×2 |
|---|---|---|---|---|---|
| 匹长（m） | | 80 | 坯布匹长（m） | | 75.2 |
| 上机幅宽（cm） | | 163 | 坯布幅宽（cm） | | 159 |
| 上机 | 经密（根/10cm） | 465 | 坯布 | 经密（根/10cm） | 477 |
| | 纬密（根/10cm） | 263 | | 纬密（根/10cm） | 272 |
| 筘号 | | 93 | 布边穿筘 | 左 | 4×4 |
| 筘穿入数 | | 5 | | 右 | 4×4 |

### 附表 5　全毛鸟眼花呢上机生产工艺

| 总经根数（根） | | 6824 | 边经根数（根） | | 64×2 |
|---|---|---|---|---|---|
| 匹长（m） | | 80 | 坯布匹长（m） | | 74.4 |
| 上机幅宽（cm） | | 183 | 坯布幅宽（cm） | | 169 |
| 上机 | 经密（根/10cm） | 372 | 坯布 | 经密（根/10cm） | 403 |
| | 纬密（根/10cm） | 405 | | 纬密（根/10cm） | 422 |
| 筘号 | | 93 | 布边穿筘 | 左 | 5×6 |
| 筘穿入数 | | 4 | | 右 | 5×6 |

### 附表 6　全毛透孔花呢上机生产工艺

| 总经根数（根） | | 5712 | 边经根数（根） | | 56×2 |
|---|---|---|---|---|---|
| 匹长（m） | | 80 | 坯布匹长（m） | | 74.4 |
| 上机幅宽（cm） | | 178 | 坯布幅宽（cm） | | 167 |
| 上机 | 经密（根/10cm） | 320 | 坯布 | 经密（根/10cm） | 340 |
| | 纬密（根/10cm） | 317 | | 纬密（根/10cm） | 330 |
| 筘号 | | 80 | 布边穿筘 | 左 | 5×4 |
| 筘穿入数 | | 4 | | 右 | 5×4 |

### 附表 7　全毛弹力哔叽上机生产工艺

| 总经根数（根） | | 7284 | 边经根数（根） | | 72×2 |
|---|---|---|---|---|---|
| 匹长（m） | | 80 | 坯布匹长（m） | | 72.8 |
| 上机幅宽（cm） | | 186 | 坯布幅宽（cm） | | 174 |
| 上机 | 经密（根/10cm） | 392 | 坯布 | 经密（根/10cm） | 419 |
| | 纬密（根/10cm） | 342 | | 纬密（根/10cm） | 372 |
| 筘号 | | 98 | 布边穿筘 | 左 | 4×18 |
| 筘穿入数 | | 4 | | 右 | 4×18 |

### 附表 8　全毛花呢上机生产工艺

| 总经根数（根） | | 6408 | 边经根数（根） | | 56×2 |
|---|---|---|---|---|---|
| 匹长（m） | | 80 | 坯布匹长（m） | | 74.4 |
| 上机幅宽（cm） | | 178 | 坯布幅宽（cm） | | 167 |
| 上机 | 经密（根/10cm） | 360 | 坯布 | 经密（根/10cm） | 383 |
| | 纬密（根/10cm） | 396 | | 纬密（根/10cm） | 410 |
| 筘号 | | 90 | 布边穿筘 | 左 | 4×14 |
| 筘穿入数 | | 4 | | 右 | 4×14 |

### 附表9 全毛哔叽上机生产工艺

| 总经根数（根） | | 6264 | 边经根数（根） | | 52×2 |
|---|---|---|---|---|---|
| 匹长（m） | | 80 | 坯布匹长（m） | | 74.4 |
| 上机幅宽（cm） | | 178 | 坯布幅宽（cm） | | 167 |
| 上机 | 经密（根/10cm） | 352 | 坯布 | 经密（根/10cm） | 374 |
| | 纬密（根/10cm） | 376 | | 纬密（根/10cm） | 390 |
| 筘号 | | 88 | 布边穿筘 | 左 | 4×13 |
| 筘穿入数 | | 4 | | 右 | 4×13 |

### 附表10 毛涤丝花呢上机生产工艺

| 总经根数（根） | | 5100 | 边经根数（根） | | 48×2 |
|---|---|---|---|---|---|
| 匹长（m） | | 80 | 坯布匹长（m） | | 73.2 |
| 上机幅宽（cm） | | 165 | 坯布幅宽（cm） | | 157 |
| 上机 | 经密（根/10cm） | 309 | 坯布 | 经密（根/10cm） | 325 |
| | 纬密（根/10cm） | 298 | | 纬密（根/10cm） | 308 |
| 筘号 | | 103 | 布边穿筘 | 左 | 3×16 |
| 筘穿入数 | | 3 | | 右 | 3×16 |